R.-A. Schmidt
Umformen und Feinschneiden

Bleiben Sie einfach auf dem Laufenden:
www.hanser.de/newsletter
Sofort anmelden und Monat für Monat
die neuesten Infos und Updates erhalten.

Vorwort

Präzision bei der Fertigung von Komponenten und Baugruppen gewinnt bei den hohen Anforderungen an die Produkte der Fahrzeug-, Maschinen-, Geräte- und Konsumgüterindustrie zunehmend an Bedeutung. Voraussetzung für den wirtschaftlichen Erfolg bei der Herstellung dieser Teile ist es, die Anzahl der erforderlichen Prozessschritte bei der Produktion zu reduzieren, um Kosten für Werkstoffe, Werkzeuge, Maschinen, Logistik und Qualitätssicherung einzusparen. Hieraus resultiert der Wunsch, mehrere Funktionen in die Einzelteile zu integrieren und gleichzeitig die Zahl der Fertigungsoperationen gering zu halten.

Dieser scheinbare Widerspruch, hochkomplexe Teile in wenigen Fertigungsschritten herzustellen, lässt sich für viele Teile durch das Feinschneiden, das mit einer Vielzahl von Umformoperationen kombiniert werden kann, lösen. Neben sehr glatten, hochgenauen Schnittflächen können zusätzlich unterschiedliche Geometrieelemente wie Kragen, Zapfen, Prägungen oder Näpfe realisiert werden, so dass sich durch die Verfahrensintegration häufig einbaufertige Teile herstellen lassen. Dazu sind anspruchsvolle Produktionsprozesse zu konzipieren, die hinsichtlich des zu verarbeitenden Werkstoffs sowie der Werkzeug- und der Anlagentechnologie hohe Ansprüche an die Fachkenntnisse der Werkzeugkonstrukteure, der Fertigungsplaner sowie der Produktionstechniker stellen.

Das vorliegende Handbuch möchte dazu aktuelles Fachwissen anschaulich vermitteln. Dazu werden sowohl die Grundlagen der Werkstoffkunde, des Schneidens und des Umformens behandelt als auch praktische Empfehlungen zur wirtschaftlichen Prozessgestaltung gegeben. Dem Fachmann sollen durch die kompakte Darstellung des Inhalts die Entscheidungen bei der Auswahl der Bleche, bei der Konzeption von Anlagen und Werkzeugen und nicht zuletzt in der Produktion erleichtert werden, um stabile Fertigungsprozesse, hohe Teilequalitäten und große Standmengen der Werkzeuge zu erzielen.

Hartmut Hoffmann

Partner dieses Buches

Buderus Edelstahl Band GmbH
Buderusstraße 25, D-35576 Wetzlar
Telefon: +49 6441 374 0, Fax: +49 6441 374 882

Hersteller von warm- und kaltgewalztem Bandstahl aus legierten und unlegierten Edelstählen, Werkzeugstählen sowie rostfreien Stählen für Feinschneid- und Kaltumformprozesse. Werkzeugstahl für den Schnitt- und Stanzenbau.

Feintool Technologie AG Lyss
Industriering 3, CH-3250 Lyss/Schweiz
Telefon: +41 (0)32 387 51 11, Fax: +41 (0)32 387 57 80,
E-Mail: feintool-ftl@feintool.com
www.feintool.com
Gesamttechnologie-Anbieter für Umformen und Feinschneiden: Pressen und Anlagen, Werkzeugbau, Teilefertigung, Beratung, Engineering, Ausbildung

Hoesch Hohenlimburg GmbH
Langenkampstraße 14, D-58119 Hagen
Telefon: +49 2334 91 0, Fax: +49 2334 91 2288
E-Mail: info@hoesch-hohenlimburg.de
www.hoesch-hohenlimburg.de
Warmgewalztes Spezialband für Feinschneidzwecke und höchste Umformansprüche

Unternehmensgruppe C.D. Wälzholz
C.D. Wälzholz GmbH&Co. KG
Feldmühlenstrasse 55, D-58093 Hagen
Telefon: +49 (0)2331 964-0, Fax: + 49 (0)2331 964-2100

Entwicklung, Herstellung und Vertrieb von kaltgewalztem Bandstahl

utg - Technische Universität München
Walther-Meißner-Straße
D-85747 Garching

Lehrstuhl für Umformtechnik und Gießereiwesen

Autoren

Dr.-Ing. **Rolf-A. Schmidt**
Leiter Technology Services
Feintool Technologie AG,
Lyss

Dr.-Ing. **Michael Hellmann**
Qualitätstechnik
C.D. Wälzholz,
Plettenberg

Dr.-Ing. **Burkhard Reh**
Leiter Forschung und
Entwicklung/Produktmanagement
Buderus Edelstahl Band GmbH,
Wetzlar

Peter Rademacher
Leiter Qualitätstechnik
C.D. Wälzholz,
Hagen

Dipl.-Ing. **Peter Höfel**
Leiter Qualitätsmanagement und
Labors
Hoesch Hohenlimburg GmbH,
Hagen

Prof. Dipl.-Ing. **Franz Birzer**
Feintool Technologie AG,
Lyss

Prof. Dr.-Ing. **Hartmut Hoffmann**
Ordinarius
utg - Technische Universität
München

Inhaltsverzeichnis

1 Aufgabenstellung und Zielsetzung 12

2 Grundlagen 14
   2.1 Werkstück-Werkstoffe 14
      2.1.1 Beanspruchung 14
      2.1.2 Eigenschaften 26
      2.1.3 Fließkurven 39
   2.2 Einflussfaktoren auf die Stahleigenschaften 47
      2.2.1 Metallurgie 47
      2.2.2 Warmwalzbedingungen 58
      2.2.3 Kaltwalzbedingungen 68
   2.3 Einfluss der Stahleigenschaften auf das
      Umform- und Schneidergebnis 75
      2.3.1 Umformung 75
      2.3.2 Feinschneiden 77

3 Umformverfahren 86
   3.1 Grundlagen, Allgemeines 86
      3.1.1 Formänderungen 88
      3.1.2 Spannungen 90
      3.1.3 Fließkurve 91
      3.1.4 Fließbedingungen 91
      3.1.5 Reibung 92
      3.1.6 Formänderungsvermögen/Grenzformänderung 93
   3.2 Tiefziehen 96
      3.2.1 Definition, Allgemeines 97
      3.2.2 Ziehkraftberechnung 99
      3.2.3 Verfahrensgrenzen 100
      3.2.4 Tiefziehen mit Flansch 101
      3.2.5 Ziehring- und Ziehstempelradien 101
   3.3 Kragenziehen 108
      3.3.1 Definition, Allgemeines 109
      3.3.2 Werkzeuggeometrie und Kragenausbildung 109

Inhaltsverzeichnis

- 3.3.3 Kraftbestimmung Ziehen von Kragen ohne Abstrecken . . 110
- 3.3.4 Ziehen von Kragen mit Abstrecken 112
- 3.3.5 Kragenziehen mit Niederhalter 113
- 3.3.6 Kragenziehen mit Gegenhalter 114
- 3.3.7 Kragenziehen mit Werkstoffaufstauchung 115

3.4 Biegen, Abbiegen 116
- 3.4.1 Definition, Allgemeines 117
- 3.4.2 Biegegeometrie, Werkstoffdehnungen und -stauchungen 117
- 3.4.3 Rückfederung und Kompensation der Rückfederung durch Überbiegen 118
- 3.4.4 Kräfte beim Abbiegen 121
- 3.4.5 Verfahrensgrenzen 121
- 3.4.6 Gestreckte Länge von Biegeteilen 122

3.5 Stauchen, Flachprägen 124
- 3.5.1 Definition, Allgemeines 125
- 3.5.2 Verfahrensgrenzen, Formänderungsvermögen 125
- 3.5.3 Kraftberechnungen für das Stauchen im Ganzen und das Randabprägen 126
- 3.5.4 Geometrische Gegebenheiten und Kraftberechnungen beim Randabprägen 127

3.6 Einsenken 130
- 3.6.1 Definition, Allgemeines 131
- 3.6.2 Einsenken ins Volle 131
- 3.6.3 Einsenken mit Vorlochen 131
- 3.6.4 Kraftberechnung 133

3.7 Durchsetzen 136
- 3.7.1 Definition, Allgemeines 137
- 3.7.2 Kraftbedarf 137
- 3.7.3 Durchsetztiefe, Verfahrensgrenzen 138

3.8 Zapfenpressen 140
- 3.8.1 Definition, Allgemeines 141
- 3.8.2 Zapfenpressen als Kombination 141

4 Schneidverfahren 144

4.1 Scherschneiden (Stanzen) 144
- 4.1.1 Darstellung des Schneidvorgangs 144
- 4.1.2 Schnittflächenkenngrößen 147
- 4.1.3 Schneidkraft und Schneidkraftverlauf 149

    4.1.4 Verschleiß und Verschleißminderung 158
    4.1.5 Präzisionsschneidverfahren 161
4.2 Feinschneiden 163
    4.2.1 Arbeitsprinzip 163
    4.2.2 Berechnung der Kräfte 164
    4.2.3 Kraft-Weg-Verlauf 168
    4.2.4 Arbeitsablauf 168
    4.2.5 Schneidspalt 171
    4.2.6 Ringzacke 173
    4.2.7 Arbeitsergebnis 174

5 Grenzen des Umformens und Feinschneidens 178
  5.1 Schwierigkeitsgrad flacher Feinschneidteile 178
    5.1.1 Definition des Schwierigkeitsgrades 178
    5.1.2 Berechnungsgrundlagen 179
    5.1.3 Bewertung eines Feinschneidteiles hinsichtlich ....
        des Schwierigkeitsgrades 184
  5.2 Verfahrensgrenzen beim Umformen 188

6 Stahlsorten 193
  6.1 Normenvergleich 193
  6.2 Ausführungsformen und Behandlungszustände 196
    6.2.1 Warmband 196
    6.2.2 Kaltband 196
  6.3 Begriffsbestimmungen, Maß- und Formtoleranzen 198
    6.3.1 Flacherzeugnisse, Bergriffsbestimmungen 198
    6.3.2 Grenzabmaße und Formtoleranzen 199
  6.4 Festlegen der Ausführungsform und des Behandlungszustands des Vormaterials nach dem Schwierigkeitsgrad des Teils .. 203
    6.4.1 Auswahlkriterien 203
    6.4.2 Auswahltabellen und Beispiele für
        Werkstoffausführungen 205

7 Mechanischen Kennwerte der Stahlsorten 212
  7.1 Weiche, unlegierte Stähle 213
  7.2 Allgemeine Baustähle 213
  7.3 Mikrolegierte Feinkornstähle 214
  7.4 Einsatzstähle 215

7.5	Vergütungsstähle	216
7.6	Federstähle	217
7.7	Nitrierstähle	218
7.8	Werkzeugstähle	219
7.9	Wälzlagerstähle	220
7.10	Borstähle	220
7.11	Kaltzähe Stähle	221
7.12	Druckbehälterstähle	221
7.13	Nichtrostende Stähle	222
7.14	Sonderstähle	223

8 Besonderheiten der Prozessführung und der Werkzeugbeschaffung 224
- 8.1 Werkzeugherstellung 224
  - 8.1.1 Werkstoffe für Aktivelemente 224
  - 8.1.2 Wärmebehandlung von Werkzeugstählen 225
  - 8.1.3 Verfahren der Hartbearbeitung und ihre Einflüsse auf die technischen Oberflächen 228
  - 8.1.4 Beschichtungen für Aktivelemente 236
- 8.2 Schmierung 238

9 Virtuelle Methoden in der Prozessgestaltung 248

Sachverzeichnis 252

Firmenportrait 258

1 Aufgabenstellung und Zielsetzung

Die Herstellung hochgenauer Formteile mit der Verfahrenskombination Umformen und Feinschneiden hat seit der Erstellung der ersten Auflage des vorliegenden Handbuchs weitere Marktanteile gewonnen. Sie stellt in vielen Kernbereichen der Automobiltechnik und anderen Anwendungsgebieten einen unverzichtbaren Mosaikstein der Fertigungstechnologie dar.

In den vergangenen zehn Jahren wurde die erste Auflage des Handbuches 7000 mal in der Fachwelt verbreitet. In dieser Zeit erhielten die Autoren eine Vielzahl von Ergänzungen, die nun im Rahmen der zweiten Auflage gerne aufgegriffen werden. Die Verfasser haben sich darüber hinaus die Aufgabe gestellt, der technologischen Entwicklung der vergangenen zehn Jahre Rechnung zu tragen.

Kernthema des Buches bleiben die technologischen Eigenschaften der Bandstähle und deren Einfluss auf die erfolgreiche Durchführung des Feinschneidens in Kombination mit verschiedenen Umformverfahren. Aktualisiert wurden neben dem Abschnitt über die Grundlagen der Verformungskunde vor allem der Abschnitt Normenvergleich sowie die Übersicht über die mechanischen Kennwerte der heute erhältlichen warm und kalt gewalzten Stahlgüten.

Auf einen umfangreichen Abdruck von Fließkurven verschiedener Stähle wurde zugunsten einer prinzipiellen Darstellung verzichtet. Ebenso wurden die Abhandlungen über die theoretischen Grundlagen der einzelnen Umformprozesse signifikant gestrafft.

Deutlich ausgeweitet haben die Autoren die Anwendungs- und Berechnungsbeispiele in den Abschnitten zu den verschiedenen Umformverfahren. Ebenso wurde das Thema der Werkzeugbaustoffe und ihrer Bearbeitung bzw. ihrer Behandlung vertieft. Als neuen Aspekt findet der Leser ein Kapitel über die grundlegenden Prinzipien der Prozesssimulation, die mit der Methode der finiten Elemente dargestellt wird und einige Ausführungen zu deren sinnvollem Einsatz.

Die Autoren haben sich bemüht, wiederum die Praxis als wichtigsten Faktor in den Vordergrund zu stellen, da das Handbuch die Experten fokussiert, die diese Verfahren täglich – sei es im Engineering, in der Produktion oder im Qualitätswesen – einsetzen.

Abschließend sei bemerkt, dass dieses Handbuch die technische Diskussion zwischen Anwender und Stahllieferant nicht ersetzen kann.

Bild 1.1:
Umformen und Feinschneiden – wirtschaftliche Fertigungstechnologie der modernen Blechbearbeitung, Auswahl von Feinschneidteilen.

2 Grundlagen

In diesem Kapitel werden zuerst die Vorgänge in der Umformzone während des Kaltumformprozesses für Werkstück-Werkstoffe aufgezeigt. Dabei ist die Kenntnis der Werkstoffbeanspruchung für die Bewertung des Werkstoffs und des Verfahrens von Bedeutung. Danach erfolgt eine Erfassung der wichtigsten Werkstoffkennwerte, die eine Beurteilung des Werkstoffs und der Verfahren zulassen. Eine wichtige Rolle bei den Prozessen der Kaltumformung und des Feinschneidens spielen die Fließkurven. Sie werden daher eingehend besprochen.

In Abschnitt 2 dieses Kapitels werden die Einflussfaktoren auf die Stahleigenschaften dargelegt. Die Bedingungen der Schmelzmetallurgie sowie der Warm- und Kaltwalztechnik für die Warm- und Kaltbänder bestimmen deren Werkstoffeigenschaften und damit auch das Verhalten in den Prozessen. Schließlich wird in Abschnitt 3 der Einfluss der Stahleigenschaften auf das Umform- und Feinschneidverhalten aufgezeigt. Sowohl die Umformprozesse als auch der Feinschneidprozess werden maßgeblich durch diese Eigenschaften beeinflusst.

2.1 Werkstückwerkstoffe

Etwa 90 % der zum Umformen und Feinschneiden verwendeten Werkstoffe sind Stähle. Deshalb beziehen sich die Angaben in diesem Handbuch auf diese Werkstoffgruppe.

2.1.1 Beanspruchung

Um die Eigenschaften des Werkstück-Werkstoffes optimal auf die Fertigungsverfahren einstellen zu können, ist die Kenntnis der auftretenden Beanspruchungen im Werkstoff von Wichtigkeit. Bei allen **Kaltumformverfahren** wie dem Ziehen, Biegen, Prägen und anderen Verfahren tritt in den Umformzonen eine Verfestigung auf. Dabei findet eine Streckung oder Stauchung der Körner in Umformrichtung statt, die in der Regel mit einer Kaltverfestigung verbunden ist. Dadurch steigen Festigkeitseigenschaften wie die Streckgrenze, die

Werkstückwerkstoffe

Zugfestigkeit und die Härte an, während Duktilitätseigenschaften wie die Bruchdehnung abnehmen. Damit verbunden verändert sich die Anisotropie, daher der Unterschied in den Eigenschaften längs und quer zur Verformungsrichtung. Die Fließkurve stellt die Verfestigung eines Werkstoffes mit steigendem Umformgrad dar.

Das **Feinschneiden** als trennendes Bearbeitungsverfahren weist im Gegensatz zum normalen Scherschneiden (Stanzen) eine völlig andere Werkstoffbeanspruchung in der Scherzone auf. Die Vorgänge in der Umform- bzw. Scherzone, wie sie bei Umform- und Feinschneidprozessen auftreten, werden in den folgenden Bildern dokumentiert. **Bild 2.1** zeigt das 12 mm dicke Teil Achszapfenaufnahme. Für dieses Teil sind alle technischen Daten angegeben.

Bild 2.1
Teilebezeichnung: Achszapfenaufnahme
Teilewerkstoff: Stahl mit hoher Streckgrenze zum Kaltumformen, thermomechanisch gewalzter Stahl S355MC (QStE360TM), Werkstoff-Nr. 1.0976 nach EN 10149-2.
Lieferausführung: Warmband gebeizt
Abmessung: 12mm x 127mm in Ringen mit geschnittenen Kanten.
Maße nach EN 10048
Werkstoffeigenschaften: nach EN 10149-2
R_{eh} [N/mm^2] min. 355
R_m [N/mm^2] 430 bis 550
A_5 [%] min. 23
Chemische Zusammensetzung:
nach Sondervorschrift

Die **Gefügebilder 2.2** und **2.3** zeigen die Struktur des Grundgefüges des Warmbandes in der Feinkornstahlsorte S355MC bei 200 und 500-facher Vergrößerung. Es liegt ein Gefüge aus Ferrit und geringen Perlitanteilen vor. Die an diesem Teil gemessene Brinellhärte HB 2,5/187,5 beträgt 166. Das entspricht einer Zugfestigkeit von ca. 530 N/mm^2. Für diese Stahlsorte gibt die Normbezeichnung EN 10149-2 eine Festigkeitsspanne von 430-550 N/mm^2 an. Der für dieses Teil verwendete Stahl S355MC erfüllt somit die an ihn gestellten Anforderungen.

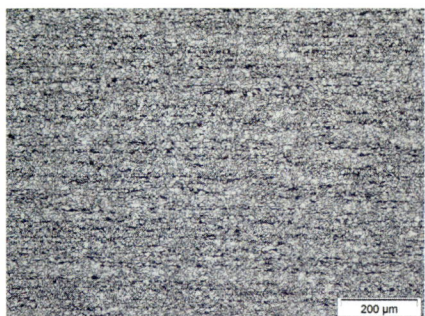

Bild 2.2: Übersicht Grundgefüge S355MC.

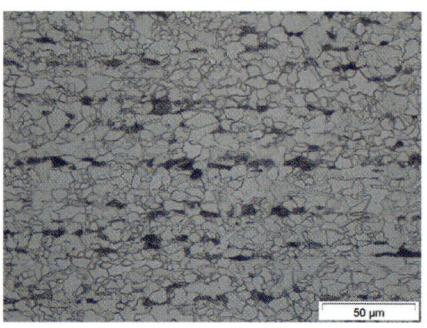

Bild 2.3: Detail Grundgefüge S355MC Ferrit und Perlit.

Eingehend untersucht wurde in **Bild 2.4** die Scherzone der Achszapfenaufnahme. Das linke Teilbild **2.4a** zeigt den Härteverlauf, das rechte Teilbild **2.4b** den Faserverlauf im Schliffbild. Der Härteverlauf ist über die Blechdicke von der Einzug- zur Gratseite in verschiedenen Abständen zur Schnittfläche des Teils dargestellt. Hierbei zeigen die Härteverläufe in den verschiedenen Abständen eine ähnliche Tendenz. Im Abstand von 0,1 mm von der Schnittfläche steigt der Wert der Vickershärte HV 0,2 von der Einzugseite mit 275 auf 375 bei ca. 2/3 der Teiledicke an, erreicht hier ein Maximum und fällt dann auf 350 ab. Dieser grundsätzliche Kurvenverlauf bleibt auch für die Messungen in verschiedenen Abständen zur Schnittfläche erhalten. Die Grundhärte, bei der keine Verfestigung mehr festgestellt werden kann, findet sich im Abstand von mehr als 1 mm von der Schnittfläche und beträgt 175 HV 0,2.

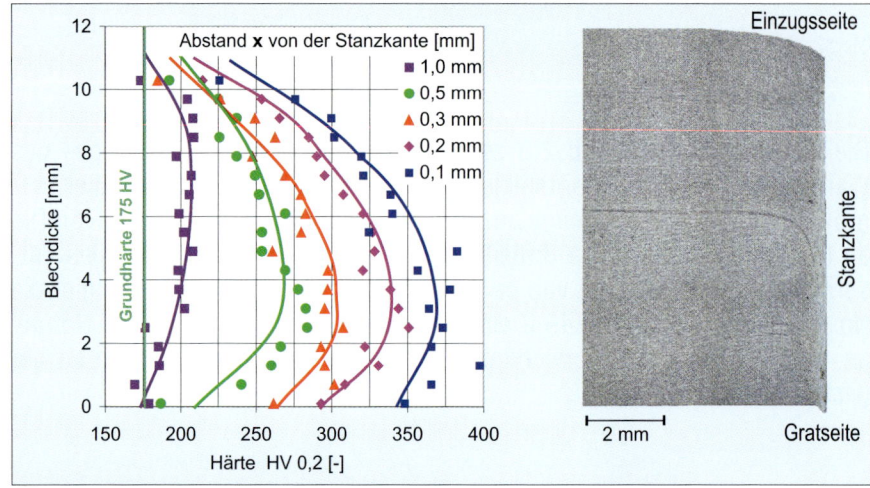

Bild 2.4a Aufhärtungskurve in der Scherzone, S355MC. **Bild 2.4b**

Werkstück-Werkstoffe

Der Maximalhärtewert von 375 HV 0,2 ist etwa doppelt so hoch wie der Grundhärtewert. Dieser starke Härteanstieg wird auch durch die Gefügestruktur, dargestellt in **Bild 2.4b**, dokumentiert. Die Körner des Gefüges werden an der Schnittfläche extrem stark kaltverformt. In Schneidrichtung ist die Streckung so stark, dass eine lichtmikroskopische Auflösung nicht mehr möglich ist. Durch die hohen Formänderungen im Bereich der Schnittfläche verfestigt sich das Material sehr stark, die Duktilitätsreserven des Werkstoffes sinken auf ein Minimum, sodass bereits geringste Störungen im Material (z.B. härtere Gefügephasen oder Schlackeneinschlüsse) zur Bildung von Anrissen führen. Stähle mit Anreicherungen von nichtmetallischen Verunreinigungen und ausgeprägten Seigerungen neigen daher vermehrt zur Einrissbildung. Die starke Aufhärtung an der Schnittfläche und in der Scherzone der Feinschneidteile wird in der Anwendungstechnik, vor allem im Fahrzeugbau, immer häufiger ausgenutzt. So können Wärmebehandlungsprozesse wie Vergüten oder Einsatzhärten in bestimmten Anwendungsfällen eingespart werden. Wie **Bild 2.5** jedoch zeigt, streut die durch den Fließschervorgang erzeugte Härte an der Schnittfläche von 220 HV 0,2 einzugseitig bis 410 HV 0,2 gratseitig. Es kann also bei diesem Prozess kein konstanter Härtewert an der Oberfläche erreicht werden, wie dies z.B. beim Einsatzhärten der Fall ist.

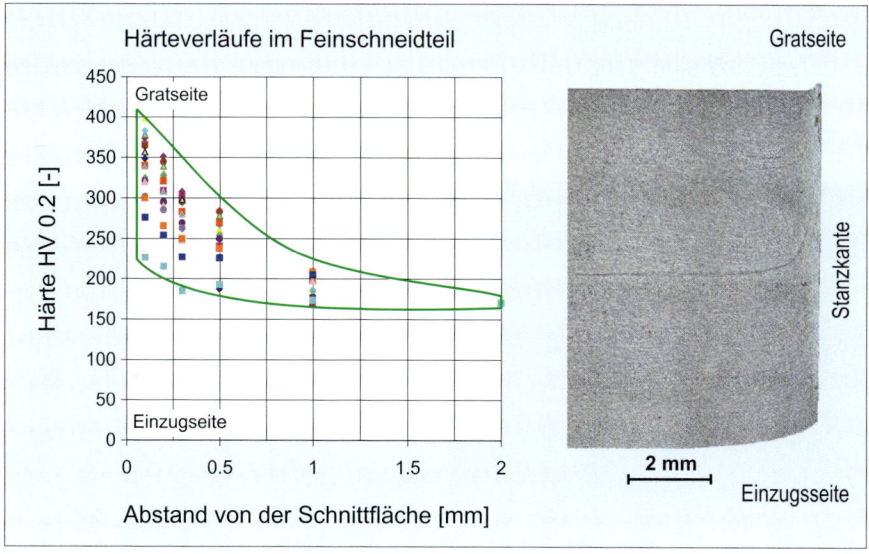

Bild 2.5
Aufhärtungseffekt in der Schneidzone, Streuung von der Einzug- zur Gratseite, S360MC.

Ein weiteres Beispiel für die Aufhärtung in der Scherzone ist das Parksperrenrad, abgebildet in **Bild 2.6**. Alle Werkstoffdaten für dieses Teil sind unten angegeben.

Bild 2.6
Teilebezeichnung: Parksperrenrad
Teilewerkstoff: Stahl für eine Wärmebehandlung, Vergütungstahl C35E, GKZ weichgeglüht, Werkstoff-Nr. 1.1181 nach DIN EN 10132-3.
Lieferausführung: Kaltband, GKZ weichgeglüht auf min. 95 % kugeligen Zementit.
Abmessung: 10 mm x 185 mm in Ringen mit geschnittenen Kanten.
Maße nach EN 10048
Werkstoffeigenschaften:
nach Handbuch S. 216, Tab. 7.5
$R_{p0.2}$ [N/mm^2]   max. 280
R_m [N/mm^2]   max. 460
HB   max. 143
Chemische Zusammensetzung:
nach Sondervorschrift.

Das **Schliffbild 2.7** zeigt bei 500-facher Vergrößerung das Grundgefüge des Vergütungsstahls C35E in Kaltbandausführung. Das Gefüge besteht aus Ferritkörnern und darin eingelagerten kugeligen Zemetitkörnern. Der Einformungsgrad beträgt 95 bis 100 %. Es liegt ein gut weichgeglühter Zustand vor. Teilweise sind sehr große Ferritkörner vorhanden. Die an diesem Teil gemessene Härte HB 2,5/187,5 beträgt 157. Sie soll nach Feintool-Norm 152 nicht überschreiten.

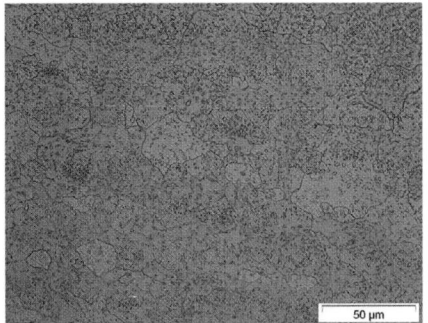

Bild 2.7
Grundgefüge C35E
Ferrit und kugeliger Zementit. Min. 95 % Einformungsgrad.

Die Zahnung des Teils (**Bild 2.8**) muss aus Funktionsgründen eine weitgehend ein- und abrissfreie Schnittfläche aufweisen. Die Zahnung wird induktiv gehärtet. Das **Bild 2.9** zeigt den Gefügeschnitt durch die Kante und Durchsetzung. Die Scherzonen sind deutlich zu erkennen.

Werkstück-Werkstoffe

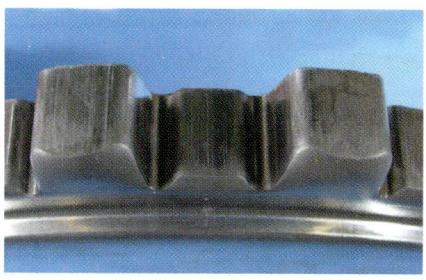

Bild 2.8
Detail Zahnung Parksperrenrad, C35E.

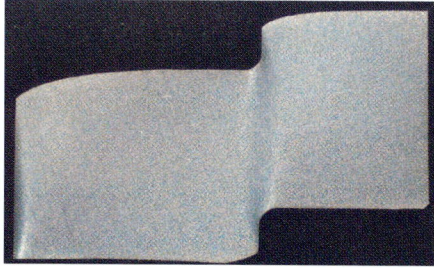

Bild 2.9
Querschliff Parksperrenrad, C35E.

Die Härte im Schnittbereich, dargestellt im **Bild 2.10**, zeigt analog zu **Bild 2.4a** einen typischen Verlauf. Für alle Härteverläufe, die in verschiedenen Abständen zur Schnittfläche aufgenommen wurden, nimmt der Wert HV 0,2 von der Einzugseite bis 2/3 der Teiledicke auf einen Maximalwert zu und fällt dann zur Gratseite hin wieder ab. Die Höchsthärte beträgt 285 HV 0,2 und ist im Vergleich zur Grundhärte 150 HV nahezu doppelt so hoch. Durch die Scherzone im Durchsetzungsbereich liegt der Härtewert im Streubereich zwischen 230 und 280 HV 0,2.

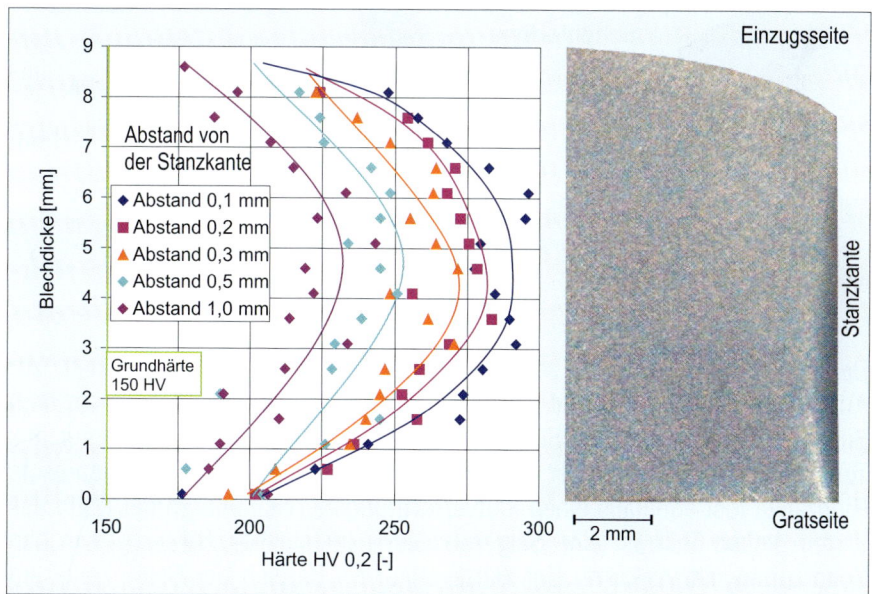

Bild 2.10
Aufhärtungskurve in der Scherzone, C35E.

Als drittes Beispiel wird ein Teil aus rostfreiem, austenitischem Stahl untersucht. In **Bild 2.11** ist das Teil Top mit den technischen Daten abgebildet.

Bild 2.11
Teilebezeichnung: Top
Teilewerkstoff: Rostfreier, austenitischer Stahl, X5CrNi18.10, Werkstoff-Nr. 1.4301, nach DIN 17440 mit EN 10088-2 und EN 10088-3.
Lieferausführung: Warmband gebeizt.
Abmessung: 8 mm x 115 mm in Ringen mit geschnittenen Kanten.
Maße nach EN 10048.
Werkstoffeigenschaften: nach DIN 17440
$R_{p0.2}$ [N/mm^2] min. 195
R_m [N/mm^2] 500 bis 700
Feinschneidgüte [N/mm^2] 500 bis 600
A_5 [%] min. 40
Chemische Zusammensetzung:
nach Sondervorschrift.

Die Lage der entnommenen Probe ist in **Bild 2.12** gekennzeichnet.

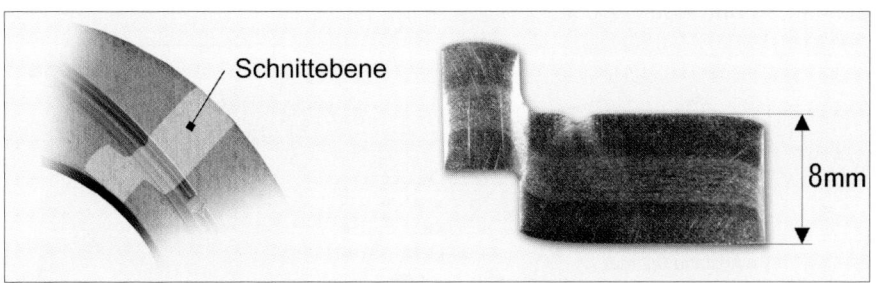

Bild 2.12
Detail Schnittebene Top, 1.4301.

Bild 2.13
Querschliff Teil Top, 1.4301.

Der Querschliff der Probe zeigt den gesamten Bereich von der Innen- zur Außenkontur des Teils (**Bild 2.13**) bei ca. 14-facher Vergrößerung. In dem Bild sind deutlich die drei Scherzonen an der Innen- und Außenkontur des Teils sowie im Bereich der Durchsetzung zu erkennen. Die eingepresste Ringzacke löst ebenfalls einen Kaltverformungsbereich aus. In der Mitte des 8 mm dicken Teils ist eine Seigerungszone feststellbar. Diese wird in den Scherzonen mit verformt. Der Härteverlauf im Bereich der Schnittzone am Innendurchmesser ist in **Bild 2.14** dargestellt. Für den austenitischen, rostfreien Stahl gelten für die Kaltaufhärtung in der Scherzone die gleichen

Werkstück-Werkstoffe

Gesetzmäßigkeiten wie für Stähle mit ferritischem Gefüge. Der Verfestigungsmechanismus ist für das kubisch-flächenzentrierte Austenitgitter jedoch ein anderer als für das kubisch-raumzentrierte Ferritgitter. Die Unterschiede können auch aus den Fließkurven für die beiden Stahltypen abgeleitet werden. Der Austenit zeigt bei Kaltverformung einen steileren Festigkeitsanstieg als der Ferrit. Bei entsprechender Analysenlage können Austenite bei der Kaltverformung zur Bildung von Verformungsmartensit führen. Man spricht dann von metastabilen Austeniten. Ob ein austenitischer Stahl stabil oder metastabil ist, kann aus Diagrammen nach Schaeffler oder De Long abgeleitet werden. Die Folgen können Magnetismus und Korrosionsneigung an den Schnittflächen sein. Dieser Umwandlungsprozess hängt hauptsächlich von der chemischen Zusammensetzung des Stahls ab.

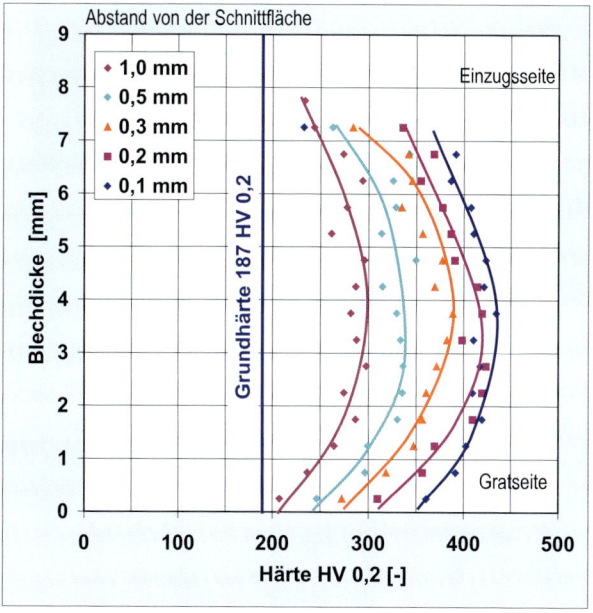

Bild 2.14
Aufhärtungskurve in der Schneidzone, 1.4301.

Das **Bild 2.15** zeigt Zonen gleicher Härtewerte für den Bereich der Durchsetzung. Ausgehend von der Stanzkante sind im beiderseitigen Abstand von ca. 0,3 mm die höchsten Härtewerte festzustellen. Mit zunehmendem Abstand fällt die Härte ab, bis die Grundhärte des Werkstoffs erreicht wird. Hier ist kein Einfluss der Kaltverformung auf das Gefüge mehr vorhanden.

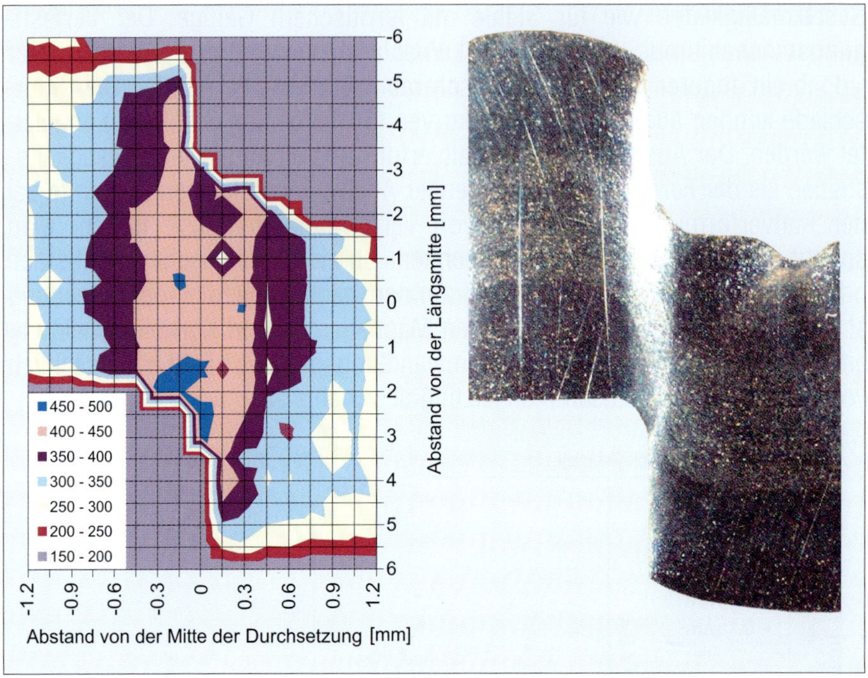

Grundlagen

Bild 2.15
Härtekennfeld in der Durchsetzungszone. Teil Top, 1.43301.

Im vierten Beispiel wird vor allem der Vorgang der Gefügeverformung und dadurch bedingt der Kaltaufhärtung durch die **Kaltumformprozesse** wie Biegen und Kragenziehen am Beispiel einer Schaltgabel gezeigt. Die Schaltgabel mit den technischen Daten sowie die Lage der entnommenen Probe ist in **Bild 2.16** dargestellt.

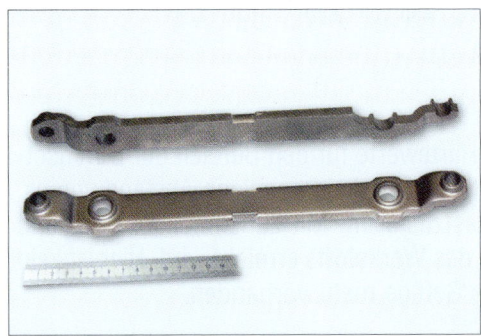

Bild 2.16
Teilebezeichnung: Schaltgabel
Teilewerkstoff: Vergütungsstahl für eine Wärmebehandlung C35E, GKZ weichgeglüht, Werkstoff-Nr. 1.1181 nach DIN EN 10132-3
Lieferausführung: Kaltband, GKZ weichgeglüht auf min. 95 % kugeligen Zementit
Abmessung: 6 mm x 245 mm in Ringen mit Schnittkanten.
Maße nach EN 10048
Werkstoffeigenschaften:
nach Handbuch S. 216, Tab. 7.5

Werkstück-Werkstoffe

Für den Probenquerschnitt wurde eine Gefügeätzung vorgenommen (**Bild 2.17**), welche die drei Bereiche extremer Kaltverformung deutlich erkennen lässt. Besonders starke Kaltverformungen liegen im Bereich des umgeformten hohen Kragens vor.

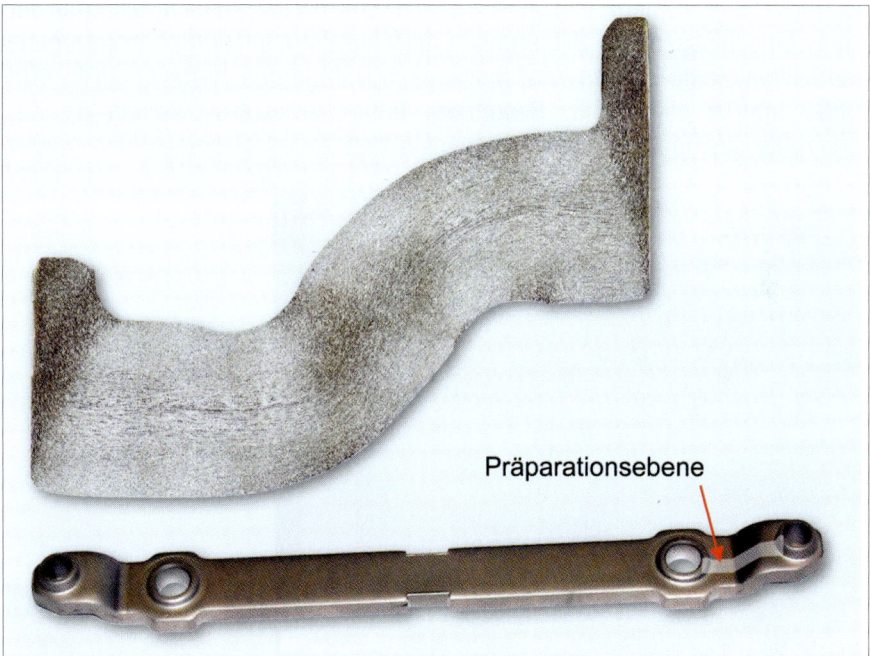

Bild 2.17
Präparationsebene und Querschliff Schaltgabel, C35E.

Das Grundgefüge des Vergütungsstahls C35E besteht aus Ferrit und 100 % kugeligem Zementit. Teilweise sind sehr große Ferritkörner (siehe Markierung) vorhanden. Der Stahl ist weichgeglüht (**Bild 2.18**).

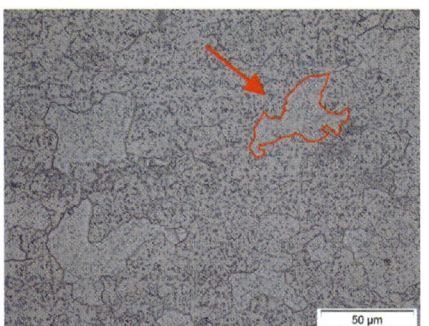

Bild 2.18
Detail Grundgefüge C35E. Ferrit und kugeliger Zementit, Einformungsgrad 100 %.

Die Härte HB 2,5/187,5 beträgt 137. Dies entspricht einer Zugfestigkeit von 445 N/mm². Die Kaltbandausführung entspricht einer GKZ-EW-Güte. Unverformter und stark kaltverformter Gefügebereich sind in **Bild 2.19** gegenübergestellt. Hierbei zeigt sich, wie stark die Körner in Verformungsrichtung gestreckt werden. Jede Fehlstelle in Form von harten Phasen, nichtmetallischen Einschlüssen und Seigerungen führt zur Einrissbildung. Der gezogene und kaltgepresste Kragen wird hinsichtlich Gefüge und Härteverlauf in **Bild 2.20a** und **b** dargestellt. Besonders hohe Härtewerte werden an der Innenseite des hochgepressten Kragens erzielt.

Stark kaltverformter Gefügebereich

Unverformter Gefügebereich

Bild 2.19
Übersicht: Unverformtes und verformtes Gefüge C35E.

Werkstück-Werkstoffe

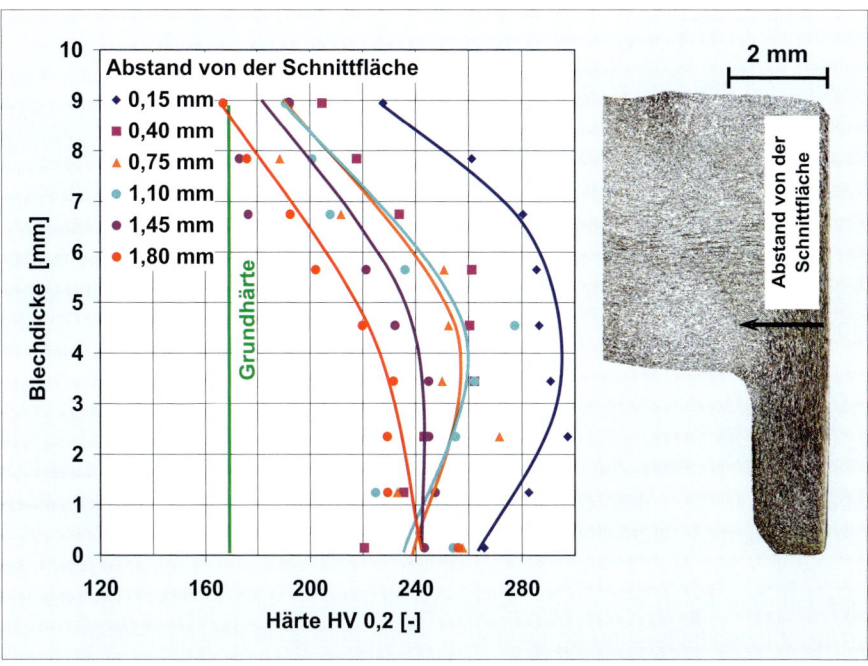

Bild 2.20a   **Bild 2.20b**
Aufhärtungskurven geformter Kragen der Schaltgabel (Bohrungsbereich), C35E.

2.1.2 Eigenschaften

Kennwerte des Zugversuchs

Eine der herausragenden Eigenschaften metallischer Werkstoffe, insbesondere von Stahl, ist das elastisch-plastische Werkstoffverhalten. Metalle sind die idealen Konstruktionswerkstoffe, da sie einerseits bis zur Elastizitätsgrenze Spannungen ohne bleibende Verformung ertragen können, auf der anderen Seite durch Aufbringen höherer Spannungen in beinahe beliebige Form gebracht werden können. Bis zur Elastizitätsgrenze gehorchen Metalle dem Hooke'schen Gesetz,

$$\varepsilon = \frac{\sigma}{E} \qquad (1)$$

Dieses besagt, dass die Dehnung ε direkt proportional zur aufgebrachten Spannung σ ist, wobei deren absoluter Betrag von einer werkstoffabhängigen Konstante E, dem Elastizitätsmodul, abhängt.

Oberhalb der Elastizitätsgrenze beginnen Metalle zu fließen. Die dafür jeweils erforderliche Fließspannung lässt sich durch die Hall-Petch-Beziehung

$$R_e = \sigma_{iy} + \Delta\sigma_c + \Delta\sigma_v + \Delta\sigma_o + \frac{k_y}{\sqrt{d}} \qquad (2)$$

beschreiben.

Die Hall-Petch-Beziehung drückt aus, dass sich die Streckgrenze eines metallischen Werkstoffes additiv aus mehreren Teilbeträgen zusammensetzt, die aus unterschiedlichen Verfestigungsmechanismen resultieren.

Erklärung der in der Hall-Petch-Beziehung verwendeten Formelzeichen:

R_e = Streckgrenze, die Spannung, bei der der Werkstoff anfängt, zu fließen

σ_{iy} = Peierls-Spannung, die innere Reibung im Werkstoff, die beim Fließen überwunden werden muss

$\Delta\sigma_c$ = Verfestigung durch Mischkristallbildung aufgrund von im Atomgitter gelöster Fremdatome (Legierungsbestandteile oder Verunreinigungen), an denen die Versetzungsbewegung blockiert wird

Werkstück-Werkstoffe

$\Delta\sigma_V$ = Verfestigung durch Kaltverformung

$\Delta\sigma_0$ = Verfestigung durch Ausscheidungen Dispersionshärtung

$\dfrac{k_y}{\sqrt{d}}$ = Verfestigung durch Korngrenzen und Phasengrenzen, wobei der Korngrenzwiderstand K_y eine Konstante und d der Korndurchmesser ist

Die Peierls-Spannung, die Mischkristallverfestigung und die Korngrenzenverfestigung sind bei realen Werkstoffen immer vorhanden, die restlichen Verfestigungsmechanismen können je nach Werkstoff, Erzeugnisform und Behandlungszustand zusätzlich zur Festigkeit des Materials beitragen **(Bild 2.21)**.

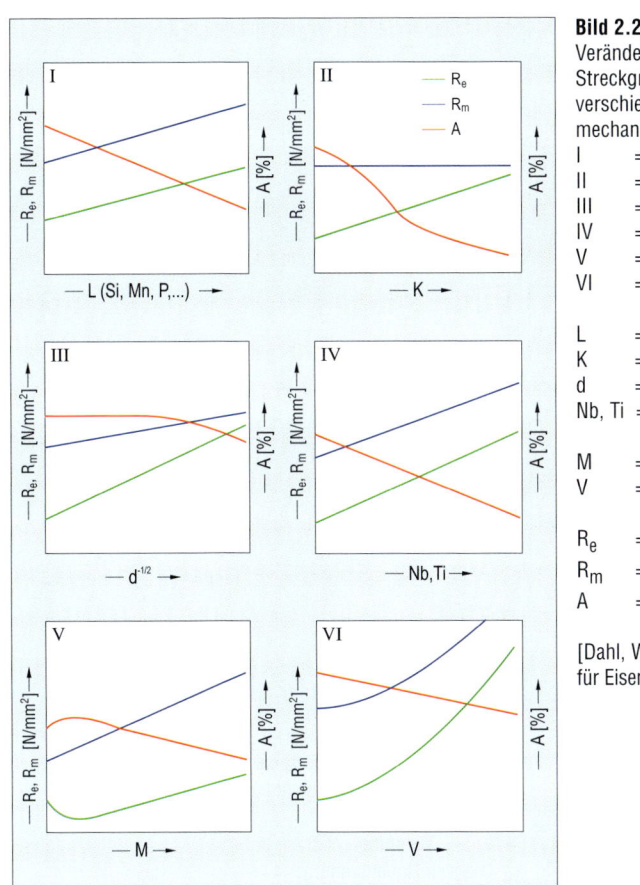

Bild 2.21
Veränderung von Zugfestigkeit, Streckgrenze und Bruchdehnung bei verschiedenen Verfestigungsmechanismen.

I	=	Mischkristallverfestigung
II	=	Versetzungsverfestigung
III	=	Korngrenzenverfestigung
IV	=	Aushärtung
V	=	Dualphasenverfestigung
VI	=	Verformungsgeschwindigkeit
L	=	Legierungsgehalt
K	=	Kaltverformung
d	=	Korndurchmesser
Nb, Ti	=	Säurelöslicher Gehalt an Nb und Ti
M	=	Martensitanteil
V	=	Umformgeschwindigkeit
R_e	=	Streckgrenze
R_m	=	Zugfestigkeit
A	=	Bruchdehnung

[Dahl, W. und andere: 1993, Institut für Eisenhüttenkunde, RWTH-Aachen]

Grundlagen

Zugfestigkeit, Streckgrenze, Bruchdehnung und weitere Kennwerte metallischer Werkstoffe werden üblicherweise im Zugversuch (EN 10002) ermittelt. Der Zugversuch wird in Form von Spannungs-Dehnungs-Diagrammen dokumentiert, die grundsätzlich zwei verschiedene Formen haben können **(Bild 2.22)**.

Eine ausgeprägte Streckgrenze bei der die Spannung trotz steigender Dehnung zunächst abfällt, worauf sich dann ein Bereich mit annähernd konstantem Spannungsniveau anschließt, bevor die eigentliche Verfestigung einsetzt, **(Bild 2.22I)** haben Stähle, deren Festigkeit durch Einlagerungsmischkristallbildung (im Atomgitter gelöste Fremdatome mit kleinem Atomradius) bestimmt ist, z.B.

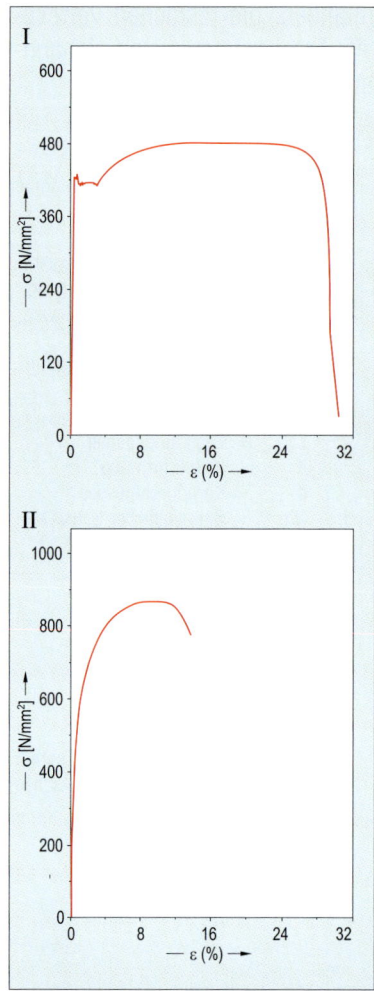

Bild 2.22
Spannungs-Dehnungs-Diagramm für den Stahl S355MC (I) mit ausgeprägter Streckgrenze und Warmband C67 mit nicht proportionaler Dehnung (II).
σ = Spannung
ε = Dehnung
[Hoesch Hohenlimburg]

Werkstück-Werkstoffe 29

weiche, unlegierte Stähle mit geringem Gehalt an gelöstem Kohlenstoff und Stickstoff.

Keine ausgeprägte Streckgrenze (**Bild 2.22II**) haben dagegen Stähle mit Anteilen härterer Gefügephasen wie Perlit, Bainit, oder Martensit. Eine vorhandene ausgeprägte Streckgrenze kann durch Kaltverformung, z. B. durch Kaltwalzen mit geringer Stichabnahme (Dressieren), beseitigt werden. Sie bildet sich jedoch nach längerer Auslagerungsdauer wieder aus (Reckalterung).

Für die Blechumformung sind folgende der im Zugversuch ermittelten Kennwerte von Bedeutung:

Elastizitätsmodul E
Der Elastizitätsmodul beschreibt die Steigung der Hooke'schen Geraden im Spannungs-Dehnungs-Diagramm. Aus dem Elastizitätsmodul und der Streckgrenze kann auf das Rückfederungsverhalten eines Werkstoffs geschlossen werden. Atomistisch ist der E-Modul ein Maß für die Bindungskräfte der Metallatome im Gitter. Diese hängen von deren Abstand, demnach auch von ihrem Atomradius und ihrer Temperatur ab. Unlegierter Stahl hat bei Raumtemperatur einen E-Modul von 210'000 N/mm². Der E-Modul nimmt mit zunehmender Temperatur etwa linear ab (entsprechend des Wärmeausdehnungskoeffizienten) und fällt auf etwa 165'000 N/mm² bei 600 °C. Legierungselemente mit größerem Atomradius als Eisen (z.B. Molybdän oder Wolfram) verringern den E-Modul, Elemente mit kleinerem Atomradius (z.B. Silizium) erhöhen ihn. Ein merklicher Einfluss auf den E-Modul kann allerdings erst bei höheren Anteilen an Legierungselementen festgestellt werden. Austenitische Stähle mit 18 % Chrom- und 10 % Nickelanteil weisen bei Raumtemperatur beispielsweise einen E-Modul von 200'000 N/mm² auf.

Untere Streckgrenze R_{eL}
Die untere Streckgrenze ist die kleinste Spannung im Fließbereich bei Werkstoffen mit ausgeprägter Streckgrenze.

Obere Streckgrenze R_{eH}
Die obere Streckgrenze bezeichnet bei Werkstoffen mit ausgeprägter Streckgrenze die Spannung, bei der zum ersten Mal ein deutlicher Spannungsabfall auftritt. Sie bestimmt die statische Bauteilfestigkeit, da Bauteile oberhalb dieser Spannung plastisch deformiert werden. In der Umformtechnik hängen von ihr die erforderlichen Umformkräfte und die Werkzeugbelastung ab.

Dehngrenze bei nichtproportionaler Dehnung $R_{p0,2}$
Spannung bei nichtproportionaler, plastischer Dehnung von 0,2 %, bezogen auf die Messlänge. Bedeutung ähnlich der oberen Streckgrenze **(Bild 2.22II)**.

Zugfestigkeit R_m
Spannung bei Höchstlast. Die Zugfestigkeit bestimmt die statische Bauteilfestigkeit, da Bauteile unter Zugbeanspruchung oberhalb dieser Spannung brechen. Von allen im Zugversuch ermittelten Kennwerten hängt die Zugfestigkeit am wenigsten von der Probenvorbereitung und der Versuchsdurchführung ab, ist also am reproduzierbarsten ermittelbar.

Gleichmaßdehnung A_g
Nichtproportionale, plastische Dehnung bei Höchstlast. Oberhalb der Gleichmaßdehnung schnüren Werkstoffe ein. Daraus ergibt sich also bei der Blechumformung eine merkliche örtliche Wanddickenreduktion.

Bruchdehnung bei proportionalen Proben A_5
Bleibende Verlängerung der Messlänge nach dem Bruch, wobei die Messlänge $5{,}65\sqrt{S_0}$ ist. S_0 ist hierbei der Ausgangsprobenquerschnitt, also Probenbreite mal Blechdicke.

Bruchdehnung bei nichtproportionalen Proben A_{80mm}
Bleibende Verlängerung der Messlänge nach dem Bruch, wobei die Messlänge 80 mm ist. Dieser Wert liegt geometriebedingt unterhalb 10 mm Banddicke stets niedriger, oberhalb 10 mm Banddicke stets höher als A_5.

Die Zugfestigkeit und die Streckgrenze nehmen mit zunehmender Umformtemperatur im Allgemeinen ab und mit steigender Umformgeschwindigkeit zu. Die Gleichmaßdehnung und die Bruchdehnung verhalten sich in diesen Fällen umgekehrt zu Streckgrenze und Festigkeit.

Einfluss des Gefüges
Neben den Kennwerten des Zugversuchs hat die Gefügeausbildung einen erheblichen Einfluss auf das Umform- und Feinschneidverhalten. In **Bild 2.23** werden sechs verschiedene Gefüge von Stahlsorten gezeigt, die für das Umformen und Feinschneiden häufig verwendet werden. Weiche, unlegierte Stähle wie der DD12 **(Bild 2.23A)** haben ein vorwiegend aus Ferrit bestehendes Gefüge mit nur geringem Perlitanteil. Bei dem rostfreien, austenitischen Stahl X5CrNi 18-10 **(Bild 2.23B)** und den weiteren Stahlsorten dieser Werk-

Werkstück-Werkstoffe

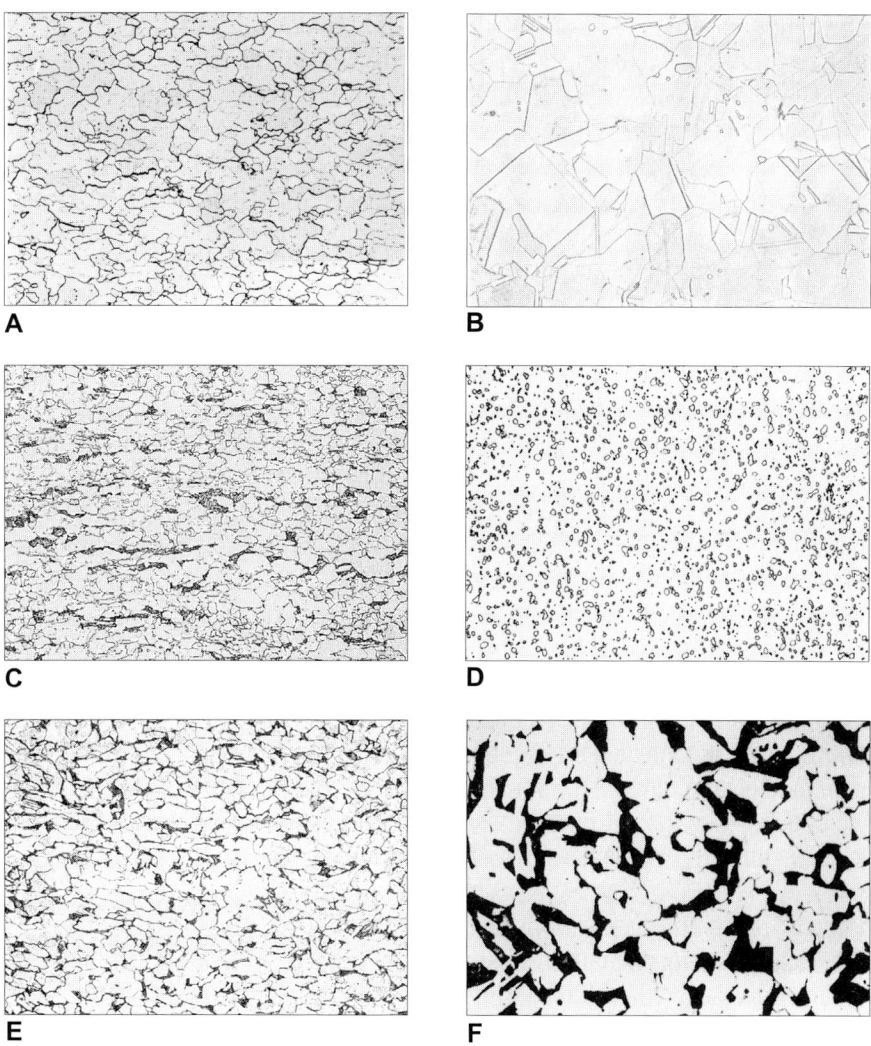

Bild 2.23
Kennzeichnende Gefüge verschiedener Stahlsorten für das Umformen und Feinschneiden.
A = DD12 mit Ferrit und wenig Perlit
B = X5CrNi18-10 mit Austenit
C = S460MC mit Ferrit und wenig Carbiden
D = C45E, GKZ mit Ferrit und 100 % kugeligem Zementit
E = S235 mit Ferrit und Perlit
F = C35E mit Ferrit und Perlit

[Buderus Edelstahl, Hoesch Hohenlimburg, Kaltwalzwerk Brockhaus]

stoffgruppe besteht das Gefüge aus Austenit. Austenit lässt sich gut kaltumformen und feinschneiden. Das Gefüge im **Bild 2.23C** besteht vorwiegend aus Ferrit mit feinen Carbidausscheidungen, eine typische Gefügestruktur für mikrolegierte Feinkornstähle, in diesem Fall S460MC. Das Gefüge ist für das Umformen und Feinschneiden geeignet. Unlegierte Kohlenstoffstähle mit einem C-Gehalt größer etwa 0,15 % und legierte Stähle können im Allgemeinen auf kugeligen Zementit ohne Weich- oder Einformungsglühen nicht mehr prozesssicher umgeformt und feingeschnitten werden. **Bild 2.23D** zeigt ein zum Feinschneiden geeignetes Gefüge mit nahezu 100 % kugeligem Zementit. Die Grenze, bei der Stahlsorten ohne Weichglühung noch einwandfrei umgeformt werden können, lässt sich nicht eindeutig festlegen. Ein klassischer Baustahl S235 **(Bild 2.23E)** mit 0,17 % Kohlenstoff und einem Gefüge, bestehend aus Ferrit und Perlit, kann in bestimmten Anwendungsfällen bereits die Grenze darstellen. Ein ungeglühtes Warmband aus Vergütungsstahl C35E **(Bild 2.23F)** mit Ferrit und Perlit kann im Allgemeinen nicht mehr rissfrei umgeformt und feingeschnitten werden. Noch ungünstiger sieht es bei Stählen mit höheren C-Gehalten aus [2].

Stahlsorten
Die Stahlsorten werden üblicherweise nach Erzeugnisform und Verwendungszweck eingeteilt. Ihre Eigenschaften hängen von der chemischen Zusammensetzung und dem Behandlungszustand ab. Nachfolgend sind die wichtigsten der in der Blechumformung verwendeten Stahlsorten und die jeweils genutzten Verfestigungsmechanismen angegeben:

Weiche, unlegierte Stähle zum Kaltumformen (EN 10111, EN 10139)
Die Festigkeitseigenschaften dieser Stähle werden im Wesentlichen durch deren Gehalt an den Einlagerungsmischkristallbildnern Kohlenstoff und Stickstoff sowie den Austauschmischkristallbildnern wie Mangan bestimmt. Da es bei dieser Gütegruppe auf beste Kaltumformbarkeit ankommt, ist man bestrebt, die Gehalte an festigkeitssteigernden Elementen so tief wie möglich abzusenken. Verfahrenstechnische Grenzen sind hierbei die sich mit abnehmenden Kohlenstoffgehalten verschlechternde Walzbarkeit (Stahl wandelt sich während der Warmwalzung um) und die mit abnehmendem Verhältnis von Mangan zu Schwefel steigende Gefahr der Bildung von Eisensulfid, das bei der Warmumformung aufplatzen und zu Oberflächenfehlern führen kann. Eine Sonderstellung unter den weichen, unlegierten Stählen nehmen Güten

ein, bei denen durch Zugabe geringer Mengen starker Nitrid- und Carbid-bildner (Titan oder Bor) die ausgeprägte Streckgrenze unterdrückt wird. Man bezeichnet diese auch als IF-Stähle (interstitial-free). IF-Stähle mit Titan sind nur als Feinblech erhältlich, da diese nach dem Warmwalzen eine sehr starke Anisotropie der mechanischen Eigenschaften längs und quer zur Walzrichtung aufweisen (Zipfeligkeit), die durch Kaltwalzen und rekristallisierendes Glühen wieder rückgängig gemacht werden müssen. Borlegierte Weichgüten werden auch als Warmband eingesetzt, weisen jedoch eine stärkere Zipfelbildung beim Tiefziehen auf als Weichgüten ohne Bor.

Unlegierte Baustähle (EN 10025)
Baustähle zeichnen sich durch eine Mindestfestigkeit aus, die im Wesentlichen durch Zulegieren der Elemente Kohlenstoff und Mangan erzielt wird. Der ausschlaggebende Verfestigungsmechanismus ist hierbei die Mischkristallverfestigung. Insbesondere durch die mit steigender Festigkeitsanforderung erforderlichen höheren Kohlenstoffgehalte weisen diese Güten Perlitanteile auf, die die Kaltumformbarkeit, die Schneideigenschaften und die Schweißbarkeit verschlechtern. Die Norm lässt sehr viel weitere Analysenspannen zu, als diese fertigungstechnisch eingestellt werden können. Es ist daher möglich, die spezifizierten Festigkeitsanforderungen über unterschiedliche Legierungskonzepte einzustellen. Sofern die Möglichkeit besteht, sollte der Anwender Baustahlvarianten mit wenig Kohlenstoff (und dafür mehr Mangan und/oder eventuell einer "Prise" Niob) den Vorzug geben, da sich das Material dadurch besser verarbeiten lässt.

Feinkornstähle zum Kaltumformen (EN 10149/EN 10268)
Hierunter werden Niob, Titan und/oder Vanadium mikrolegierte Feinkorn-baustähle verstanden, die ihre Festigkeitseigenschaften im Wesentlichen durch Feinkornbildung und Ausscheidungshärtung erhalten. Diese Güte-gruppe wird auch als perlitarm bezeichnet, da zum Erzielen gleicher Festigkeiten wie bei unlegierten Baustählen erheblich niedrigere Kohlenstoffgehalte erforderlich sind. Die Verarbeitungseigenschaften von Feinkornstählen sind daher ausnahmslos denen von unlegierten Baustählen überlegen. Warmband aus mit Titan mikrolegierten Stahl weist ein größeres Streuband der mechanischen Eigenschaften auf als mit Niob oder mit Niob und Vanadium mikrolegierte Stähle, da Titan legierungstechnisch nicht so genau eingestellt werden kann wie Niob und die Ausscheidungen des Titans empfindlicher auf Unterschiede in den Abkühlbedingungen nach dem Warmwalzen reagieren.

Als Kaltband lassen sich auch mit Titan und Niob mikrolegierte Stähle mit sehr engen Streubändern darstellen. Mikrolegierte Stähle werden üblicherweise nach dem TM-Verfahren (thermomechanisch umgeformt) hergestellt. Eine Sonderstellung unter den mit Niob mikrolegierten Güten nehmen die Ultrafeinkornstähle (mit Niob mikrolegierte Güten mit Korngrößen < 5 µm) ein. Die für die Eigenschaften von Feinkornstählen ursächlichen Carbonitridausscheidungen sind auch elektronenmikroskopisch nur sehr schwer erkennbar, ihre typische Göße liegt bei wenigen Nanometern.

Vergütungsstähle (EN 10083), Federstähle (EN 10132) und Werkzeugstähle (EN 10096)
Diese Stähle werden im Regelfall nicht direkt, sondern erst nach einer einformenden Wärmebehandlung verarbeitet. Ihre endgültigen Festigkeitseigenschaften erhalten diese durch eine Vergütebehandlung (Härten und Anlassen) oder durch Randschichthärtung. Der ausschlaggebende Verfestigungsmechanismus beim Vergüten ist die Bildung härterer Gefügephasen (Zwischenstufe, Martensit, Carbide).

Borlegierte Vergütungsstähle (EN 10083-3)
Borlegierte Vergütungsstähle lassen sich im Regelfall ohne Glühbehandlung direkt verarbeiten, da diese im Walzzustand eine erheblich niedrigere Festigkeit besitzen als konventionelle Vergütungsstähle. Gleichwohl lassen sich borlegierte Vergütungsstähle auf höchste Festigkeit vergüten, da bereits mit geringen Mengen an Bor die gleiche Wirkung erzielt werden kann wie mit erheblich größeren Mengen an Legierungselementen wie Chrom oder Molybdän. Borlegierte Stähle sind überdies kostengünstiger. Der bei Borstählen genutzte Verfestigungsmechanismus im vergüteten Zustand ist wie bei konventionellen Vergütungsstählen die Bildung härterer Gefügephasen (Vergütungsgefüge). Hierbei wirkt das freie (nicht an Stickstoff gebundene) Bor, das sich auf den Austenitkorngrenzen anreichert, als "Diffusionsbremse" für Kohlenstoff und verzögert die Umwandlungsvorgänge. Dies führt gegenüber Stählen mit sonst gleicher Analyse, aber ohne Bor, zu einer Steigerung der Festigkeit und der Durchhärtbarkeit. Auf das Anlassen borlegierter Vergütungsstähle nach dem Härten kann vielfach verzichtet werden, da diese auch im gehärteten Zustand eine ausreichende Restzähigkeit besitzen.

In **Bild 2.24** sind die Kerbschlagarbeit-Temperatur-Kurven für gehärtete, nicht angelassene Stähle C35 und 27MnCrB5-2 aufgezeigt. Im Temperaturintervall von -60°C bis + 20°C zeigt der borlegierte Stahl erheblich höhere Zähigkeitswerte.

Werkstück-Werkstoffe

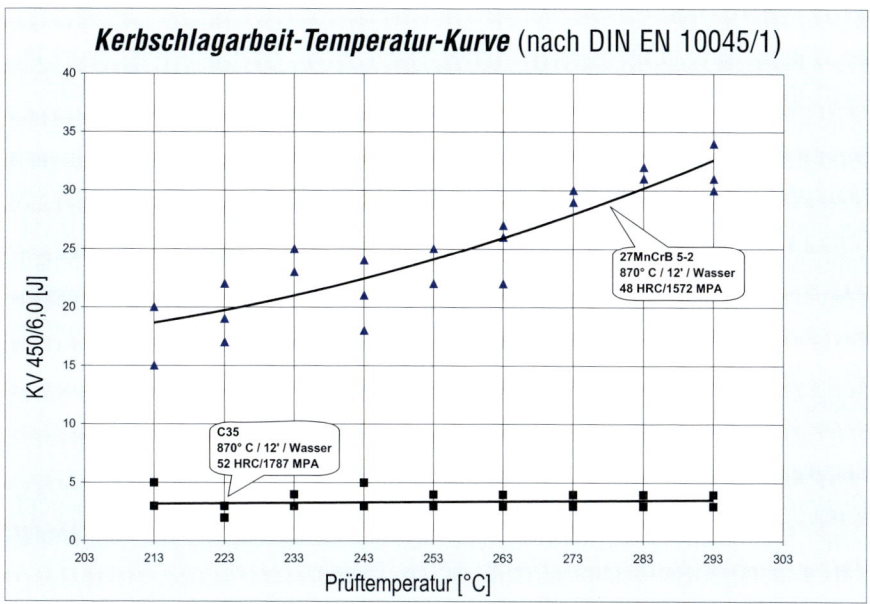

Bild 2.24
Kerbschlagarbeit-Temperaturkurve für den borlegierten Stahl HLB 27 im gehärteten, nicht angelassenen Zustand.

Einsatzstähle (EN 10084 und EN 10132-2)
Einsatzstähle lassen sich teilweise ohne Glühbehandlung direkt verarbeiten. Je nach Sorte, Umform- und Schneidoperation müssen diese vor der Verarbeitung jedoch auch häufig einer Glühoperation (Weichglühe, GKZ-Glühe oder GKZ-EW-Glühe) unterzogen werden. Einsatzstähle erhalten ihre endgültigen Festigkeitseigenschaften durch eine Randschichthärtung (Eindiffusion von Kohlenstoff und Stickstoff in die Oberfläche und anschließendes Vergüten). Der genutzte Verfestigungsmechanismus ist dabei die Bildung härterer Gefügephasen (Martensit, Metallcarbide oder Carbide).

Neuere Entwicklungen von Blechwerkstoffen
Ausgehend von der Forderung der Automobilindustrie nach höherfesten Werkstoffen als Voraussetzung für gewichtssparende Konstruktion wurde in den letzten Jahren eine Reihe von Stählen entwickelt.

Mehrphasenstähle
Im Unterschied zu einphasigen höherfesten Güten (wie den mikrolegierten Feinkornstählen) weisen Mehrphasenstähle verschiedene Gefügebestandteile auf: weichere (Ferrit) und härtere (Martensit, Bainit). Bei geringen Umformgraden fängt zuerst die weichere Phase an zu fließen, daher lassen sich Mehrphasenstähle im Bereich kleiner Umformgrade etwas besser verformen als Einphasenstähle gleicher Festigkeit. Mit zunehmendem Umformgrad verschwindet dieser Effekt. Mehrphasenstähle haben keine bessere Gleichmaß- oder Bruchdehnung als Einphasenstähle. Ein Nachteil von Mehrphasenstählen ist, dass die Streubänder der mechanischen Eigenschaften größer sind als bei Einphasenstählen, da diese sehr empfindlich auf Schwankungen der Chargenanalyse und der Walzparameter reagieren.

Beispiele für den Einsatz von Mehrphasenstählen :
Dualphasenstahl (Ferrit, Martensit) wird vielfach für PKW-Räder verwendet, ferner für schwierige Strukturbauteile, ebenso für streckgezogene Außenteile mit besonderer Beulfestigkeit (z. B. Türen, Dächer).

Complexphasen-Stähle (Ferrit, Bainit, Martensit) für Teile mit ausgeprägter Crashrelevanz und einfachen geometrischen Anforderungen (z. B. Verstärkung A-Säule beim Cabrio).

Martensitphasen-Stähle (Martensit, Bainit) für Teile mit ausgeprägter Crash-Relevanz (z. B. Seitenaufprallträger).

TRIP-Stahl (Ferrit, Martensit, Bainit, Austenit)
Ein Sonderfall der Mehrphasenstähle sind Stähle mit Restaustenit. Im Gegensatz zu Mehrphasenstählen ohne Austenitanteile ist bei diesen die Gleichmaß- und Bruchdehnung bei gleicher Festigkeit besser. Das Verfestigungsverhalten bei den so genannten TRIP-Stählen (transformation induced plasticity) wird durch die Umwandlung von Restaustenit zu Martensit geprägt und liegt somit zwischen dem von ferritischen und austenitischen Stählen. Restaustenitstähle werden für Strukturbauteile mit besonders hohem Energieaufnahmevermögen (z. B. Säulen, Längsträger) verwendet.

Tabelle 2.1 zeigt exemplarisch mechanische Kennwerte für einige ausgewählte Stahlsorten höherer Festigkeit, die nach neuen Konzepten gefertigt wurden. Beispiele für den Spannungs-Dehnungs-Verlauf für einige Stähle fin-

Werkstück-Werkstoffe

den sich in **Bild 2.25**. Es zeigt sich deutlich, dass TRIP-Stahl im Vergleich zu Dualphasenstahl bei gleicher Dehnung über ein höheres Festigkeitsniveau verfügt.

	R_{eH} [N/mm²]	R_p [N/mm²]	R_m [N/mm²]	A_{80} [%]
Höherfester mikrolegierter Stahl	min. 760/800		880 - 1050	min. 16
Dualphasenstahl		310 - 450	min. 530/580	min. 24
Complexphasenstahl		680 - 720	800 - 1130	min. 10
Martensitphasenstahl		900	1200 - 1450	min. 5
TRIP-Stahl		495	700 - 870	min. 21

Tabelle 2.1
Mechanische Eigenschaften neuerer höherfesten Stähle.

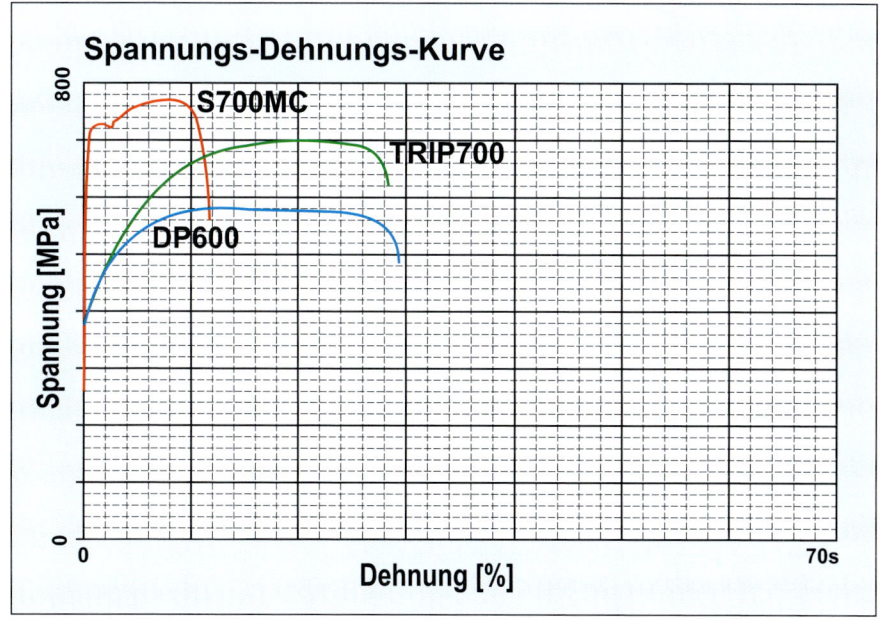

Bild 2.25
Spannungs-Dehnungs-Kurven höherfester Stähle.

Mechanische Eigenschaften der Stahlsorten

Die Kennwerte des Zugversuchs werden durch den jeweils wirkenden Verfestigungsmechanismus bestimmt. Dabei ist der Zusammenhang zwischen den Kennwerten bei Warmbändern aus klassischen Stählen im Wesentlichen unabhängig von der Stahlsorte (**Bild 2.26**). Eine Ausnahme stellen mikrolegierte Stähle wegen ihres höheren Streckgrenzenverhältnisses infolge des deutlich feineren Kornes dar.

Der Zusammenhang zwischen Zugfestigkeit und anderen im Zugversuch ermittelten Kennwerten ist in **Bild 2.26** dargestellt.

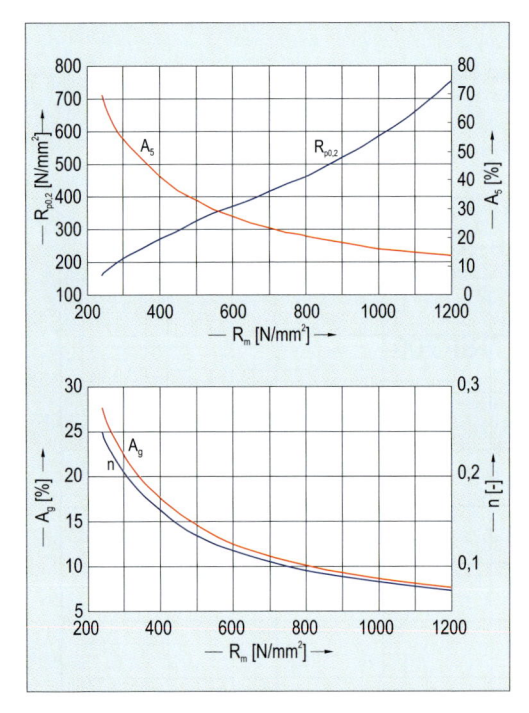

Bild 2.26
Zusammenhang zwischen Zugfestigkeit, Streckgrenze, Bruchdehnung, Gleichmaßdehnung und Verfestigungsexponent für Warmbänder, außer mikrolegierten Güten.

$R_{p0.2}$ = Streckgrenze
R_m = Zugfestigkeit
A_5 = Bruchdehnung
A_g = Gleichmaßdehnung
n = Verfestigungsexponent

[Hoesch Hohenlimburg]

Werkstück-Werkstoffe

2.1.3 Fließkurven

Definition, Allgemeines

Für die Auslegung von Werkzeugen für Umformvorgänge und die Auswahl von Umformmaschinen wird die Größe der Spannungen (auf die Flächeneinheit bezogene Kräfte) in der Umformzone und die daraus resultierende Kraft benötigt. Die Spannungen sind in erster Linie von den Eigenschaften des Werkstück-Werkstoffs im plastischen Zustand, von den Reibverhältnissen in der Wirkfuge und von der Geometrie des Werkstücks bzw. der Werkzeuggestaltung abhängig. Aussagen über die Spannungsverteilung sowie den Kraft- und Arbeitsbedarf eines Umformvorgangs können mit den Verfahren der Plastizitätstheorie gemacht werden. Grundlage aller derartigen Berechnungsverfahren ist die möglichst exakte Kenntnis des Umformverhaltens der Metalle. Dieses wird im Wesentlichen durch die Fließkurve (**Bild 2.27**) und das Formänderungsvermögen beschrieben.

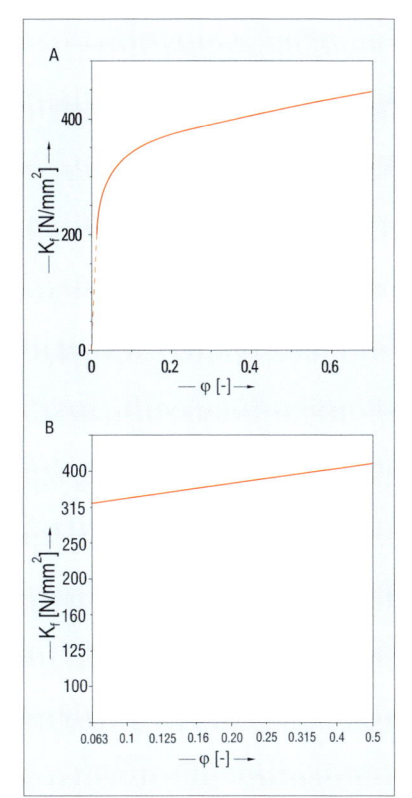

Bild 2.27
Fließkurve für DC04 mit Streckgrenze 217 N/mm^2, Zugfestigkeit 326 N/mm^2, Bruchdehnung A_{10} 46 % und Brinellhärte HB 94.
A = Darstellung in linearen Koordinaten
B = Darstellung in doppeltlogarithmischen Koordinaten
k_f = Fließspannung
φ = Umformgrad

Die Fließkurve stellt den Zusammenhang zwischen Fließspannung k_f und Umform-grad φ dar (siehe Abschnitt 3.1 – Allgemeine Begriffe des Umformens). Die Verfestigung (Zunahme der Fließspannung mit steigender Formänderung) ist bei kleinen Formänderungen abhängig vom Streckgrenzenverhältnis (Verhältnis von Streckgrenze zu Festigkeit), das von der Korngröße abhängt. Bei größeren Formänderungen ist die Verfestigung hauptsächlich von der Gitterstruktur des Werkstoffs (Ferrit oder Austenit) und der Zugfestigkeit abhängig. Ferner hängt die Verfestigung von der Temperatur und der Umformgeschwindigkeit (etwa proportional zur Werkzeuggeschwindigkeit bei einem Umformvorgang) ab. Je höher die Temperatur, desto niedriger ist die Fließspannung und desto größer der Einfluss der Umformgeschwindigkeit (**Bild 2.28**) [3]. Bei Raumtemperatur, d.h. ohne vorheriges Anwärmen beim Umformen (in Kombination mit dem Feinschneiden), ist der Einfluss der Umformgeschwindigkeit allerdings vernachlässigbar.

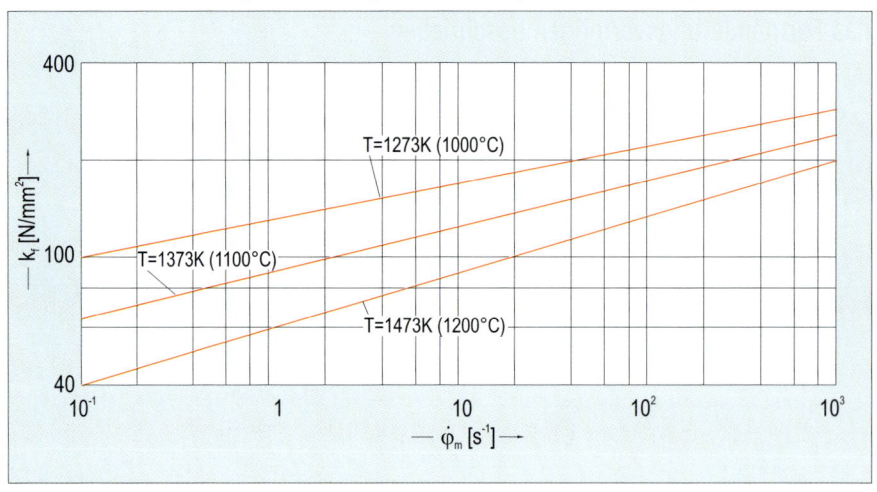

Bild 2.28
Fließspannung in Abhängigkeit von der Umformgeschwindigkeit und der Temperatur für Stahl C15E, Umformgrad φ = 0,5
k_f = Fließspannung
φ_m = Mittlere Umformgeschwindigkeit
T = Temperatur

[Pöhlland, U.: Werkstoffprüfung für die Umformtechnik. Springer Verlag 1986].

Bild 2.29 zeigt den Einfluss des mittleren Korndurchmessers für Weichstahl auf die Streckgrenze auf [3].

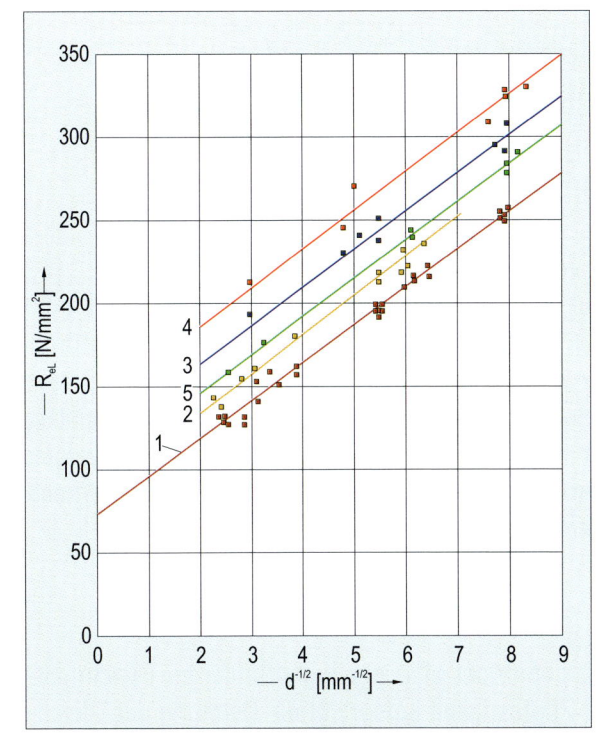

Werkstück-Werkstoffe

Bild 2.29
Abhängigkeit der unteren Streckgrenze vom mittleren Korndurchmesser.
R_{eL} = Untere Streckgrenze
d = Korndurchmesser
1 = Geglühter, weicher, unlegierter Stahl
2 = Wie 1, jedoch nitriert
3 = Wie 1, jedoch abgeschreckt von 923 K (650°C)
4 = Wie 1, jedoch abgeschreckt und 1 Stunde bei 423 K (150°C) gealtert
5 = Wie 1, jedoch abgeschreckt und 100 Stunden bei 473 K (200°C) gealtert

Fließkurvenermittlung und mathematische Beschreibung

Fließkurven lassen sich unter anderem im Zug-, Stauch- oder Torsionsversuch, d.h. bei unterschiedlichen Beanspruchungs- bzw. Spannungszuständen, aufnehmen. Im Allgemeinen beschränkt man sich auf den Zugversuch ($\varphi_{max} \approx$ 0,3 bis 0,5) und den Stauchversuch (φ_{max} bis $\approx$ 1,8). Zur Unterdrückung der Reibung wurden spezielle Verfahren entwickelt [3]. Für Stähle mit ferritischer Gitterstruktur, z.B. Kohlenstoffstähle, leicht- bis mittellegierte Stähle und mikrolegierte Stähle, lassen sich Fließkurven aus der Zugfestigkeit R_m und der Gleichmaßdehnung A_g rechnerisch ermitteln. Es gilt nach Ludwik

$$k_f = C \cdot \varphi^n \qquad (3)$$

Hierin ist C als werkstoffabhängige Konstante die Fließspannung bei $\varphi = 1$ und n der so genannte Verfestigungsexponent. Er errechnet sich aus den Werten der Gleichmaßdehnung A_g:

$$A_g = (L_g - L_0) / L_0 \qquad (4)$$
$$n = \ln(L_g / L_0) = \varphi_g \qquad (5)$$

> **Beispiel:**
> $A_g = 20\%$
> $L_g = L_0 + 0{,}2 \cdot L_0 = 1{,}2 \cdot L_0$
> $n = \ln(L_g / L_0) = \ln 1{,}2 = 0{,}182$

Ermittlung der Fließkurve aus dem Zugversuch nach M. Reihle [5]
Hierbei wird von der Ludwik-Gleichung (3) ausgegangen, durch die sich die Fließkurven unlegierter und niedrig legierter Stähle bis zu hohen Umformgraden mit sehr großer Genauigkeit beschreiben lassen. Werden Fließkurven doppeltlogarithmisch aufgetragen, so ergibt sich eine Gerade, deren Anstieg dem Verfestigungsexponenten n entspricht (**Bild 2.27B**). Wie Reihle zeigte, existiert zwischen dem Verfestigungsexponent n und der im Zugversuch ermittelbaren Gleichmaßdehnung folgender einfacher Zusammenhang:

$$n = \varphi_g = \ln(1+A_g) \tag{6}$$

Der Verfestigungsexponent entspricht also der logarithmierten Gleichmaßdehnung. Bei Erreichen der Zugfestigkeit entspricht die Dehnung der Gleichmaßdehnung, daher lässt sich die Konstante C durch folgende Beziehung ersetzen:

$$C = R_m \cdot \left(\frac{e}{n}\right)^n \tag{7}$$

(Hierin ist $e \approx 2{,}72$ die Basis der natürlichen Logarithmen).

Die zur Fließkurvenermittlung herangezogene Formel lautet somit vollständig:

$$k_f = R_m \cdot \left(\frac{e}{n}\right)^n \cdot \varphi^n \tag{8}$$

Da sowohl Zugfestigkeit als auch Gleichmaßdehnung (und damit auch der n-Wert) im Zugversuch ermittelt werden, genügt ein einziger Zugversuch zur Ermittlung der Fließkurve. Für größere Umformgrade, die im Zugversuch nicht erzielt werden können, muss die Fließkurve z.B. im reibungsfreien Zylinderstauchversuch festgestellt werden [3].

Werkstück-Werkstoffe

> **Beispiel:**
> C10 E
> R_m = 356 N/mm²
> A_g = 12 %
> Daraus wird n aus Gl. (6) bestimmt. Dann ist z.B. für einen Umformgrad
> φ = 0,35 und nach Gl. (8)
>
> $$k_f = 356 \cdot \left(\frac{2{,}72}{0{,}113}\right)^{0{,}113} \cdot 0{,}35^{0{,}113} = 452 \text{ N}/\text{mm}^2$$

Dies ist die Fließspannung für einen gegebenen Umformgrad φ = 0,35. Die Fließkurve erhält man punktweise, indem für φ unterschiedliche Werte, z.B. von 0,05 bis 0,8, eingesetzt werden.

Vereinfachung des Verfahrens nach Reihle

Zwischen der Gleichmaßdehnung unlegierter und niedrig legierter Stähle und der Zugfestigkeit besteht ein enger Zusammenhang, während Stahlsorte und Behandlungszustand (mit Ausnahme einer Kaltumformung) nur von geringer Auswirkung auf die Gleichmaßdehnung sind. Nach Dahl, Hesse und Krabiell [6] verhält sich die logarithmierte Gleichmaßdehnung A_g für unterschiedliche Stahlsorten mit kubisch-raumzentrierter Gitterstruktur unabhängig von der Stahlsorte und umgekehrt zur unteren Streckgrenze R_{eL}. Dieser Zusammenhang lässt sich besser über die Darstellung der Gleichmaßdehnung A_g als Funktion der Zugfestigkeit wiedergeben (**Bild 2.31**). Die Gleichmaßdehnung lässt sich damit in guter Näherung durch die Beziehung

$$A_g = a + b \cdot \frac{1}{R_m} \qquad (9)$$

beschreiben. Die Werte für die Parameter a und b können allgemein für nahezu alle Güten als a = 2,52·10⁻² und b = 6,055·10⁻² N/mm² eingesetzt werden. Da sowohl die Gleichmaßdehnung A_g als auch der Verfestigungsexponent n als Funktion der Zugfestigkeit für die in **Bild 2.30** genannten Stahlsorten dargestellt werden können, lässt sich auch die Fließkurve als Funktion der Zugfestigkeit beschreiben:

$$k_f = R_m \cdot \left[\frac{e}{\ln\left(1 + a + \dfrac{b}{R_m}\right)} \right]^{\ln\left(1 + a + \frac{b}{R_m}\right)} \cdot \varphi^{\ln\left(1 + a + \frac{b}{R_m}\right)} \quad (10)$$

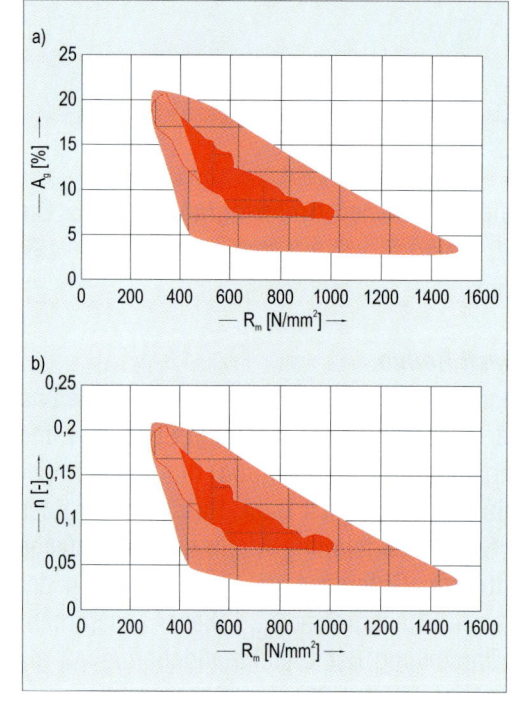

Bild 2.30
Gleichmaßdehnung und Verfestigungsexponent als Funktion der Zugfestigkeit. Die Auswertung umfasst 7238 Proben von 1,5 bis 16 mm dicken Warmbändern aus Weichgüten, Baustählen, C-Stählen und legierten Stählen ungeglüht und GKZ-geglüht.

a = Gleichmaßdehnung und Zugfestigkeit
b = Verfestigungsexponent und Zugfestigkeit
R_m = Zugfestigkeit
A_g = Gleichmaßdehnung
n = Verfestigungsexponent

[Höfel, P.: Hoesch Hohenlimburg]

Die Fließkurven lassen sich damit nach Gl. (10) erstellen. Sie können bei Stählen mit ferritischer Struktur unabhängig von der Stahlsorte verwendet werden, sofern die Zugfestigkeit des Materiales bekannt ist.

Für eine große Zahl von Stahl- und Nichteisen-Metallwerkstoffen sind in der VDI-Richtlinie 3200 [8] Richt-Fließkurven, die dem oben genannten Werkstoffverhalten entsprechen, in doppeltlogarithmischen Koordinaten zusammengestellt. Sie erscheinen deshalb als Geraden. Die Streubereiche sollen Abweichungen in der chemischen Zusammensetzung bzw. im Gefügezustand berücksichtigen. Austenitische Stähle (kubisch-flächenzentrierte Gitterstruk-

Werkstück-Werkstoffe 45

tur) verfestigen sich stärker als Stähle mit kubisch-raumzentriertem Gitter [7, 10]. Je nach Analysenlage, Umformtemperatur und Korngröße neigen austenitische Stähle darüber hinaus zu einem mit steigender Formänderung zunehmenden Festigkeitsanstieg durch Bildung von Verformungsmartensit. Daher können die Fließkurven von austenitischen Stählen unterschiedlicher Ausgangsfestigkeit auch nicht nach der weiter vorne beschriebenen Methode berechnet werden.

Fließkurven

Die folgenden zwei Diagramme zeigen die nach Formel (10) berechneten Fließkurven von Kohlenstoff-, austenitischen, ferritischen und Duplexstählen.

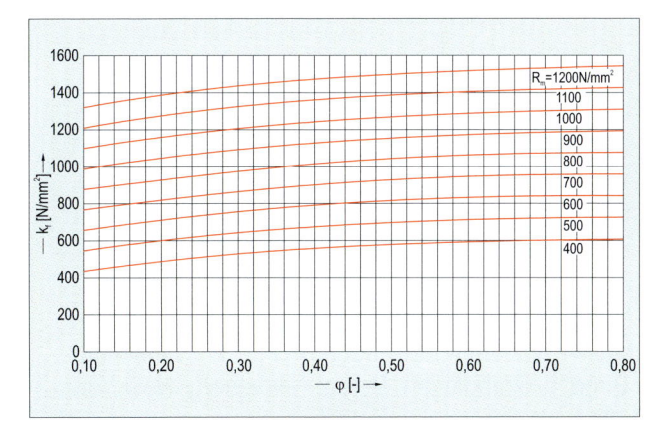

Bild 2.31
Fließkurven allgemein, alle Güten.
k_f = Fließspannung
R_m = Zugfestigkeit
φ = Umformgrad
[Buderus Edelstahl, Hoesch Hohenlimburg, Kaltwalzwerk Brockhaus]

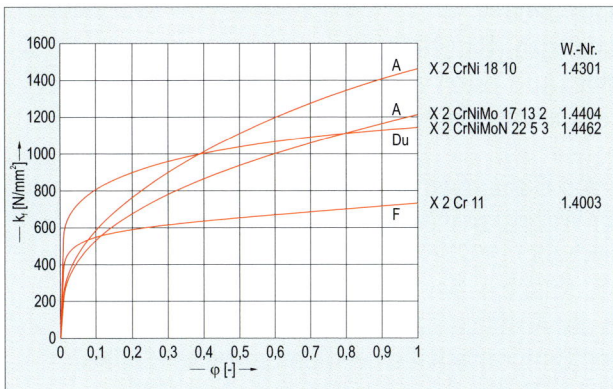

Bild 2.32
Fließkurven verschiedener hochlegierter Stahlsorten mit unterschiedlicher Gitterstruktur.
W.-Nr.= Werkstoffnummer
k_f = Fließspannung
φ = Umformgrad
A = Austenit
Du = Duplex
F = Ferrit

Literatur zu Abschnitt 2.1

[1] Birzer, F.:
Die Kaltverfestigung beim Feinschneiden,
Schweizer Maschinenmarkt, 1973, Nr. 11, S. 48/51

[2] Birzer, F.:
Gefügestruktur und Feinstanzfähigkeit eines Stahles.
TZ für praktische Metallbearbeitung, Techn.
Verlag G. Grossmann GmbH., Stg.-Vaihingen. 1971, S. 1/6.

[3] Pöhlandt, K.:
Werkstoffprüfung für die Umformtechnik Berlin,
Heidelberg, New York: Springer 1986.

[4] Neuberger, F.:
Klassifikation gebräuchlicher u. andere Schmiedewerkstoffe durch Stauchversuche.
Maschinenbautechnik 7 (1958), S. 249/254.

[5] Reihle, M:
Ein einfaches Verfahren zur Aufnahme der Fließkurven von Stahl bei Raumtemperatur.
Archiv Eisenhüttenwesen 32 (1961), S. 331/336.

[6] Dahl, W., Hesse, W., Krabiell, A.:
Zur Verfestigung von Stahl und dessen Einfluß auf die Kennwerte des Zugversuches.
Stahl u. Eisen 103 (1983) S. 87/90.

[7] Lange, K. (Hrsg.):
Umformtechnik - Handbuch für Industrie und Wissenschaft
2. Auflage Band 1, Grundlagen. Berlin, Heidelberg, New York: Springer 1984.

[8] VDI-Richtlinie 3200
Blatt 1 Grundlagen (Okt. 1978)
Blatt 2 Stähle (Apr. 1982)
Blatt 3 Nichteisenmetalle (Okt. 1982)

[9] Siltari, T.:
Ermittlung von Fließkurven beim Kaltwalzen anhand gemessener Walzparameter.
Steel research 63 (1992) 5, S. 212/218.

[10] Schmidt, W., Küppers, W.:
Der Einfluß der Austenit-Stabilität auf mechanische Eigenschaften und Umformverhalten von Chrom-Nickel-Stählen.
Thyssen Edelst. Techn. Ber. 12 (1986) H.1, S. 80/100.

2.2 Einflussfaktoren auf die Stahleigenschaften

Eisenwerkstoffe, insbesondere Stähle, sind die bedeutendsten Konstruktionswerksstoffe und werden es auch in absehbarer Zeit bleiben. Die aus Stahl hergestellten Produkte erhalten ihre meist konkurrenzlosen Eigenschaften durch die Vielfalt der Wechselwirkungen der Legierungs- und Begleitelemente mit dem Basismetall Eisen im Verlauf ihrer metallurgischen Herstellung, Verarbeitung und Wärmebehandlung.

Trotz des hohen Niveaus der Stahlforschung sind noch nicht alle Kombinationsmöglichkeiten bei Eisenlegierungen ausgeschöpft worden, sodass auch in Zukunft neue Stähle mit verbesserten Eigenschaften entwickelt werden. Die hier im Vordergrund stehenden Applikationseigenschaften Umformbarkeit und Feinschneidverhalten der Produkte, warm- und kaltgewalzter Bandstahl, werden durch zahlreiche metallurgische Maßnahmen während ihrer Herstellung beeinflusst.

2.2.1 Metallurgie

Auf die Umformeigenschaften und das Feinschneiden üben bereits die Verfahrensschritte bei der Stahlherstellung einen erheblichen Einfluss aus. Dabei spielen neben der chemischen Zusammensetzung grundsätzlich der Reinheitsgrad und die Gefügeausbildung (Art, Form, Größe, Volumenanteil und Verteilung der beteiligten Phasen) eine wesentliche Rolle. Diese für das Verarbeitungsverhalten der Stähle entscheidenden Werkstoffeigenschaften werden schon von der Metallurgie geprägt. Somit besitzt die Erschmelzung eine primäre Bedeutung für die Entwicklung und Herstellung moderner Werkstoffe für die Umform- und Feinschneidtechnik.

Trotz der eindrucksvollen Weiterentwicklung der Stahlherstellungstechnologien ist es allerdings nicht möglich, fehlerfreie Stahlprodukte ohne Inhomogenitäten und Oberflächenfehler herzustellen, d.h., die von der Stahlverarbeitung geforderte "Null-Fehler-Philosophie" kann nur als Ziel verstanden werden.

Schmelzverfahren

Für die Erschmelzung der Kaltumform- und Feinschneidstähle kommen im Wesentlichen zwei Verfahrensrouten in Frage:
a) Hochofen/Sauerstoffkonverter (LD-Verfahren)
b) Schrott/Elektrolichtbogenofen (Elektrostahlverfahren, siehe auch **Bild 2.33**)

Die Anteile des in Deutschland erzeugten Rohstahls liegen derzeit bei 69 % LD-Stahl und 31 % Elektrostahl.

LD- und Elektrostähle unterscheiden sich im Wesentlichen darin, dass LD-Stähle einen höheren Phosphorgehalt und die Elektrostähle einen höheren Stickstoffgehalt und einen hohen Gehalt an Spurenelementen aus dem eingesetzten Schrott besitzen. Letzteres wirkt sich härtbarkeitssteigernd aus. Der bei LD-Stahl niedrigere Stickstoffgehalt führt bei einer Vergütebehandlung dazu, dass das Austenitkornwachstum bei vergleichsweise niedrigeren Austenitisierungstemperaturen einsetzt als bei Elektrostahl (weil Aluminiumnitrid, das die Austenitkorngrenzen fixiert, bei niedrigem Stickstoffgehalt eher in Lösung geht). Ist ein Stahlverbraucher gezwungen, für ein Produkt gleichzeitig LD- und Elektrostahl wärmezubehandeln, so sollte er daher seine Wärmebehandlungsparameter auf die Erschmelzungsart abstimmen (z.B. bei einer Härte- und Anlassbehandlung die Härte- und Anlasstemperatur für LD-Stahl niedriger ansetzen als für E-Stahl).

LD - Verfahren/Stranggguss

Das LD-Verfahren (LD = Linz-Donawitz) löste in den 1960er Jahren das Thomas-Verfahren und das SM-Verfahren (SM = Siemens-Martin) als Erzeugungsverfahren für Rohstahl ab. Der Haupteinsatzstoff für den LD-Prozess ist flüssiges Roheisen, das im Hochofen aus Eisenerz, Koks und anderen Reduktionsmitteln (z.B. Schweröl, Kohlestaub usw.) und Zuschlägen wie Kalk erschmolzen wurde. Der für den Hochofenprozess theoretisch mindestens benötigte Einsatz von Reduktionsmitteln beträgt 414 kg je Tonne Roheisen und stimmt nach ständiger Verfahrensoptimierung in Deutschland bereits ungefähr mit dem tatsächlichen Reduktionsmittelverbrauch überein.

Die Erzeugungsleistung eines LD-Konverters entspricht etwa der eines Hochofens. Eine typische Tagesleistung an Rohstahl beträgt für einen LD-Konverter beispielsweise 8000 t, eine typische Konvertergröße 200 - 300 t (Größe einer Schmelze).

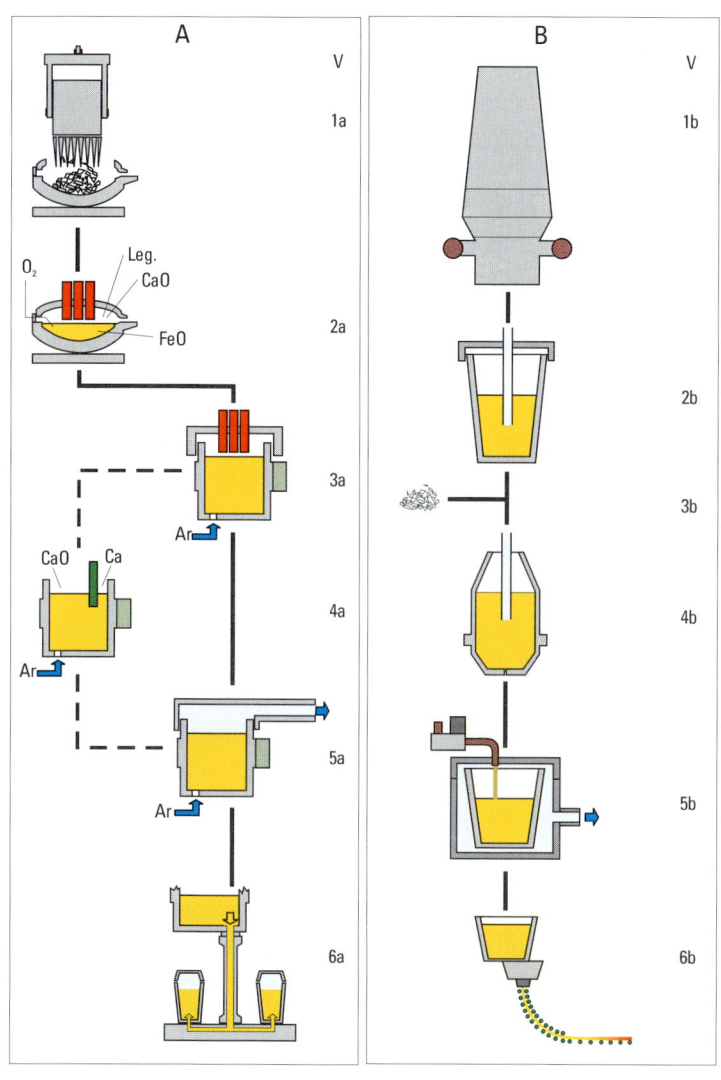

Einflussfaktoren auf die Stahleigenschaften

Bild 2.33
Verfahrensabläufe bei der Rohblock- und Strangguss-Herstellung für Banderzeugnisse.
- A = Verfahren E-Stahl/Blockguss
- V = Verfahrensschritte
- 1a = ausgewählter Schrott
- 2a = Elektrolichtbogenofen (E)
- 3a = Sekundärmetallurgie (Pfannenofen)
- 4a = Sekundärmetallurgie (Calziumbehandlung)
- 5a = Sekundärmetallurgie (Vakuumbehandlung)
- 6a = Blockguss
- B = Verfahren LD-Stahl/Strangguss
- 1b = Roheisen (Hochofen)
- 2b = Roheisenentschwefelung (CaC + MgO)
- 3b = ausgewählter Schrott
- 4b = LD-Konverter
- 5b = Pfannenmetallurgie (Vakuumbehandlung)
- 6b = Strangguss (verdeckter Guss)

[Buderus Edelstahl und Hoesch Hohenlimburg]

Vor dem Einsatz in den LD-Konverter wird das Roheisen auf einem Behandlungsstand durch eine Tauchlanze mit einem Entschwefelungsmittel versetzt (z.B. CaO und MgO). Zusätzlich zum Roheisen werden in den LD-Konverter bis zu max. 30 % Schrott zur Kühlung und Kalk als Schlackenbildner eingesetzt.

Im LD-Konverter wird mittels einer Sauerstofflanze das Roheisen von einem Kohlenstoffgehalt von 3 - 5 % auf den den gewünschten Kohlenstoffgehalt heruntergefrischt und unerwünschte Stahlbegleiter wie Phosphor und Schwefel verschlackt. Nach Abstich der Schmelze in eine Gießpfanne (eine Pfanne fasst eine Schmelze) erfolgt eine sekundärmetallurgische Behandlung des Stahls, die aus einem Spülen der Schmelze unter Schlacke (gespült wird mit Argon) und gegebenenfalls einer Vakuumbehandlung besteht. Eine Vakuumbehandlung wird angewendet, wenn niedrigste Schwefelgehalte und/oder Stickstoffgehalte angestrebt werden. Gegebenenfalls wird der Stahl mit Kalzium behandelt. Hierbei wird ein mit Kalziumsilizid gefüllter Draht in die Schmelze eingespult, um die Vergießbarkeit des Stahls im nachfolgenden Stranggießprozess zu verbessern.

Der fertig behandelte Stahl wird der Stranggießanlage zugeführt und dort auf einen Drehturm oder einen verfahrbaren Gießwagen gestellt. Diese Einrichtungen ermöglichen einen schnellen Pfannenwechsel, sodass es möglich ist, mehrere Schmelzen ohne Gießabbruch hintereinander zu gießen.

Beim Stranggießprozess wird der Stahl über einen Schieberverschluss im Pfannenboden in einen Vorratsbehälter (Verteilerrinne oder Tundish) gegossen. Der Gießstrahl wird hierbei durch ein so genanntes Schattenrohr vor einer Reoxidation durch den Luftsauerstoff geschützt. In der Verteilerrinne, die Wälle und Wehre (zur Abscheidung von Schlackepartikeln) beinhalten kann, wird der flüssige Stahl bevorratet und über einen Tauchausguss im Boden in eine bodenlose Kupferkokille gegossen. Der Tauchausguss taucht in die Kokille ein, damit wiederum ein Luftabschluss gewährleistet ist.

Auf die Oberfläche des in die Kokille gegossenen Stahls wird kontinuierlich Gießpulver gegeben, das als Isolations- und Gleitmittel zwischen Strangoberfläche und Kokille dient. In der wassergekühlten Kokille erstarrt die Strangschale sofort, sodass aus dem Boden der Kokille ein teilerstarrter Strang mit noch flüssigem Kern herausragt.

Einflussfaktoren auf die Stahleigenschaften

Die Kokille wird in oszillierende Bewegungen versetzt und so der Strang gegen die Kokille bewegt. Über ein Rollensystem wird der Strang sanft in die Waagerechte gebogen. Je nach Anlagengeometrie unterscheidet man zwischen Senkrecht- und Kreisbogenanlagen.

Die sich beim Strangguss ausbildende Mittenseigerung kann durch leichtes Zusammendrücken (soft-reduction) des Strangs im Bereich der Schlusserstarrung vermindert werden. Im Auszieheteil wird der Endlosstrang über Treiberrollen aus der Gießanlage gezogen und mit Schneidbrennern auf die passende Länge quergeteilt.

Beim Stranggießprozess sind auf die chemische Analyse der vergossenen Stahlsorte abgestimmte Gießparameter wie die Gießtemperatur und die Gießgeschwindigkeit einzuhalten, damit die Oberflächen und der Innenbefund (Reinheitsgrad und Seigerungen) optimal gelingen. Reinheitsgrade, ausgedrückt durch den Summenkennwert entsprechend DIN 50602-von K1 kleiner gleich 10 und K4 = 0, können im LD-Verfahren prozesssicher dargestellt werden.

Elektrostahlverfahren/Blockguss

Der klassische Weg für die Erschmelzung vor allem von legierten Edelstählen geht von Schrott aus, der in Elektrolichtbogenöfen eingeschmolzen wird. Zur Sicherung eines guten Umformverhaltens muss spezieller Schrott mit einem geringen Gehalt an Spurenelementen, die zur Mischkristallbildung des Ferrits beitragen, eingesetzt werden. Nach dem Einschmelzen des Schrotts, das durch Gas-Sauerstoff-Brenner unterstützt wird, erfolgt das Frischen der Charge. Dabei werden sauerstoffaffine Elemente durch die Reaktion mit dem Sauerstoff als Oxide in die Schlacke überführt. Durch Zugabe von Kalk wird mit Hilfe der Entphosphorisierung der unerwünschte Phosphorgehalt in der Schmelze abgesenkt.

Danach (und nach einem eventuellen Vorlegieren bei hochlegierten Stählen) wird die Schmelze über ein schlackenfreies Abstichsystem aus dem Lichtbogen-Ofen in eine Pfanne abgestochen. Dabei erfolgt zusätzlich ein erster Desoxidationsschritt.

In den sekundärmetallurgischen Aggregaten Pfannenofen und Vakuumanlage laufen die entscheidenden metallurgischen Prozesse zur Einstellung der gewünschten chemischen Zusammensetzung und des erforderlichen

Reinheinheitsgrads ab. Durch eine Argonspülung über einen im Pfannenboden angebrachten gasdurchlässigen Spülstein erfolgt eine Homogenisierung der Schmelze. Die für die Auflösung der Legierungsmittel notwendige Badtemperatur wird über die Heizelektroden geregelt.

Für die Einstellung eines guten Reinheitsgrads sind die Vorgänge der Desoxidation und der Entschwefelung wesentlich. Durch die Desoxidation (chemisch = Reduktion) wird der im Stahl gelöste Sauerstoff durch Desoxidationsmittel wie Silizium und Aluminium abgebaut. Die dadurch gebildeten oxidischen Desoxidationsprodukte (hauptsächlich Oxide der metallischen Desoxidationsmittel und Eisenoxide) scheiden sich vorwiegend fest ab. In den meisten Fällen erfolgt eine Abscheidung in der auf der Stahlschmelze aufschwimmenden, spezifisch leichteren Schlackenschicht. Viskosität, Schlackenzusammensetzung und Temperatur müssen eine gute Abscheidung der Desoxidationsprodukte ermöglichen. Unterstützt wird dieser für einen guten oxidischen Reinheitsgrad notwendige Abscheidungsvorgang durch das erwähnte Spülen mit Argon, auch Reinheitsgradspülen genannt.

Neben einem guten oxidischen Reinheitsgrad, also einem nur geringen Volumenanteil von nichtmetallischen oxidischen Einschlüssen, die vorwiegend im Stahl bei der Erstarrung verbliebene, also in der Flüssigphase nicht abgeschiedene Desoxidationsprodukte sind, ist für Stähle zum Kaltumformen und Feinschneiden ein guter sulfidischer Reinheitsgrad, also ein minimaler Volumenanteil von Sulfiden wichtig, da Sulfide die Stahlduktilität verringern und z.B. beim Feinschneiden zu Einrissen in der Schnittfläche führen. Deshalb stellt die Entschwefelung einen wichtigen Prozessschritt bei der Herstellung qualitativ hochwertiger Umform- und Feinschneidstähle dar.

Neben der Entschwefelung in der Vakuumanlage durch intensiven Stoffaustausch zwischen Schlacke- und Stahlbadtröpfchen hat die Kalziummetallurgie besondere Bedeutung. Durch das Einspulen von kalziumhaltigen Fülldrähten (z.B. CaSi) erfolgt neben einer zusätzlichen Desoxidation gleichzeitig auch eine Entschwefelung durch die Bildung komplexer CaO · MeO · CaS-Verbindungen, die sich vorwiegend in der Schlacke abscheiden. Die wenigen im Bad verbleibenden kalziumhaltigen Einschlüsse sind relativ fein und haben eine globulare Form (max. 8.3 nach DIN 50602)siehe **Bild 2.34a+b**. Ihre Besonderheit besteht darin, dass sie sich auch nach der Warm- und Kaltumformung nicht strecken. Wegen dieses nahezu isotropen Zustands (gleiche mechanische Eigenschaften in alle Raumrichtungen , insbesondere nur gerin-

Einflussfaktoren auf die Stahleigenschaften 53

ge Unterschiede zwischen Längs- und Quereigenschaften bei Bandprodukten) werden Ca-behandelte Stähle auch ISO - B -Güten genannt. Bei der konventioneller Erschmelzung entstehen im Gegensatz dazu gestreckte Sulfide nach der Warmumformung (**Bild 2.34c+d**).

Kalziumbehandelte Stähle mit einem Schwefelgehalt von max. 0,003 % und einem Sauerstoffgehalt von max. 0,001 % zeichnen sich durch einen exzellenten sulfidischen und oxidischen Reinheitsgrad (Summenkennwerte K1 ≤ 10 und K4 = 0 nach DIN 50602) aus.

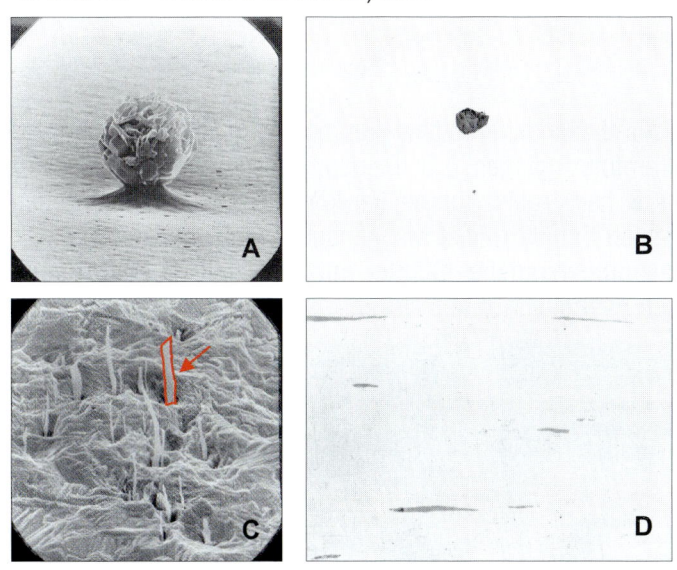

Bild 2.34
A = eingeformter, kugeliger Einschluss nach Calzium-Behandlung (EREM, V = 3000:1)
B = eingeformter, kugeliger Einschluss nach Calzium-Behandlung (lichtmikroskopisch, V = 500:1)
C = gestreckte, zeilige Einschlüsse konventionelle Erschmelzung (REM, V = 1500:1)
D = gestreckte, zeilige Einschlüsse konventionelle Erschmelzung (lichtmikroskopisch, V = 500:1)
[Buderus Edelstahl]

Bei der konventionellen Erschmelzung mit Schwefel von max. 0,005 % und Sauerstoff von max. 0,002 % wird ein Reinheitsgrad von : K4 ≤ 10 erreicht.

Ein Vergleich der mittleren Einschlussgrößen (Verfahren M nach DIN 50602) verschiedener Stahlerzeugungsverfahren zeigt, dass die Kalziummetallurgie der konventionellen Erschmelzung deutlich überlegen ist (**Bild 2.35**).

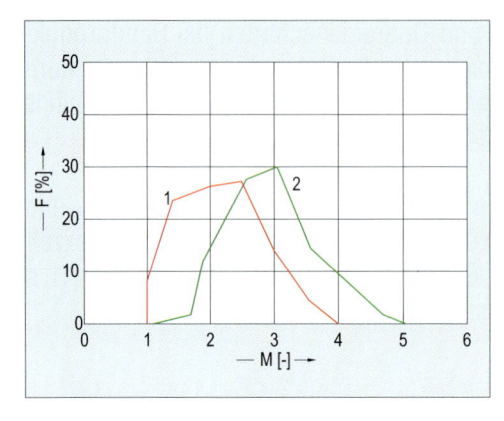

Bild 2.35
Mittlere maximale Einschlussgröße [M-Wert] nach DIN 50602 für kalziumbehandelte Stahlschmelzen und konventionellen Elektro- und LD-Stahl.
F = Häufigkeit
M = mittlere maximale Einschlussgröße nach DIN 50602
1 = kalziumbehandelter E und LD-Stahl
2 = konventionell erschmolzener E und LD-Stahl

[Buderus Edelstahl]

Die Vorteile der kalziumbehandelten Stähle kommen beim Feinschneiden und bei statischen Kaltumforvorgängen, z.B. Biegeprozessen, zur Geltung. Wie aus **Bild 2.36 A + B** hervorgeht, führen bei konventionell erschmolzenen Stählen die gestreckten Sulfide (meist Mangansulfid MnS) zur Rissbildung, während sich kalziumbehandelte Stähle mit wenigen kugelförmigen Kalziumeinschlüssen rissfrei verformen lassen.

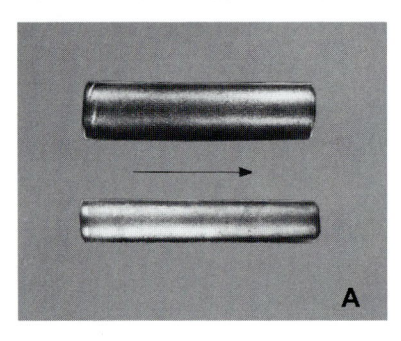

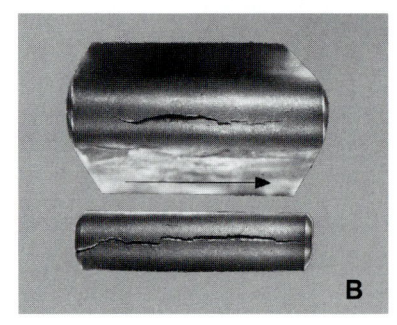

Bild 2.36
Biegeproben aus kalziumbehandeltem und aus konventionellem E- und LD-Stahl.
A = Biegeproben aus kalziumbehandeltem Stahl
B = Biegeproben aus konventionell erschmolzenem Stahl
[Buderus Edelstahl]

Zur Ergänzung sei noch darauf hingewiesen, dass die Verbesserung des Reinheitsgrads bei dynamisch beanspruchten Stählen (z.B. Wälzlager- und Federstähle) oder Stählen für dynamisch beanspruchte Bauteile nicht mit der Kalziummetallurgie, sondern mit anderen Entschwefelungsmethoden, z.B. über synthetische Schlacken in Verbindung mit der Vakuumbehandlung, erfolgt.

Einflussfaktoren auf die Stahleigenschaften 55

Die für dynamische Belastung ungünstigen, relativ großen Kalziumeinschlüsse werden somit vermieden. Die wenigen verbleibenden Oxideinschlüsse sind sehr klein (Größe 1, vereinzelt max. 2) und deshalb unkritisch. Der Summenkennwert für diese auch quasi-isotrope Sondergüte mit einem Schwefelanteil von max. 0,003 % liegt ebenfalls bei K1 ≤ 1 und K4 = 0.

Nach der sekundärmetallurgischen Pfannenbehandlung kann die Schmelze vergossen werden. Dafür kommen im Wesentlichen zwei Verfahren in Frage:

- Strangguss (siehe auch a)
- steigender Blockguss (siehe auch b)

Bei der Erstarrung treten nicht vermeidbare Entmischungserscheinungen der Legierungs- und Begleitelemente, so genannte Seigerungen, auf. Diese Seigerungen unterscheiden sich in ihrem Erscheinungsbild je nach Gießverfahren in charakteristischer Weise. Bei einem Blockguss sind sie auf den Kopf- und Fußbereich beschränkt. Durch Wahl optimaler Verfahrensparameter beim Gießen (Gießtemperatur, -geschwindigkeit, Wärmeabfuhr, Kokillenformat) und geeignete Glühbedingungen wird eine Minimierung, aber keine Beseitigung der Seigerungen erreicht. Bei einem Blockguss können außerdem die stärker geseigerten Bereiche an den Kopf- und Fußenden im Walzwerk an der Blockstraße geschopft, d.h., abgeschnitten werden.

Erläuterung zum Verständnis des mikroskopischen Reinheitsgrads
Der mikroskopische Reinheitsgrad von Stählen, d.h. der Volumenanteil an nichtmetallischen Einschlüssen, wird in Europa im Wesentlichen nach DIN 50602 bestimmt. Dabei handelt es sich um Bildreihen, die mit einem metallografischen Schliffbild einer polierten Probe in entsprechender Vergrößerung verglichen werden. Die Probennahme ist nach einheitlichen Richtlinien vorzunehmen, damit Vergleichbarkeit gegeben ist.

Die Auswertung kann je nach Aufgabenstellung mit zwei verschiedenen Methoden, dem K-Verfahren und dem M-Verfahren, vorgenommen werden. Beim K-Verfahren wird ein dem Flächenanteil proportionaler Summenkennwert K für Oxide und Sulfide je nach Größenklasse ermittelt. So bedeutet K1: Summenkennwert aller Einschlüsse der Größenklasse größer gleich 1.

Durch Angabe eines weiteren K-Werts einer anderen Größenklasse kann auch die Größenrelation der Einschlüsse einbezogen werden. So bedeutet die ISO-B Definition: K1 ≤ 10 / K4 = 0, dass der Summenkennwert der kleineren Einschlüsse von Größenklasse 1 bis 3 ausgewertet wird. Größere, besonders schädliche Einschlüsse der Größenklasse 4 und größer dürfen nicht vorhanden sein.

Im Grunde genommen kann der K-Wert für jeden Einschlusstyp und jede Größenklasse bestimmt werden, was aber in der Praxis nicht üblich ist. Von der Norm DIN 50602 ist nur eine Unterscheidung in Sulfide u. Oxide vorgesehen. Bei Flachprodukten muss noch die Streckung der Einschlüsse die infolge der Warmverformung durch flächengleiche Kompensation entsteht, bei der Auswertung beachtet werden.

Beim M-Verfahren liegt das Hauptaugenmerk auf der Größe (Durchmesser) und dem Einschlusstyp. Wie aus der Bildreihe der Norm hervorgeht, wird dort zwischen gestreckten Sulfiden "SS" (meist hellgraue Mangansulfide), aufgelösten Oxiden "OA" (dunkle Tonerde oder Al2O3-haltige Oxide), gestreckten Oxiden "OS" (hellere Silikate, d.h. Siliziumoxide) und globularen Oxiden "OG" (meist kalziumhaltige Oxide) unterschieden. Der M-Wert entspricht der mittleren maximalen Einschlussgröße eines bestimmten Einschlusstyps, der aus einer vorgeschriebenen Probenanzahl ermittelt wird. Dadurch kann der Desoxidationstyp eines Stahls relativ leicht abgeleitet und verschiedene Stahlerzeugungsverfahren hinsichtlich der Einschlusstypen (chemischer Charakter) verglichen werden.

Einschlüsse im Stahl lassen sich nie völlig vermeiden und sind auch bei Stahl mit exzellentem Reinheitsgrad stets vorhanden. Unterschiedlich sind Einschlusstyp, -häufigkeit, Lage und Auswirkung von Einschlüssen auf die Verarbeitbarkeit des Bands. Da diese Merkmale außer von der Stahlerzeugung, der Sekundärmetallurgie und dem Gießprozess auch von der chemischen Analyse des Stahls abhängen (z.B. dem Aluminium- und Siliziumgehalt), sollte sich der Stahlverbraucher bei speziellen Anforderungen an den Reinheitsgrad beim Stahlerzeuger erkundigen, ob die gelieferte Variante für den vorgesehenen Verwendungszweck optimal ist bzw. ob es bessere Alternativen gibt.

Einflussfaktoren auf die Stahleigenschaften

Bild 2.37
Chargieren von Roheisen.

2.2.2 Warmwalzbedingungen

In **Bild 2.38** ist schematisch der Aufbau von Warmwalzwerken am Beispiel einer Mittelbandstraße und einer Schmalbandstraße dargestellt.

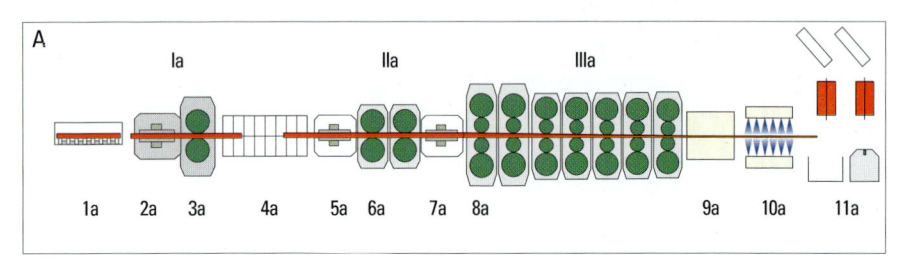

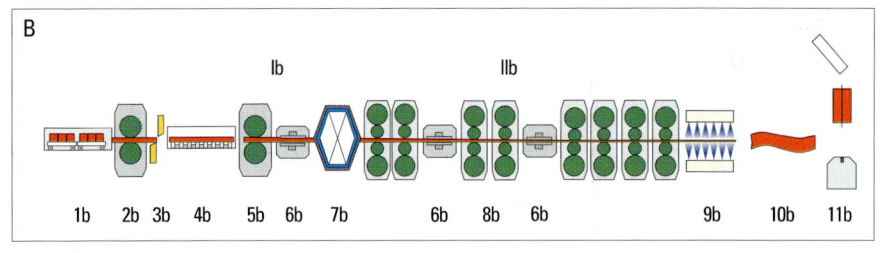

Bild 2.38
Schematische Darstellung von Mittelband- und Schmalband-Warmwalzwerken.

A	=	Mittelband-Warmwalzwerk	B	=	Schmalband-Warmwalzwerk
Ia	=	Vorstraße	Ib	=	Vorstraße
IIa	=	Zwischenstraße	IIb	=	Fertigstraße
IIIa	=	Fertigstraße	1b	=	Herdwagendurchstoßofen
1a	=	Hubbalkenofen	2b	=	Reversier-Duo-Blockstraße
2a	=	Staucher	3b	=	Blockschere
3a	=	Reversier-Duo-Gerüst	4b	=	Zwischenwärmofen
4a	=	Wärmehaube	5b	=	Duo-Warmbandvorstraße
5a	=	Staucher	6b	=	VSL-, ST3-, ST4-Staucher
6a	=	2 Duo-Gerüste	7b	=	Kurbelschere
7a	=	Staucher	8b	=	Quarto-Warmbandfertigstraße mit Gerüst 0 - 7
8a	=	7 Quarto-Gerüste	9b	=	Kühlstrecke
9a	=	Messhaus	10b	=	Geflechtsband
10a	=	Kühlstrecke	11b	=	Haspel
11a	=	Haspel			

[Buderus Edelstahl und Hoesch Hohenlimburg]

Der Warmwalzprozess besteht üblicherweise aus folgenden Prozessschritten:

Aufheizen im Hubbalken- oder Herdwagen-Durchstoßofen
Im Hubbalken- oder Herdwagen-Durchstoßofen wird die Bramme (bei Standguss der Block) je nach Stahlsorte auf Temperaturen zwischen 1200-1350° C

Einflussfaktoren auf die Stahleigenschaften

erwärmt (**Bild 2.39**). Die Höhe der Temperatur wird so bemessen, dass die angestrebte Walzendtemperatur oberhalb des oberen Umwandlungspunkts (A_{C3}) erreicht wird und die Walzkräfte nicht zu groß werden. Bei Weichgüten und mikrolegierten Stähle ist die Ofentemperatur höher als bei Stählen mit höherem Kohlenstoffgehalt, da der obere Umwandlungspunkt entsprechend des Eisen-Kohlenstoff-Diagramms mit steigendem Kohlenstoffgehalt (bis zum Eutektoid) abnimmt. Eine Umformung unterhalb A_{C3} wird im Allgemeinen vermieden, da diese zu Gefügeanomalien wie Grobkorn in oberflächennahen Bereichen führen würde.

Bild 2.39
Austragbereite Bramme im Hubbalkenofen.

Warmwalzen

Die auf Walztemperatur erwärmte Bramme wird zunächst im Vorgerüst reversierend auf ein Vorband heruntergewalzt, das dann anschließend in der Zwischen- und Fertigstraße auf die endgültige Walzabmessung gebracht wird. Die Breitenregelung erfolgt durch Stauchgerüste in der Vor- und Zwischenstraße. Bei modernen Walzstraßen können durch den Einsatz hydraulischer oder elektromechanischer Dicken- und Breitenregelungssysteme sowie über Regelung der Walzendtemperatur durch Veränderung der Walzgeschwindigkeit (so genannte speed-up-Fahrweise) sehr enge Maßtoleranzen und sehr gleichmäßige Gefügeeigenschaften eingestellt werden. **Bild 2.40** zeigt einen typischen Verlauf von Banddicke und -breite der über die Länge eines Mittelbandes. Die Dicke wird in der Bandachse gemessen ist.

Für die Maßhaltigkeit von Stanzteilen ist nicht nur die in der Bandmitte über die Bandlänge gemessene Dicke von Bedeutung, sondern auch das Bandprofil, also der Dickenverlauf quer zur Walzrichtung. Das Bandprofil wird durch den Verschleiß der Walzbahnen, Walzendurchbiegung und thermisches Quellen der Arbeitswalzen beeinträchtigt. Als Maß für die Qualität des Bandprofils werden Beträge für die Bombierung und die Keilform (**Bild 2.41**) angegeben. Ferner ist von Bedeutung, innerhalb welches Bereichs ab der Walzkante gemessen diese Kennwerte gelten, da die Dicke zur Bandkante hin immer abfällt.

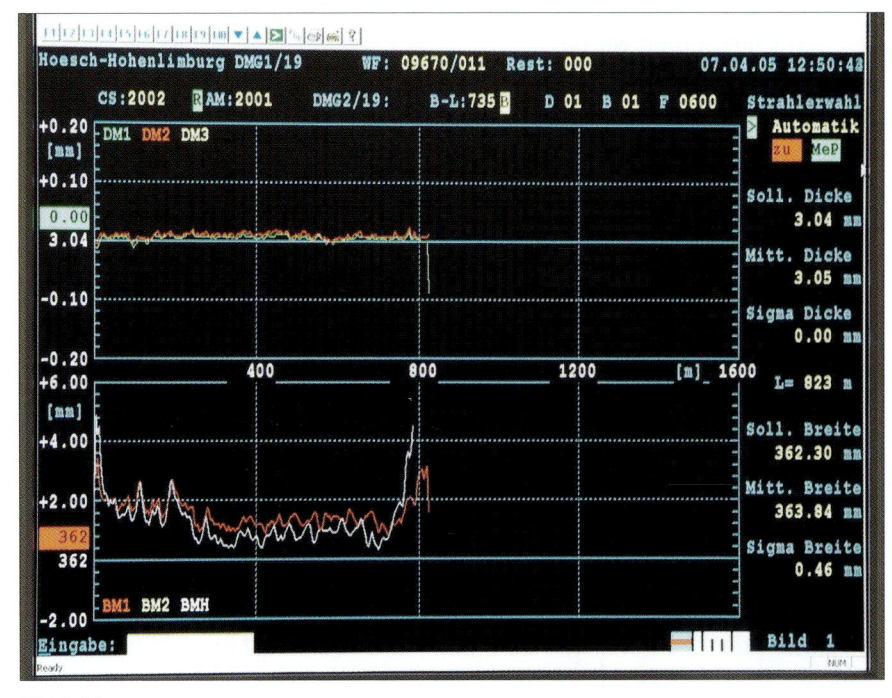

Bild 2.40
Verlauf von Banddicke und Bandbreite über die Bandlänge von warmgewalztem Bandstahl
[Hoesch Hohenlimburg]

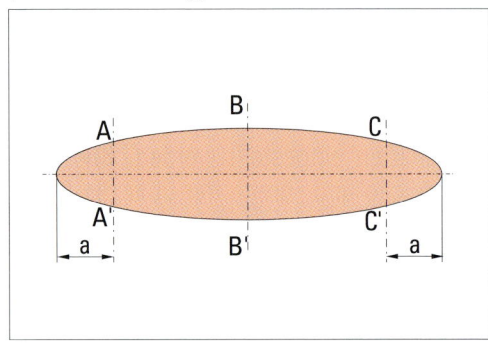

Bild 2.41
Bandquerprofil, Bombierung und Keilform.
CC' - AA' = Bombierung (Balligkeit)
BB' - AA' = Keilform
a   = Messpunkt von der Naturkante
[Hoesch Hohenlimburg]

Einflussfaktoren auf die Stahleigenschaften

Bild 2.42 zeigt den typischen Verlauf des über die Länge gemessenen Querprofils eines Mittelbands. ein keilförmiges Band entsteht in der Regel nicht beim Warmwalzen, sondern durch Aufspalten eines bombierten Warmbands. Die Bombierung, die Keiligkeit und der Bereich des Kantenabfalls sind bei einem Warmbreitband immer schlechter toleriert als bei einem Mittel- oder Schmalband.

Neben Dicken-, Breitentoleranz und Bandprofil spielen für die Verarbeitbarkeit von Bandmaterial die Ebenheit und Seitengeradheit (Säbelform) eine Rolle. Beide Phänomene sind in erster Linie Resultat von Spannungen, die bei der Abkühlung von der Walzend- auf Haspeltemperatur entstehen können. Hierbei sind immer die Bereiche an den Bandenden stärker betroffen als die dazwischenliegenden Bereiche, da das Band am Walzanfang und -ende zugfrei über den Rollgang läuft. Planheitsfehler können auch durch Profilfehler hervorgerufen werden, wenn z.B. in den hinteren Gerüsten der Fertigstraße zu stark auf die Kanten gedrückt wird (das Resultat sind Randwellen).

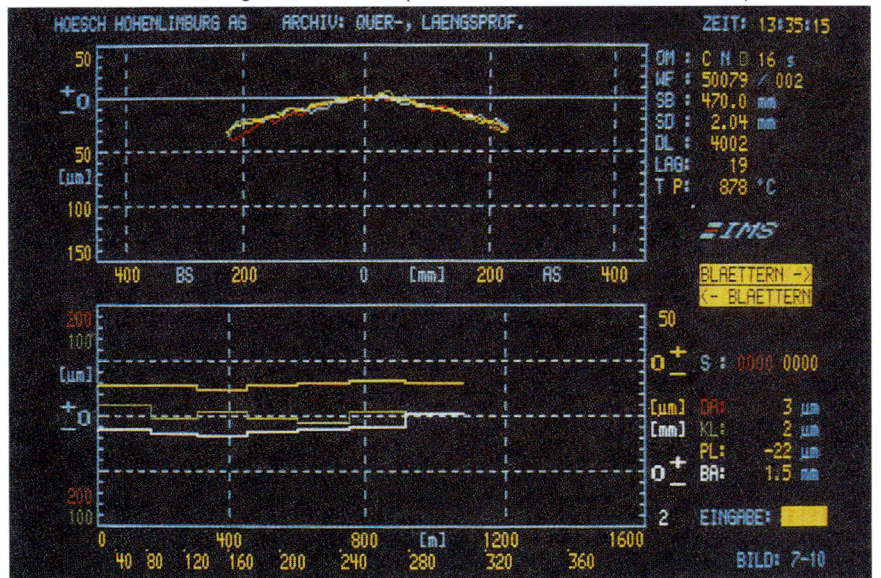

Bild 2.42
Querprofil eines warmgewalzten Bandstahls.
[Hoesch Hohenlimburg]

Wegen der geometrisch günstigeren Bedingungen lassen sich an einem Schmal- und Mittelband im Allgemeinen bessere Querprofile einstellen als an einem Warmbreitband.

Eine Möglichkeit, auch an einem Warmbreitband ein einigermaßen ebenes Profil zu erzeugen, besteht im Einsatz S-förmig geschliffener, horizontal verschiebbarer Walzen (so genannte CVC-Verfahren – siehe **Bild 2.43**). Jedoch können auch mit diesem Verfahren nicht annähernd die Toleranzen eines Mittel- oder Schmalbands eingestellt werden. Zum Kaltumformen und Feinschneiden sollten bestimmte Bänder ein möglichst ebenes Profil aufweisen; ein stark bombiertes oder keilförmiges Band sollte für kritische Verwendungszwecke nicht eingesetzt werden.

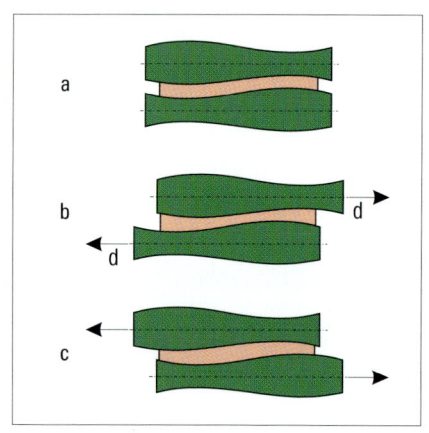

Bild 2.43
Prinzip des CVC-Verfahrens.
a = neutrale Bombierung
b = negative Bombierung
c = positive Bombierung
d = continous variable crown

[Galla, H. und Jung, H.: Walzen von Flachprodukten. Deutsche Gesellschaft für Metallkunde, 1986]

Beim Warmwalzen laufen eine Reihe metallkundlicher Vorgänge ab:

Ein durch die Walzhitze bedingtes Austenitkornwachstum und eine durch die Verformung bedingte Verfestigung stehen in steter Wechselwirkung mit der Rekristallisation des Austenitkorns. Man unterscheidet zwischen dynamischer und statischer Rekristallisation. Die dynamische Rekristallisation findet unter dem Walzspalt (dort wo die Dickenreduktion erfolgt), die statische Rekristallisation zwischen den einzelnen Stichen statt.

Bei Stählen mit starken Carbid- oder Nitridbildnern (z.B. Titan, Niob oder Bor) werden beim Warmwalzen bereits Ausscheidungen gebildet, die die Rekristallisation behindern, sodass eine Kornstreckung stattfindet, aus der Unterschiede der Festigkeit in Längs- und Querrichtung resultieren können (die Querwerte sind im Allgemeinen höher).

Einflussfaktoren auf die Stahleigenschaften

Je nach Temperatur und Stichfolge unterscheidet man folgende Walzverfahren (**Bild 2.44**):

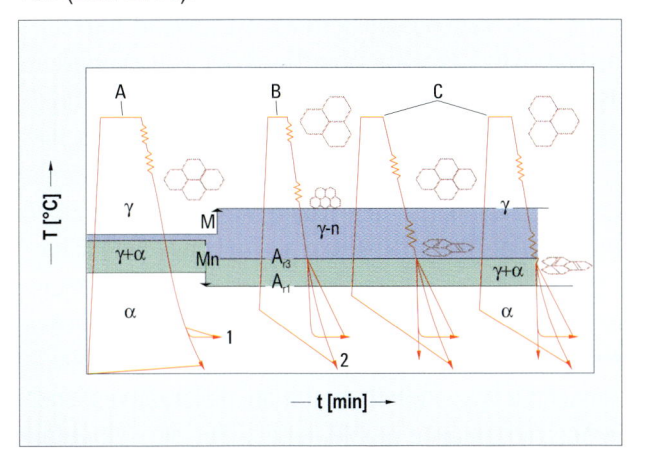

Bild 2.44
Verschiedene Warmwalzverfahren.

A	=	konventionelles Walzen
B	=	normalisierendes Walzen
C	=	thermomechanisches Walzen
1	=	Haspeln
2	=	beschleunigte Abkühlung
M	=	Mikrolegierung
Mn	=	Mangan
γ	=	Austenit
α	=	Ferrit
A_{r1}	=	Umwandlungspunkt 1
A_{r3}	=	Umwandlungspunkt 3
T	=	Temperatur
γ-n	=	γ nicht rekristallisiert
t	=	Zeit

[Straßburger, C.: Thyssen, Technische Berichte 1/92, S. 23 - 34]

Konventionelles Walzen
Die letzten Walzstiche und die Walzendtemperatur liegen deutlich oberhalb A_{r3}, das Austenitkorn rekristallisiert daher vollständig. Das Austenitkorn und das nach der Umwandlung verbleibende Gefüge ist relativ grobkörnig.

Thermomechanisches Walzen (TM-Verfahren)
Beim thermomechanischem Walzen spricht man von mikrolegierten Feinkornbaustählen. Beim TM-Verfahren werden die letzten Walzstiche im Bereich

um A_{r3} durchgeführt. Durch die bei niedriger Umformtemperatur ausgeschiedenen Carbonitride wird die Rekristallisation weitgehend unterbunden, es erfolgt eine merkliche Streckung des Austenitkornes. Gestreckte Austenitkörner verfügen über eine wesentlich größere Oberfläche als volumengleiche rekristallisierte runde Austenitkörner. Gleichzeitig bilden sich bei Walztemperatur an Ausscheidungen im Austenitkorn Deformationsbänder aus. Aus diesen Vorgängen resultiert vor der Umwandlung in gestreckte Austenitkörner eine höhere Keimdichte als in konventionell gewalztem Material. In der Folge liegt nach der Umwandlung das Ferritkorn feiner vor als im konventionell hergestellten Material. Aufgrund der aus der TM-Fahrweise resultierenden Warmwalztextur weisen TM-gewalzte Stähle in Querrichtung eine etwas höhere Festigkeit auf als in Längsrichtung. Die Unterschiede der Längs- und Querwerte wachsen mit sinkender Walzendtemperatur an, gleichzeitig steigen die Festigkeit und die Kerbschlagzähigkeit des Materials. Für die Kaltumformung zu rotationssymmetrischen Teilen bestimmtes Material sollte nach Möglichkeit keine zu großen Unterschiede von Längs- und Querwerten aufweisen, da dann verstärkt Zipfelbildung auftreten kann.

Abkühlen, Aufhaspeln
Nach Verlassen des letzten Walzgerüsts läuft das Warmband über einen Auslaufrollgang bzw. eine Auslaufrinne, auf dem/der durch Wasserbeaufschlagung eine beschleunigte Abkühlung erreicht werden kann. Die unmittelbar vor dem Aufhaspeln gemessene Bandtemperatur, die Haspeltemperatur, ist ebenso wie die Walzendtemperatur ein wichtiger Verfahrensparameter. Einfluss hat auch die Abkühlungsgeschwindigkeit im Bereich der Umwandlung vom Austenit (Gamma-Mischkristall) zum Ferrit (Alpha-Mischkristall). Mit steigender Abkühlungsgeschwindigkeit wächst die Keimdichte während der Umwandlung, dementsprechend feiner werden Korn und während der Umwandlung gebildete Ausscheidungen. Perlitanteile im Stahl werden mit zunehmender Abkühlungsgeschwindigkeit feinstreifiger. Die Haspeltemperatur hat bei Weichgüten, allgemeinen Baustählen und mikrolegierten Feinkornbaustählen die Bedeutung einer Aushärte- und Anlasstemperatur, wobei die höchsten Festigkeitswerte je nach Güte und Banddicke zwischen etwa 550-650 °C erreicht werden. Wird die Haspeltemperatur weiter abgesenkt, sinkt auch die Festigkeit wieder ab, da die Bildung von Ausscheidungen immer mehr unterdrückt wird. Aufgrund des von der Banddicke abhängigen Einflusses der Abkühlungsgeschwindigkeit nimmt die bei gleicher Haspel-

Einflussfaktoren auf die Stahleigenschaften 65

temperatur erzielte Festigkeit im Allgemeinen mit steigender Banddicke ab. Durch Variation der Haspeltemperatur über die Kühlwassermenge lassen sich Gefüge und mechanische Eigenschaften gezielt beeinflussen. **Bild 2.45** zeigt zum Vergleich die unterschiedliche Gefügeausbildung von heiß und kalt gehaspeltem Warmband aus der Weichgüte DD14 und einem mit Niob mikrolegierten Feinkornbaustahl. **Bild 2.46** zeigt für die gleichen Güten die regressionsanalytisch ermittelten Abhängigkeiten der Zugfestigkeit von der Haspeltemperatur und der Banddicke.

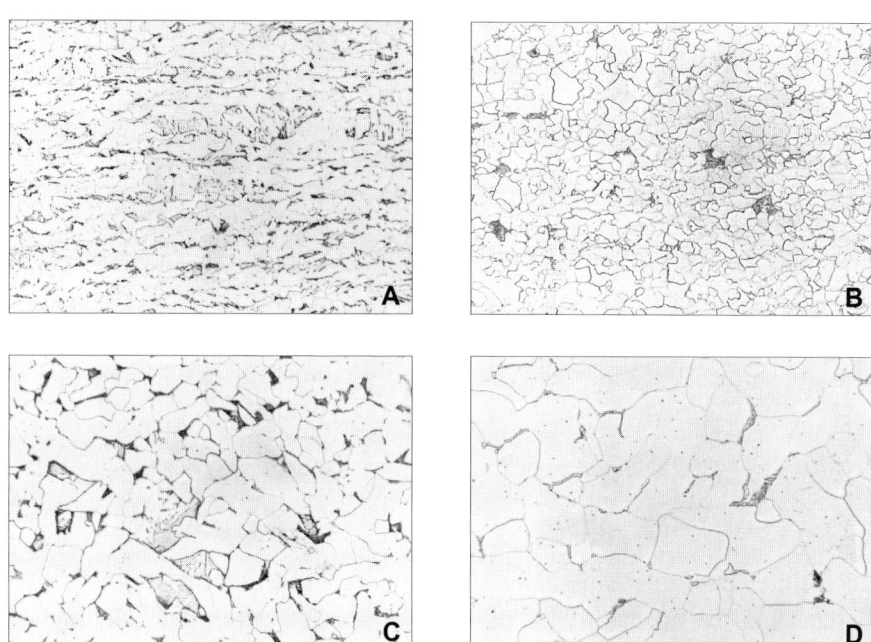

Bild 2.45
Einfluss der Haspeltemperatur auf das Gefüge des Stahls DD14 und eines Niob mit mikrolegierten Feinkornbaustahls. V = 500:1
A = Nb-L, HT 600-610° C, d = 11/12
B = Nb-L, HT 710° C, d = 9/11
C = DD14, HT 600-610° C, d = 8/9
D = DD14, HT 720° C, d = 6/7
[Hoesch Hohenlimburg]

DD14 = Weichstahl, Kurzzeichen nach DIN
Nb-L = mit Niob mikrolegierter Feinkornbaustahl
HT = Haspeltemperatur
d = Korngröße

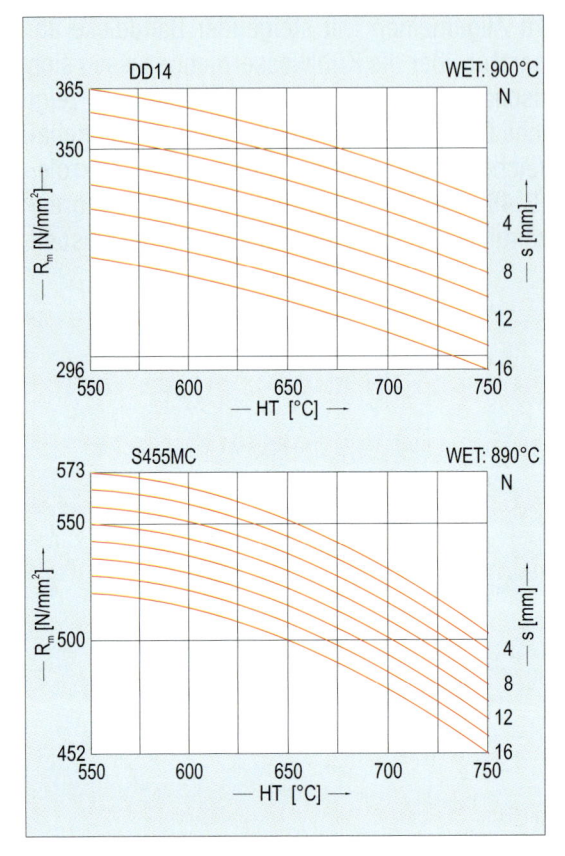

Bild 2.46
Einfluss der Haspeltemperatur und der Banddicke auf die Zugfestigkeit des Stahls DD14 und eines niobmikrolegierten Feinkornbaustahls.
R_m = Zugfestigkeit
HT = Haspeltemperatur
s = Banddicke
WET = Walzendtemperatur
DD14 = Weichstahl, Kurzzeichen nach DIN
S455MC = mit Niob mikrolegierter Feinkornbaustahl

[Hoesch Hohenlimburg]

Bei C-Güten und legierten Güten ist der Einfluss der Haspeltemperatur auf das Gefüge und die mechanischen Kennwerte von geringerer, der Einfluss der Abkühlungsgeschwindigkeit zwischen A_{r3} und A_{r1} von größerer Bedeutung. Die mechanischen Eigenschaften von C-Güten und legierten Güten lassen sich daher am Warmband nicht in so engen Streubändern einstellen wie bei Weichgüten, Baustählen und mikrolegierten Feinkornbaustählen.

Die Walzendtemperatur und die Haspeltemperatur werden bei C-Güten und legierten Güten in der Regel so bemessen, dass ein feinstreifiges perlitisches (sorbitisches) Gefüge entsteht, welches sich gut kaltumformen lässt und, sofern zur Verbesserung der Umform- und Schneideigenschaften eine GKZ-Glühe durchgeführt werden muss, gut eingeformt werden kann. **Bild 2.47** zeigt zum Vergleich die Warmbandgefüge von heiß und kalt gehaspeltem Stahl C67 jeweils im Walzzustand und nach einer GKZ-Glühe.

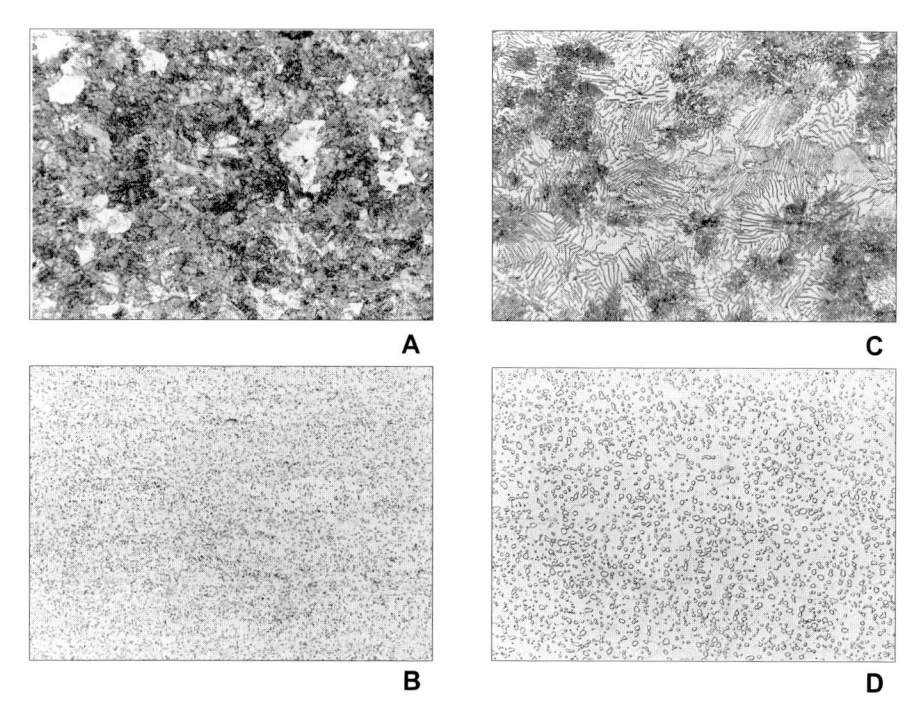

Einflussfaktoren auf die Stahleigenschaften 67

Bild 2.47
Einfluss der Haspeltemperatur auf das Gefüge von C67 im Walzzustand und nach einer GKZ-Glühe.
V = 500:1
A = Warmbandgefüge, 630 °C HT
B = Warmbandgefüge nach GKZ-Glühe
C = Warmbandgefüge, 700 °C HT
D = Warmbandgefüge nach GKZ-Glühe
HT = Haspeltemperatur
GKZ-Glühe = Weichglühe mit min. 95 % Einformungsgrad

[Hoesch Hohenlimburg]

2.2.3 Kaltwalzbedingungen

Neben dem Warmband stellt das Kaltband - die Normung spricht von kaltgewalztem Bandstahl - den wesentlichen Mengenanteil für die Weiterverarbeitung durch Feinschneid- und kombinierte Schneid- und Umformprozesse.

Kaltgewalzte Bandstähle kommen hauptsächlich dort zum Einsatz, wo besondere Ansprüche an die Banddicke, die Dickentoleranz [1], die Planparallelität und die Oberflächenausführung gestellt werden sowie hohe Umformanforderungen und komplexe Schnittgeometrien niedrigste Festigkeitsstreubänder und hohe Zähigkeitseigenschaften als Voraussetzung für eine störungsfreie Produktion erfordern.

Die Eigenschaften von kaltgewalzten Bandstählen werden durch die chemische Zusammensetzung, die Eigenschaften des Warmbands und durch die Walz- und Wärmebehandlungsbedingungen im Kaltwalzwerk geprägt. Zur Einstellung der geforderten Werkstoffeigenschaften müssen die Erzeugungsbedingungen in allen Fertigungsstufen aufeinander abgestimmt werden, damit Ausscheidungszustände, Gefügeeinformung und -ausbildung sowie die Festigkeitseigenschaften optimal eingestellt werden.

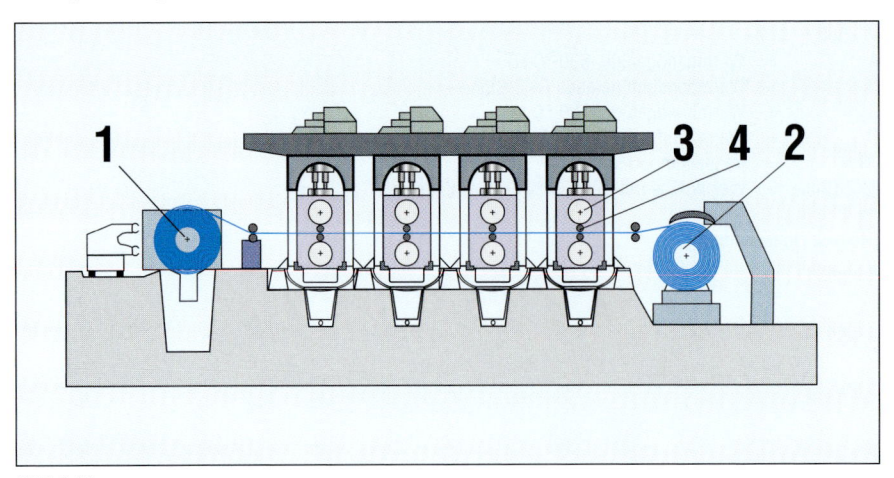

Bild 2.48
Prinzipskizze einer viergerüstigen Tandemstraße.
1 = Abhaspel
2 = Aufhaspel
3 = Stützwalze
4 = Arbeitswalze
[C.D. Wälzholz]

Einflussfaktoren auf die Stahleigenschaften 69

Um eine porenfreie und saubere Oberfläche zu erhalten wird das Vormaterial zunächst in Durchlaufbeizen chemisch (Salzsäure oder Schwefelsäure) entzundert. Anschließend erfolgt im Kaltwalzwerk die Hauptreduktion der Banddicke in der Regel auf mehrgerüstigen Tandemstraßen mit einer Walzenanordnung in Quartobauweise (**Bild 2.48**), wobei die Dicke und Dickenstreuung des Bands entscheidend beeinflusst wird. Für die hohen Vor- und Zwischenumformungen können auch Einzelgerüste in Duo-, Quarto- und Vielrollenbauweise eingesetzt werden (**Bild 2.49**).

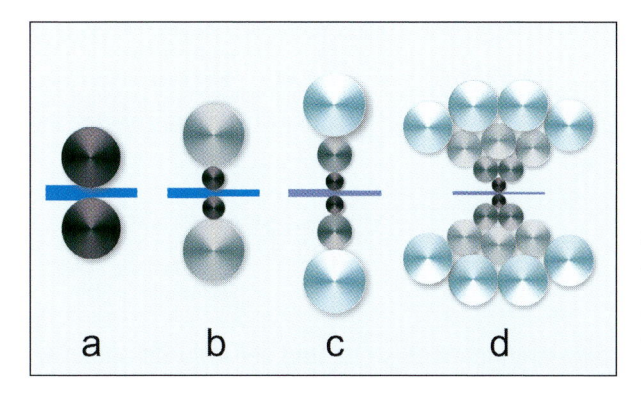

Bild 2.49
Mögliche Walzenanordnung zum Kaltwalzen von Bändern.
a = Duo-Walze
b = Quarto-Walze
c = Sexto-Walze
d = 20 Rollen-Walze
[C.D. Wälzholz]

Moderne Tandemstraßen verfügen über automatische Dickenregelungen, mit denen die Einhaltung engster Toleranzen über die Bandlänge sichergestellt wird. An den einzelnen Gerüsten wird dabei Rechnergeführt eine Voreinstellung, bezogen auf die Abmessung, gewählt. Während des Walzprozesses werden Walzkraft und Bandzüge zwischen den Gerüsten so geregelt, dass die eingestellte Endabmessung über die Aderlänge genau eingehalten wird. Durch Walzenschliff und -biegung wird bereits in den Vorstufen der Kaltbandfertigung die Planlage und Bandform beeinflusst.

Nach dem Vorwalzen ist zum Abbau der Kaltverfestigung und zur Einstellung definierter Werkstoffeigenschaften und Gefügeausbildungen eine Wärmebehandlung (Rekristallisationsglühung / GKZ- oder Normalglühen) erforderlich. Die Wärmebehandlungsbedingungen sind werkstoffabhängig zu wählen (**Bild 2.50**). Diese Glühung erfolgt heute überwiegend in 1-Stapel-Haubenöfen, wobei durch eine Konvektion des umgewälzten Schutzgases für die Wärmeübertragung gesorgt wird. Durch die Weiterentwicklung der klassischen Haubenofen-Glühtechnik (mit N_2/H_2-Gasgemischen) zur modernen Hochkonvektionstechnik mit 100 % H_2 (**Bild 2.52**) konnten entscheidende Vorteile bei der

Einstellung engster Kennwertgrenzen und eine Homogenität der Gefügeeigenschaften durch die Reduzierung der Temperaturdifferenzen im Glühstapel erzielt werden.

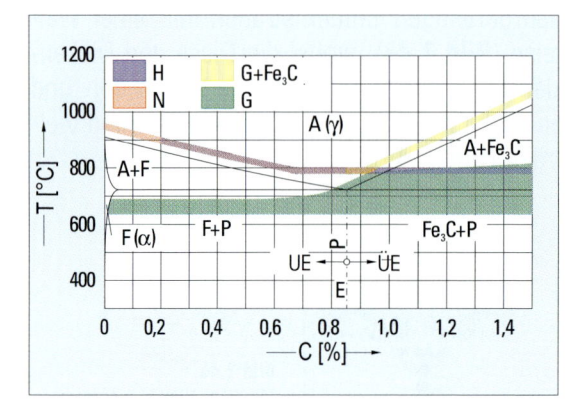

Bild 2.50
Eisen-Kohlenstoff-Diagramm mit Angaben der Temperaturbereiche für die Wärmebehandlung unlegierter Stähle

T = Temperatur
C = Kohlenstoffgehalt
H = Härten
N = Normalglühen
G = Weichglühen
$G+Fe_3C$ = Weichglühen zur Auflösung von Sekundär-Zementit
A = Austenit
F = Ferrit
P = Perlit
Fe_3C = Sekundär-Zementit
E = eutektoidischer Stahl
UE = untereutektoide Stähle
ÜE = übereutektoide Stähle

In Abhängigkeit der zu produzierenden Werkstoffe und der Anforderungen an die mechanischen Kennwerte und Gefügezustände werden die Produktionsschritte Walzen und Glühen mehrfach durchlaufen, wobei die Kaltwalzreduktion und Glühparameter variiert werden können, um optimale Ergebnislagen zu erzielen (**Bild 2.51**). Hier ist schematisch das Kennfeld aus Abwalzgrad und Glühtemperatur aufgezeigt. Je nach Wahl der Parameter lassen sich verschiedene Zustände des Kaltbands einstellen. Charakteristisch ist der Verlauf

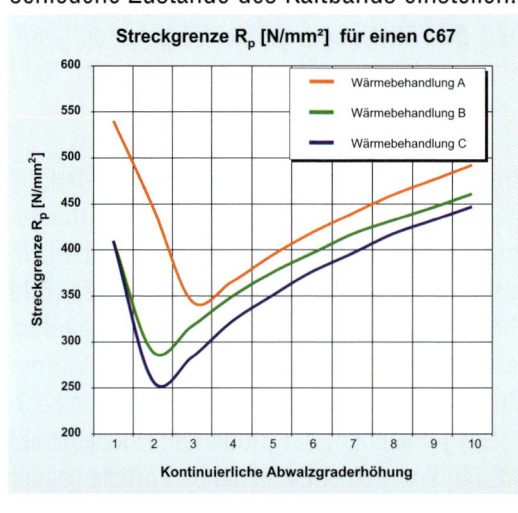

Bild 2.51
Einfluss des Kaltwalzgrads und der variierenden Wärmebehandlungsbedingungen auf die Eigenschaften des weichgeglühten Bandstahls C67.

Einflussfaktoren auf die Stahleigenschaften 71

bei einer definierten Abwalzgradkurve. Er zeigt immer ein Minimum der Festigkeit (bzw. Streckgrenze) auf.

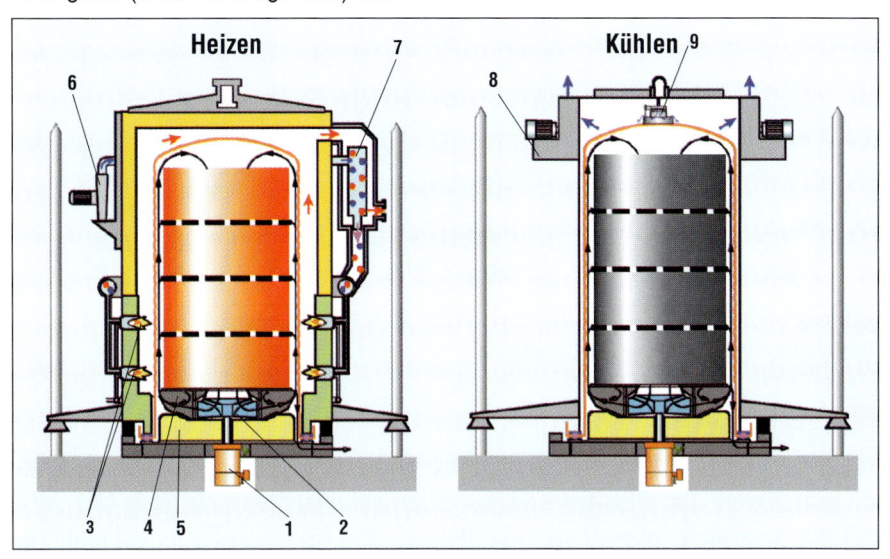

Bild 2.52A
Hochkonvektions-Haubenofenanlage zum Glühen von Kaltband-Coils.
1 = Frequenzgeregelter Sockelmotor
2 = HICON Laufrad
3 = Niedrig NOx Hochgeschwindigkeitsbrenner
4 = Kombinierte Chargenauflage und Verteilapparat
5 = Ganz-metallisch gekapselte Isolation
6 = Brenngebläse
7 = Zentralrekuperator
8 = Gebläse
9 = Wasserdusche
[C.D. Wälzholz - Ebner, Linz - A]

Schutzgas-Rollenherdöfen (Ar- oder 96%N2/4%H2-Gemisch als Schutzgas) kommen meist bei kleinen und mittleren Ringgewichten zum Einsatz. Sie garantieren, daß jeder Ring eines Glühloses exakt die gleiche GKZ-Wärmebehandlung (hinsichtlich Temperatur und Zeit) erhält.

Bild 2.52B
Schutzgas-Rollenherdofen
[Buderus Edelstahl]

72 Grundlagen

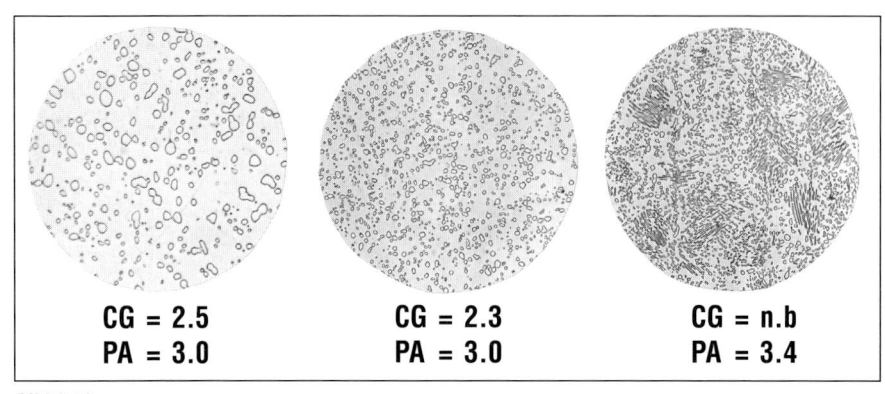

| CG = 2.5 | CG = 2.3 | CG = n.b |
| PA = 3.0 | PA = 3.0 | PA = 3.4 |

Bild 2.53
Beispiele für Carbideinformung und Carbidgröße.
PA, Perlitanteil = Carbideinformung
CG = Carbidgröße
[Stahleisen-Prüfblatt 1520]

Nach dem letzten Wärmebehandlungsschritt erfolgt die Einstellung der Enddickentoleranz, der Planheit und der Oberflächenausführung (MA, MB, MC) [2] mit zusätzlich definierbaren Rauheitsformen [3] in der Regel auf eingerüstigen Nachwalzwerken durch einen Dressierstich (LC).

Alle Produktionsschritte werden in modernen Kaltwalzwerken mit den maximal möglichen Coilgrößen (Außendurchmesser ~1850mm) und -gewichten (~20 kg/mm Bandbreite) durchgeführt, um neben den wirtschaftlichen Aspekten in erster Linie eine optimale Gleichmäßigkeit der Kennwert- und damit der Verarbeitungseigenschaften des späteren Lieferloses zu erreichen. Die Einstellung der Auftragsbreite und Endringgröße erfolgt abschließend auf Längs- und Querteilanlagen. Die Prüfung der erreichten Kennwert- und Gefügeeigenschaften erfolgt über den Zugversuch [4] und eine Gefügeuntersuchung nach Stahleisen-Prüfblatt 1520 [5]. Die im Zugversuch ermittelten Kenngrößen Streckgrenze, Zugfestigkeit und Bruchdehnung sind zur Beurteilung der Kaltumformbarkeit der Werkstoffe wesentlich aussagekräftiger als Härteprüfungen. Zur metallografischen Beurteilung der Umformeigenschaften sind die Carbideinformung (PA, Perlitanteil) und die Carbidgröße (CG) anzuwenden (Beispiel: **Bild 2.53**).

Die Ergebnisse möglicher Herstellungswege sind am Beispiel von unterschiedlichen Werkstoffen gegenübergestellt, wobei Produktenanforderung/ Schwierigkeitsgrad des Feinschneidprozesses, und nicht zuletzt die Kosten, die Auswahl des Einsatzmaterials bestimmen (**Bild 2.54**).

Einflussfaktoren auf die Stahleigenschaften 73

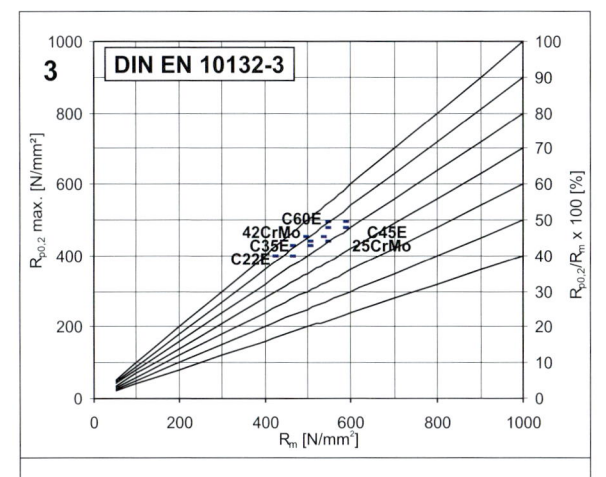

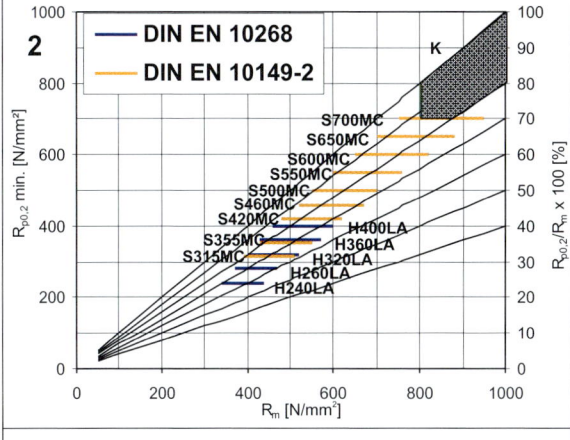

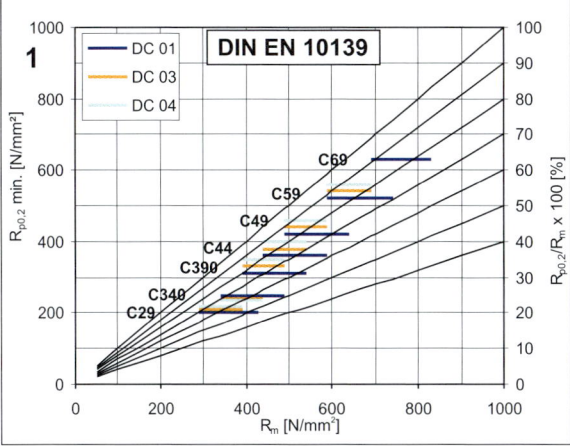

Bild 2.54
Vergleich von Zugfestigkeit zu Streckgrenze für verschiedene Gruppen von Festigkeitsstählen.
1 = weiche, unlegierte Stähle
2 = mikrolegierte Feinkornbaustähle
3 = Vergtütungsstähle
R_m = Zugfestigkeit
$R_{p0,2}$ = Streckgrenze (Mindestwert)
$R_{p0,2}/R_m$ = Streckgrenzenverhältnis
K = Kaltwalzzustände
C290 - C690 = Festigkeitsstufen durch Kaltwalzen
[C.D. Wälzholz]

Grundlagen

Literatur zu Abschnitt 2.2.3

[1] EN 10140:
Kaltgewalzter Bandstahl - Grenzabmaße und Formtoleranzen

[2] EN 10139:
Kaltband ohne Überzug aus weichen Stählen zum Kaltumformen - Technische Lieferbdingungen -

[3] EN 10049:
Rauheitsmessung an kaltgewalztem Flachzeug aus Stahl ohne Überzug

[4] EN 10002:
Zugversuch für metallische Werkstoffe (Teil 1)

[5] Verlag Stahleisen:
Prüfblatt 1520 - Mikroskopische Prüfung der Carbidausbildung in Stählen mit Bildreihen.
Verlag Stahleisen GmbH. Düsseldorf (2. Ausgabe 1978)

Einfluss der Stahleigenschaften auf das Umform- und Schneidergebnis 75

2.3 Einfluss der Stahleigenschaften auf das Umform- und Schneidergebnis

Neben der geometrischen Form und der Dicke des Teils haben die Werkstoffeigenschaften wie

- chemische Zusammensetzung,
- Reinheitsgrad,
- Gefüge: Einformung, Größe und Verteilung der Carbide,
- Matrixkorngröße: Ferrit, Austenit und
- Behandlungszustand

den stärksten Einfluss auf das Umform- und Feinschneidergebnis.

2.3.1 Umformung

Wie stark sich zum Beispiel der Reinheitsgrad eines Stahls auf das Biegeergebnis auswirkt, zeigt **Bild 2.55**. Die Teilbilder A1, A2 und B beziehen sich auf den Stahl C45, GKZ. Der Zustand GKZ sagt aus, dass der Werkstoff auf 95 - 100 % kugeligem Zementit weichgeglüht ist, die Zugfestigkeit maximal 510 N/mm^2 und der Schwefelgehalt max. 0,030 % betragen kann. Beim Biegen in Walzrichtung treten bereits bei einem Biegewinkel von 120° Biegerisse in der Biegezone auf und bei 180° bricht die Biegeprobe vollständig durch. Im Teilbild B sind im nichtgeätzten Schliff die länglichen Mangansulfideinschlüsse erkennbar. Entlang dieser Einschlusszeilen bricht der Werkstoff.

Die zweite Probe hingegen zeigt ein wesentlich besseres Biegeverhalten. Der Stahl Ck45 hat jedoch den Behandlungszustand GKZ-EW. Die Zustandsbezeichnung GKZ-EW sagt aus, dass bei dieser Stahlsorte die Zementiteinformung ebenfalls 95 - 100 % beträgt, der Reinheitsgrad durch sekundärmetallurgische Maßnahmen verbessert ist (**Bild 2.55D**). So wird bei GKZ-EW ein maximaler Schwefelgehalt von 0,005 % eingehalten. Der gute Reinheitsgrad in Verbindung mit der nahezu 100%igen Zementitformung lässt eine weitere Absenkung der Zugfestigkeit auf maximal 480 N/mm^2 zu. Durch beide Maßnahmen wird die Umformbarkeit wesentlich verbessert. Biegerisse treten nicht mehr auf (**Bild 2.55C**).

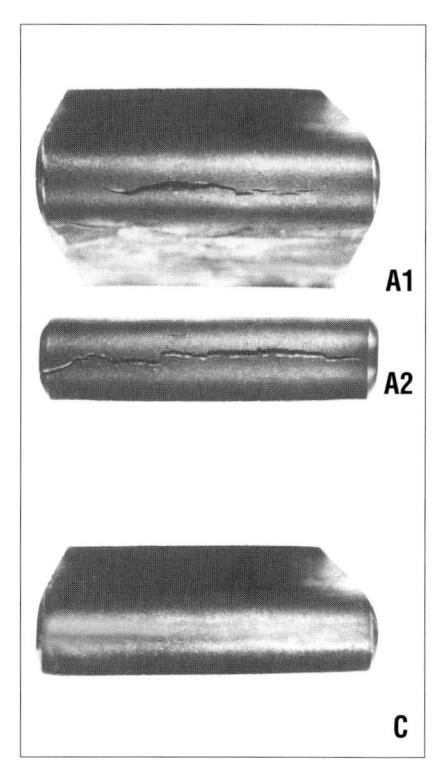

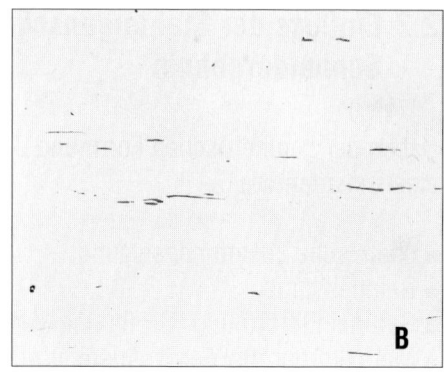

Bild 2.55
Der Einfluss des Reinheitsgrads der Stahlsorte C45E, GKZ bzw. Ck45, GKZ-EW in 5 mm Dicke auf das Biegeergebnis längs der Walzrichtung.
A1 = Risse bei Biegung ca. 120° der Stahlprobe C45, GKZ
A2 = Abbrechen der Biegeprobe bei 180°, C45, GKZ
B = Zeilige Einschlüsse in der Probe C45, GKZ
C = Rissfreie Biegeprobe bei Biegung um 180° der Probe Ck45, GKZ-EW.
D = Wenige, kugelförmige Einschlüsse in der Probe Ck45, GKZ-EW.
[Buderus Edelstahl]

Die Auswirkung einer guten und unzureichenden Zementiteinformung- und -verteilung auf die Erichsen-Tiefungsprobe zeigt das **Bild 2.56**. Ist der Zementit bei der Stahlsorte Ck45 nahezu zu 100 % eingeformt und das mittelgroße Zementitkorn gleichmäßig verteilt (**Bild 2.56 A2**), so reißt bei der Erichsentiefung die Probe gleichmäßig im Umfang ab (**Bild 2.56 A1**). Liegt hingegen eine Ansammlung des kugeligen Zementits in Flecken vor und ist außerdem das Zementitkorn sehr fein (**Bild 56 B2**), so reißt die Erichsenprobe bei geringerem Tiefungswert parallel zur Walzrichtung ein (**Bild 56 B1**). Bei dieser Prüfmethode handelt es sich vorwiegend um einen Streckziehvorgang, bei dem das Gefüge des Werkstoffs besonders im Einschnürungsbereich stark kaltverformt wird.

Einfluss der Stahleigenschaften auf das Umform- und Schneidergebnis 77

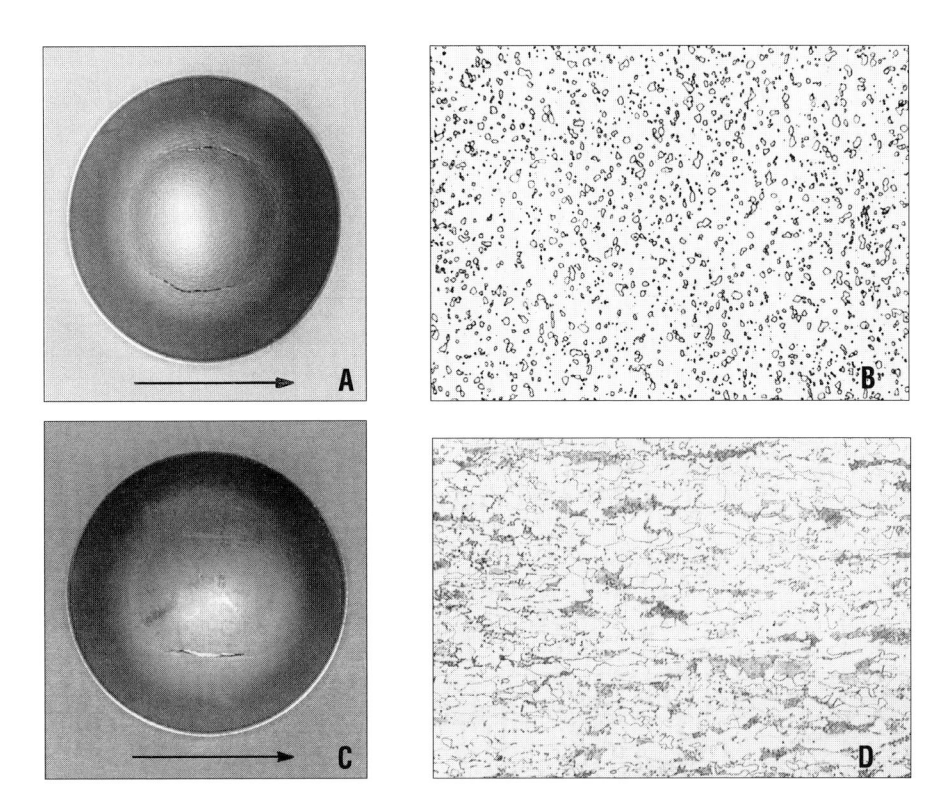

Bild 2.56
Der Einfluss der Zementiteinformung- und Verteilung auf das Streckziehverhalten bei der Erichsenprobe.
A = Zirkularer Anriss bei der Erichsenprüfung dieser Probe
B = Gute Zementiteinformung- und -verteilung bei der Probe Ck45
C = Erichsenprobe bei dem Gefüge D mit längsverlaufenden Anrissen
D = Probe mit unzureichender Zementiteinformung- und -verteilung, ebenfalls Ck45
[Buderus Edelstahl]

2.3.2 Feinschneiden

Beim Feinschneiden liegen ähnliche Werkstoffbeanspruchungen vor wie beim Kaltumformen. Der Einfluss der mechanischen Werkstoffeigenschaften und des Mikrogefüges sowohl auf die Morphologie der Schnittfläche als auch auf den Einzug sollen näher betrachtet werden. In einer detaillierten Untersuchung wurden aus verschiedenen Stahlproben in unterschiedlichen Behandlungszuständen mit einem Versuchswerkzeug Teile gestanzt und sowohl das Erscheinungsbild der Schnittfläche als auch die geometrischen Kenndaten des Einzugs dokumentiert. **Bild 2.57** zeigt die Geometrie des Versuchsteils. Alle Radien sind in 1,0 mm ausgeführt.

Das Aussehen der Schnittfläche wurde an der angegebenen Stelle dokumentiert, des Weiteren wurden an den bezeichneten Messstellen Einzugkenngrößen ermittelt.

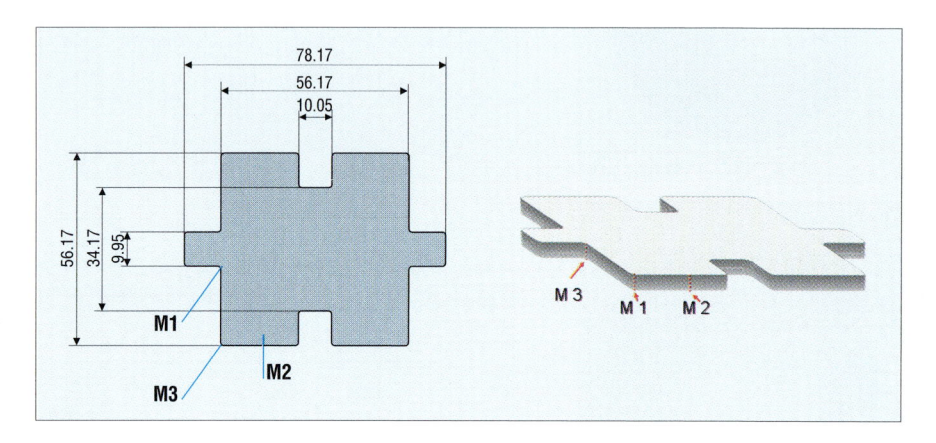

Bild 2.57
Geometrie des Versuchsteils, Messstellen M1 - M3 zur Bestimmung des Einzugs.

Es wurden die Stähle 16MnCr5, 42CrMo4, 51CrV4, C60 in den Behandlungszuständen Warmband gebeizt, Warmband geglüht, Kaltband geglüht auf kugeligen Zementit sowie die Warmbandgüten S315MC, S355MC, S500MC, S550MC, S600MC, S650MC, S700MC, 28MnB5 und die Kaltbandgüten H300LA, H320LA, H500LA, H700LA und C45 in Dicken zwischen 2 und 7,5 mm untersucht.

Versuche mit legierten Edelbaustählen
In den nachfolgend beschriebenen Versuchen wurde aus einer Materialcharge 42CrMo4 zunächst eine Probe gebeiztes Warmband entnommen. Nachfolgend wurde das Material geglüht und erneut eine Probe entnommen. Dieselbe Prozedur wurde noch einmal am daraus gefertigten GKZ-geglühten Kaltband wiederholt. An den so gewonnenen Proben wurden Feinschneidversuche durchgeführt und die erzeugten Teile makroskopisch und geometrisch dokumentiert. **Tabelle 2.2** gibt einen Überblick über die wesentlichen chemischen und technologischen Daten der Proben.

Einfluss der Stahleigenschaften auf das Umform- und Schneidergebnis 79

Chemische Zusammen-setzung (Auszug) [%]		Mechanische Kennwerte	Warmband	Warmband geglüht	Kaltband GKZ
C	0.41	Dicke [mm]	7.4	7.4	6.0
Si	0.13				
Mn	0.63	Streckgrenze [N/mm²]	744	333	273
P	0.005	Festigkeit [N/mm²]	1021	532	454
S	0.001	Dehnung A5 [%]	5.9	31.7	36.0
Cr	0.97	Gleichmassdehnung Ag [%]	2.5	16.4	17.9
Ni	0.06				
Mo	0.16				
Al	0.028				

Tabelle 2.2
Technologische Daten der 42CrMo4-Proben.

Wird das unbehandelte Warmband mit einem Bainit+Sorbit+Martensit-Gefüge (**Bild 2.58 B**) feingeschnitten, so entstehen Einrisse in der gesamten Schnittfläche (**Bild 2.58 A**). Schon bei einer relativ geringen Einformung von 50 % zeigt sich im geglühten Warmband (**Bild 2.59 B**) bereits eine deutlich bessere Eignung zum Feinschneiden; es treten lediglich an ausspringenden Radien Einrisse auf (**Bild 2.59 A**). Die gleiche Stahlsorte, weichgeglüht auf 95 - 100% kugeligen Zementit, mittlerer Zementitkorngröße und gleichmäßiger Verteilung der Zementitkügelchen in der Ferritmatrix (**Bild 2.60 B**), liefert beim Feinschnei-den einrissfreie Schnittflächen (**Bild 2.60 A**).

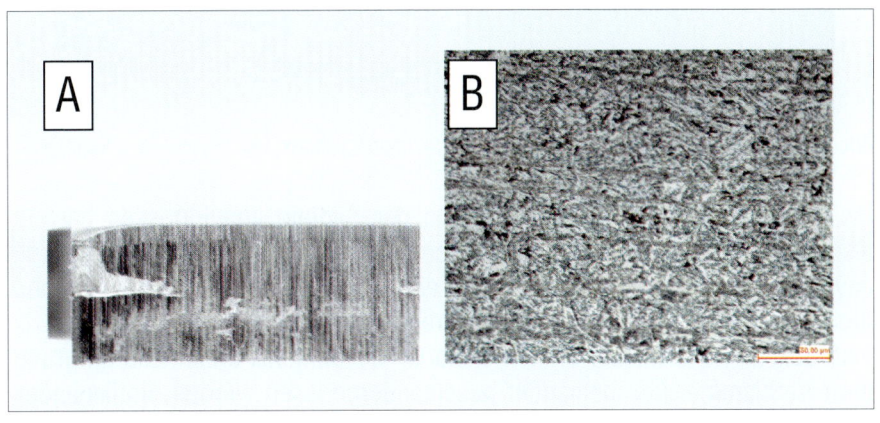

Bild 2.58
Tiefe Einrisse in der Schnittfläche umlaufend des Versuchsteils

42CrMo4, Warmbandgefüge Bainit + Sorbit + Martensit

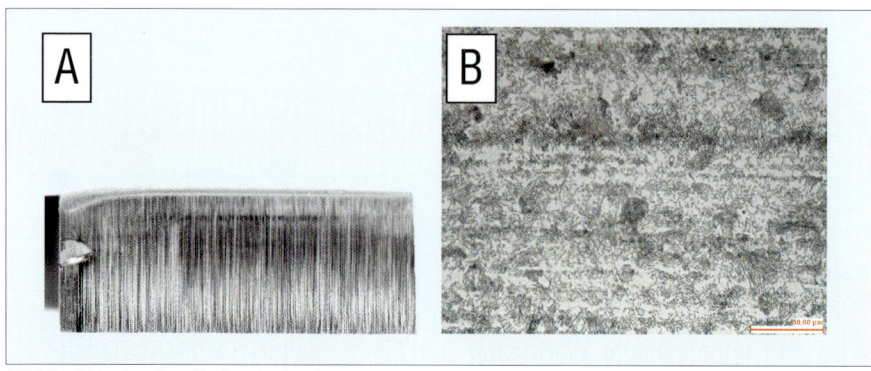

Bild 2.59 Vereinzelnd Einrisse in der Schnittfläche des Versuchsteils.

42CrMo4, Warmband geglüht: Ferrit+Bainit+Sorbit+Martensit+ca. 50 % kugelige Carbide.

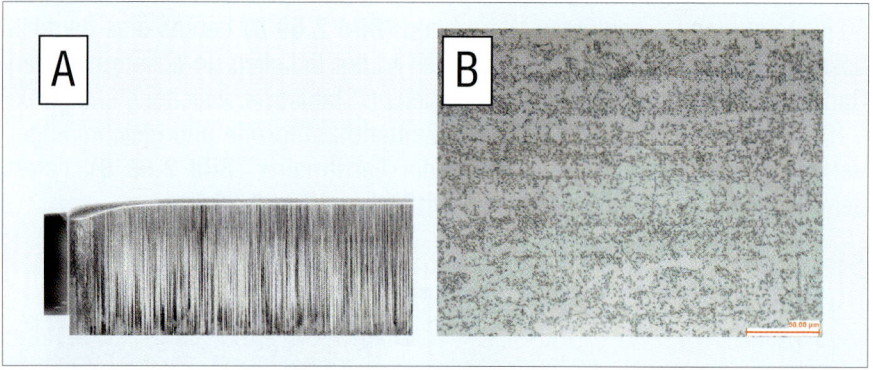

Bild 2.60 Ein- und abrissfreie Schnittfläche des Versuchsteils.

42CrMo4, Kaltband GKZ: Ferrit + 98 % kugelige Carbide.

Zwischen der Zementiteinformung und der Bildung von Einrissen besteht also ein enger Zusammenhang. Letztendlich kann in der Modellvorstellung davon ausgegangen werden, dass sich eingeformte Carbide im Stahl während des Fließschervorgangs in die an die Trennebene angrenzende weiche Matrix eindrücken, während die dreidimensional verzahnten Perlitanteile aufgrund ihrer Verklammerung ineinander auseinandergerissen werden, umliegendes weiches Ferritgefüge entsprechend mitziehen und den Einriss formen. Außerdem führen die harten Perlitlamellen zu einem erhöhten Verschleiß der aktiven Werkzeugelemente.

Versuche mit mikrolegierten Güten

Im Folgenden werden Versuchsergebnisse aus Feinschneidversuchen mit drei mikrolegierten Güten vorgestellt. **Tabelle 2.3** gibt einen Überblick über die wesentlichen technologischen Daten der eingesetzten Stähle.

Einfluss der Stahleigenschaften auf das Umform- und Schneidergebnis 81

Chemische Zusammensetzung (Auszug)				Mechanische Kennwerte				
	S700MC	S550MC	H700LA			S700MC	S550MC	H700LA
C	0,08	0,051	0,07	Dicke [mm]		2,20	5,46	3,00
Si	0,26	0,04	0,20					
Mn	1,15	1,44	0,85	Streckgrenze [N/mm²]		600	555	779
P	0,015	0,010	0,014	Festigkeit [N/mm²]		680	608	817
S	0,002	0,002	0,002	Dehnung A5 [%]		24	24	15
Ti	0,08		0,045	Dehnung A80 [%]		16	21	8
Nb	0,05	0,09	0,015					
Cr		0,06						
Al	0,039	0,022	0,035					

Tabelle 2.3
Technologische Daten der beschriebenen Werkstoffe.

Im Zuge der Entwicklung der mikrolegierten Stähle, die sich durch hohe Festigkeitsniveaus bei niedrigem Kohlenstoffgehalt auszeichnen, konnte der Feinschneidprozess technologische Grenzen überwinden. Die Gegenüberstellung von Gefügen und Schneidergebnis gibt ein Bild von den technologischen Vorzügen dieser Stahlgruppe.

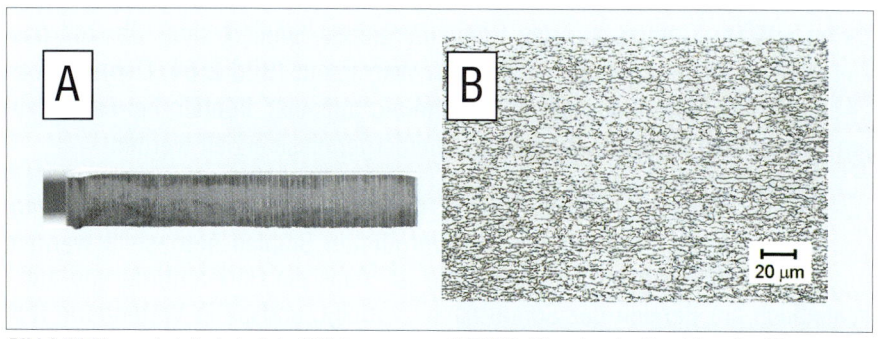

Bild 2.61 Ein- und abrissfreie Schnittfläche des Versuchsteils.

S700MC: Warmbandgefüge feines Ferritkorn + feinste Sondercarbide.

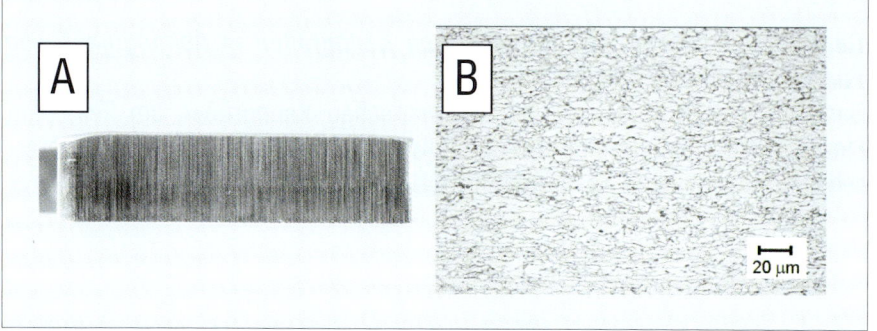

Bild 2.62 Ein- und abrissfreie Schnittfläche des Versuchsteils.

S550MC: Warmbandgefüge feines Ferritkorn + wenig Perlitnester + feinste Sondercarbide.

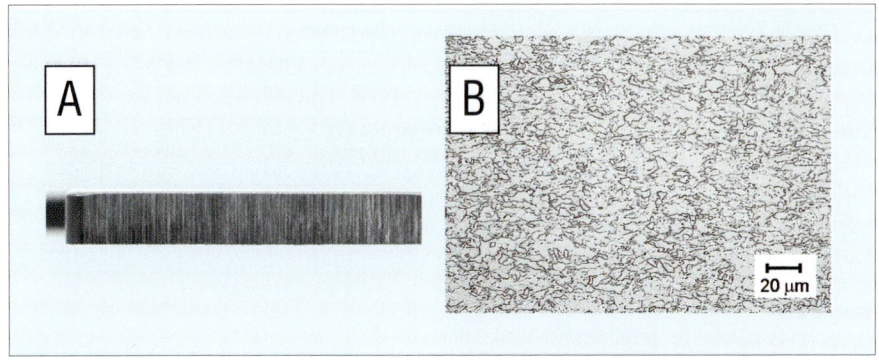

Bild 2.63 Ein- und abrissfreie Schnittfläche des Versuchsteils.

H700LA: Kaltbandgefüge feines Ferritkorn + sehr feine Sondercarbidausscheidungen.

Bei genauer Analyse der Teile zeigt sich, dass bei hohen Festigkeitsniveaus gleichwohl einrissfreie Schnittflächen hoher Güte erzeugt werden. Der Grund hierfür ist in der Abwesenheit perlitischer Bereiche zu finden, die bei Kohlenstoffgehalten unter 0,08 % prinzipbedingt nur in sehr kleinen Ausmaßen auftreten und im Einfluss auf das Schneidergebnis limitiert sind. Obwohl das kaltgewalzte Material im Vergleich zum Warmband (**Bild 2.64**, Dehnung ca. 24%) mit ca. 15 % eine geringere Dehnung aufweist, können bei Festigkeiten von ca. 820 N/mm^2 sehr gute Schneidergebnisse erzielt werden.

Hochfeste mikrolegierte Güten bieten somit das Potenzial zur Entwicklung von Bauteilen, die herkömmlich aus vergüteten Stählen hergestellt werden mussten. Bedingung für eine Ablösung ist, dass die Härteanforderung ausschließlich am Bereich der Schnittfläche vorliegt, sodass in Verbindung mit der im Prozess auftretenden Kaltverfestigung eine genügende Arbeitshärte vorliegt.

Generelle Aussagen zu geometrischen Kenngrößen in Abhängigkeit von Festigkeit und Blechdicke
Generell besteht zwischen den geometrischen Kenngrößen am Teil, dem Einzug auf der einen Seite und der Teiledicke sowie der -festigkeit andererseits, ein ursächlicher Zusammenhang.

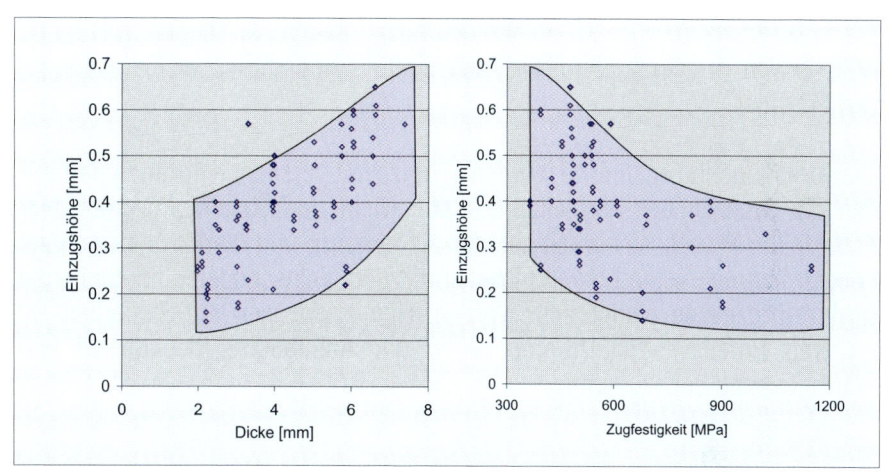

Einfluss der Stahleigenschaften auf das Umform- und Schneidergebnis 83

Bild 2.64
Kanteneinzug bei gerader Schnittlinie als Funktion von Zugfestigkeit und Blechdicke.

Es ergibt sich sowohl von der Blechdicke als auch von der Zugfestigkeit der Proben eine deutliche Abhängigkeit (**Bild 2.64**). Konsolidiert man die Daten durch Division, so ergibt sich eine klare Gesetzmäßigkeit, dass mit steigender Blechdicke und fallender Festigkeit die Einzugshöhe ansteigt (**Bild 2.65**).

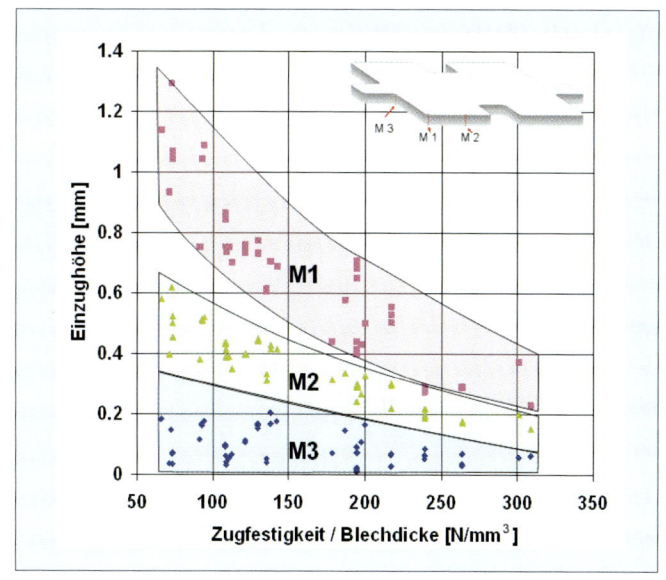

Bild 2.65
Kanteneinzug bei gerader Schnittlinie als Funktion von Zugfestigkeit und Blechdicke.

Die Auswertung der Einzüge an geraden (grün) Kanten, 90°-Innen- (blau) und Außenecken (magenta) zeigt klar den Einfluss geometrischer Elemente auf den Einzug.

Die vorliegenden Ergebnisse wurden in Einzelhubversuchen ermittelt und zeigen die Grenzen der Herstellbarkeit auf. Nicht berücksichtigt wurden hier Aspekte der Prozesssicherheit und der Standmenge von Werkzeugelementen. Ebenso konnten keine Erkenntnisse zu mit dem Feinschneiden kombinierten Umformprozessen eingebracht werden. Hier ergibt sich mit Sicherheit ein weiteres Potenzial zur Differenzierung der Stahlgüten, Blechdicken und Wärmebehandlungszustände.

Literatur zu Abschnitt 2.3
[1] Birzer, F. und Haack, J.:
Feinschneiden, Handbuch für die Praxis.
Hallwag- Verlag AG, Bern (1977)
[2] Feintool AG Lyss und Hoesch Hohenlimburg:
Unveröffentlichter Bericht. Feinschneiden und Feinschneidwerkstoffe - Handbuch für Konstruktion und Fertigung. (1976)
[3] Feintool AG Lyss + utg München:
Unveröffentlichter Bericht. (2006)

Einfluss der Stahleigenschaften auf das Umform- und Schneidergebnis 85

Bild 2.66
Modulares Transferwerkzeug für einen feingeschnittenen und umgeformten Planetenradträger.

3 Umformverfahren

Die mit dem Feinschneiden kombinierbaren Umformverfahren für Werkstoffe mit höherer Festigkeit gehören teils zum Blechumformen, teils zum Massivumformen. Daraus ergeben sich zwei Gruppen: Die erste, Blechumformen, umfasst die Verfahren Tiefziehen, Kragenziehen und Biegen. Die eingesetzten Blechdicken liegen bei diesen, bedingt durch die Werkstückgeometrie, im unteren Dickenbereich. Die Formänderungen sind gering bis mittel.

In der zweiten Gruppe, dem Massivumformen, finden sich die Verfahren Stauchen und Flachprägen, Einprägen, Einsenken, Durchsetzen und Zapfenpressen. Bei den Massivumformverfahren können deutlich höhere Blechdicken verarbeitet werden als durch die Blechumformverfahren. Es können hohe Formänderungen entstehen, durch die sich die Festigkeit beträchtlich erhöht, sodass die zulässigen Kräfte ggf. eine Verfahrensgrenze bilden.

Bei allen Verfahrenskombinationen Umformen – Feinschneiden erfolgt die Werkstückerzeugung in mehreren Stufen. In jeder Stufe können Schneid- und /oder Umformoperationen anfallen. Die Werkzeugkonstruktion und die Maschinenauswahl erfordern besonders bei höherfesten Werkstoffen eine Berechnung.

3.1 Grundlagen, Allgemeines

Einteilung der Umformverfahren
- Unterscheidung nach dem Spannungszustand nach DIN 8582 (Druck-, Zug-, Zugdruck-, Biege- und Schubumformen)
- Unterscheidung nach der Einsatztemperatur (Kalt-, Warm- und Halbwarmumformung)
- Unterscheidung nach dem Produkttyp (Massiv- und Blechumformung, siehe oben)
- Stationäre/instationäre Umformprozesse, je nachdem, ob sich das Geschwindigkeitsfeld in der Umformzone mit der Zeit ändert

Verformen
Im Gegensatz zum Umformen bezeichnet man das Überschreiten der Plastizitätsgrenze bei nicht beherrschter Geometrie als Verformung.

Grundlagen, Allgemeines 87

Umformen ist das Ändern der Form eines festen Körpers unter Beibehaltung des Stoffzusammenhalts und der Masse bzw. des Volumens (DIN 8580). Die Beschreibung des damit umrissenen plastischen Verhaltens fester Körper, insbesondere von Metallen, ist viel komplexer als die des elastischen Verhaltens. Nachstehend werden dazu wichtige Grundlagenbegriffe für die Auslegung und das Verständnis von Umformprozessen, die mit dem Feinschneiden kombinierbar sind, eingeführt.

Massivumformen ist das Umformen mit großen Querschnitts- und Abmessungsänderungen, z.B. durch Fließpressen, Stauchen, Prägen, Einsenken, Durchsetzen. Dabei treten große Formänderungen mit großer Verfestigung des Werkstoffs und damit hohen Kräften und Werkzeugbeanspruchungen auf.

Blechumformen ist das Umformen ohne bzw. mit geringen, ungewollten Änderungen der ursprünglichen Wanddicke von Blechzuschnitten, z.B. durch Tiefziehen, Kragenziehen, Biegen. Biegeumformverfahren können je nach Verfahren und Werkstückabmessungen beiden Verfahrensgruppen zugeordnet sein. Formänderungen, Verfestigungen und damit Kräfte sind bei Blechumformverfahren meist kleiner.

Warmumformen ist das Umformen mit dem Anwärmen auf eine Temperatur oberhalb der Rekristallisationstemperatur. Diese liegt bei Metallen bei ca. 40% der Schmelztemperatur in [K].

Halbwarmumformen ist das Umformen mit dem Anwärmen auf eine Temperatur unterhalb der Rekristallisationstemperatur.

Kaltumformen ist das Umformen ohne Anwärmen, d.h. bei Raumtemperatur. In Kombination mit dem Feinschneiden kommen Kaltumformverfahren des Massiv- und Blechumformens zur Anwendung.

3.1.1 Formänderungen

Allgemeine Definitionen nach dem Zugversuch
Das plastische Verhalten von Metallen lässt sich mit Kennwerten aus dem Zugversuch bestimmen **(Bilder 3.1 und 3.2)**. Im Zugversuch selbst werden

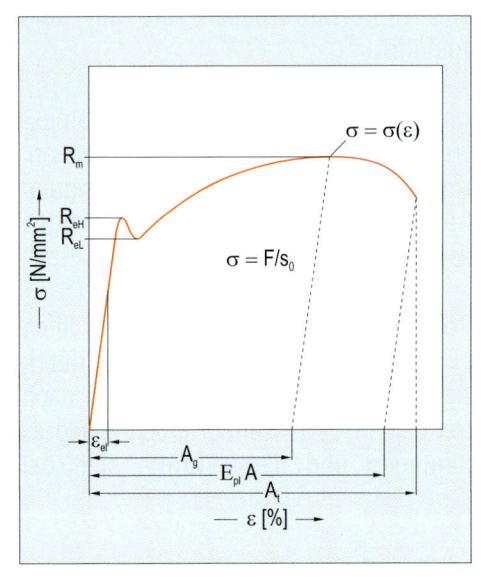

Bild 3.1
Spannungs-Dehnungs-Diagramm mit Kennwerten.

R_m	=	Zugfestigkeit
R_{eH}	=	Obere Streckgrenze
R_{eL}	=	Untere Streckgrenze
σ	=	Spannung
ε	=	Dehnung
ε_{el}	=	Elastische Dehnung
ε_{pl}	=	Plastische Dehnung
ε_t	=	Momentane plastische Dehnung
A_g	=	Gleichmaßdehnung
A	=	Bruchdehnung
A_t	=	Gesamte Dehnung bei einem Bruch
F	=	Kraft
s_0	=	Ausgangsquerschnitt

[EN 10002]

Kräfte und Verlängerungen der Probe gemessen. Generell werden dabei Dehnungen und Kräfte auf den unbelasteten Ausgangszustand bezogen. Es gilt für die Dehnung $\varepsilon = \Delta L / L_0$ oder $\varepsilon = (L - L_0)/L_0$, worin L die momentane, gedehnte Länge und L_0 die Anfangsmesslänge ist. Wegen des durch das Hook'sche Gesetz $\varepsilon_{el} = \sigma / E$ für Metalle gegebenen elastischen Verhaltens bis nahe zur Streckgrenze R_e **(Bild 3.1)** bzw. Proportionalitätsgrenze R_p **(Bild 3.2)** teilt sich die Dehnung in den elastischen Dehnungsanteil ε_{el} und den plastischen Dehnungsanteil ε_{pl} auf; die momentane Gesamtdehnung ist mithin $\varepsilon_t = \varepsilon_{el} + \varepsilon_{pl}$.

Zur Beschreibung des elastisch-plastischen Verhaltens von metallischen Werkstoffen wurden folgende Kennwerte genormt:

A_e = Streckgrenzendehnung (am Ende des elastischen Bereichs)
A_g = nichtproportionale Dehnung bei Höchstkraft (Gleichmaßdehnung)
A = Bruchdehnung, $\dfrac{(L_u - L_0)}{L_0} \cdot 100\%$ (entspricht ε_{pl} beim Bruch),

Grundlagen, Allgemeines

worin L_u die Messlänge nach dem Bruch ist
A_t = gesamte Dehnung beim Bruch (entspricht $\varepsilon_{el} + \varepsilon_{pl}$ beim Bruch) ist
Z = Brucheinschnürung $\frac{(S_0 - S_u)}{S_0} \cdot 100\%$, worin S_0 = Anfangsquerschnitt

innerhalb der Versuchslänge und S_u = kleinster Probenquerschnitt nach dem Bruch ist.
Diese fünf Kennwerte werden in der Regel in Prozent angegeben.

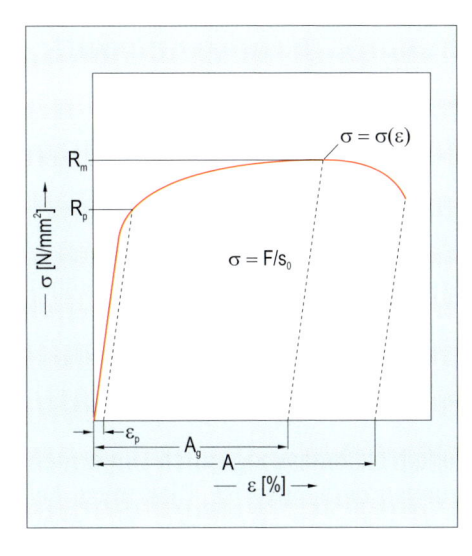

Bild 3.2
Spannungs-Dehnungs-Diagramm bei nichtproportionaler Dehnung mit Kennwerten.
R_m = Zugfestigkeit
R_p = Streckgrenze
σ = Spannung
ε = Dehnung
ε_p = Dehnung bei R_p
A_g = Gleichmaßdehnung
A = Bruchdehnung
F = Kraft
s_0 = Ausgangsquerschnitt

[EN 10002]

Spezielle Definitionen für die Umformtechnik

Für größere Formänderungen wird der elastische Dehnungsanteil häufig vernachlässigbar klein, d.h. $\varepsilon_{pl} \gg \varepsilon_{el}$. Der Anfangszustand ist dann für die Berechnung der momentanen Formänderungen ohne Bedeutung, und es gilt analog zu $\varepsilon = \Delta L/L_0$ auch $d\varphi = dL/L$. Durch Integration über die gesamte Formänderung ergibt sich $\varphi = \int dL/L = \ln L_1/L_0$. Dieses logarithmische Formänderungsmaß heißt Umformgrad φ. Er wird in der Umformtechnik benutzt. Ausgezeichnete Punkte auf der Fließkurve **(Bild 3.3)** sind:

φ_0 = Anfangswert des Umformgrads
φ_1 = Umformgrad zum Zeitpunkt 1
φ_g = Umformgrad bei Gleichmaßdehnung
φ_{max} = Umformgrad bei Bruch

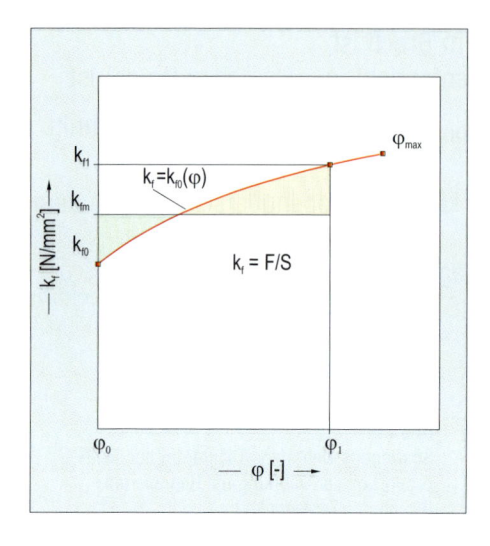

Bild 3.3
Fließkurve, Fließspannungs-Formänderungs-Diagramm für $\varepsilon_{el} = 0$

k_f	=	Fließspannung
k_{f0}	=	Ausgangswert der Fließspannung
k_{fm}	=	Mittlere Fließspannung
k_{f1}	=	Fließspannung zum Zeitpunkt 1
φ	=	Umformgrad
$\varphi_{max.}$	=	Maximaler Umformgrad
F	=	Kraft
S	=	Tatsächlicher Querschnitt

[EN 10002]

Für räumliche (dreiachsige) Formänderungen (z.B. in Länge, Breite, Höhe) gilt:

$$\varphi_l + \varphi_b + \varphi_h = 0 \qquad (1)$$

Es besagt, dass die Änderung einer Werkstückabmessung durch Umformen immer mit anderen Abmessungsänderungen verbunden ist. Dies muss bei der Auslegung eines Umformprozesses sorgfältig beachtet werden. Es gilt die Volumenkonstanz. Der Werkstoff kann nicht verdichtet werden.

3.1.2 Spannungen

Spannungen im Zugversuch
Spannungen sind auf eine Flächeneinheit wirkende Kräfte. Im Zugversuch nach EN 10002 werden die Spannungen auf den Anfangsquerschnitt bezogen:

$$\sigma = F / S_0 \qquad (2)$$

Daraus ergibt sich der charakteristische Abfall des Spannungsverlaufs nach Erreichen des Spannungswerts R_m (Zugfestigkeit), da der tatsächliche Querschnitt, der die Zugkraft zu übertragen hat, bis zum Bruch abnimmt.

Grundlagen, Allgemeines

Umformtechnik und wirkende Spannungen

In der Umformtechnik werden die Spannungen auf den momentanen Querschnitt, im Zugversuch nach EN 10002 auf S, sonst allgemein auf A, bezogen; der sich ergebende Spannungswert heißt Fließspannung: $k_f = F / S$ bzw.

$$k_f = F / A \tag{3}$$

Ausgezeichnete Werte gemäß **Bild 3.3** sind:

k_{f0} = Anfangswert von k_f; entspricht etwa R_e, R_p
k_{f1} = Fließspannung bei einem gegebenen Umformgrad
k_{fm} = mittlere Fließspannung über einer gegebenen Umformung

$$k_{fm} = \frac{1}{\varphi} \cdot \int_{\varphi=\varphi_0}^{\varphi=\varphi_1} k_f \cdot d\varphi \quad \text{oder näherungsweise}$$

$$k_{fm} = \frac{1}{2} \cdot (k_{f0} + k_{f1})$$

3.1.3 Fließkurve

Die Fließkurve (**Bild 3.3**) beschreibt den Zusammenhang zwischen Fließspannung k_f und Umformgrad φ. Sie ist werkstoff-, temperatur- und umformgeschwindigkeitsabhängig. Die Ausgangsfließspannung k_{f0} wird durch die Fließbedingung $\sigma_V = k_f$ bestimmt. σ_V ist die auf einen einachsigen Spannungswert zurückgerechnete Vergleichsspannung aus einer mehrachsigen, räumlichen Beanspruchung (σ_1, σ_2, σ_3, σ_m). Erreicht sie den aus Versuchen ermittelten Wert von k_f, so tritt plastisches Fließen ein. Nähere Hinweise zur mathematischen Formulierung der Fließspannung und zu Einflüssen auf die Fließkurve bzw. Fließspannung enthält Abschnitt 2.1.3.

3.1.4 Fließbedingungen

Eine plastische Formänderung bewirkt gemäß **Bild 3.3** eine Verfestigung, die durch den Anstieg von k_{f0} auf k_{f1} in Abhängigkeit vom Umformgrad φ_1 beschrieben wird. Sie wird durch Gleitung, Zwillingsbildung und Versetzungsbewegung im Kristallgitter der Metalle bewirkt; siehe hierzu auch Abschnitt 2.1.2. Die Verfestigung lässt sich durch Glühen (Rekristallisationsglühen, Weichglühen, Normalglühen) rückgängig machen.

3.1.5 Reibung

Nach DIN 50323 ist die Reibung eine Wechselwirkung zwischen sich berührenden Stoffbereichen von Körpern. Sie wirkt einer Relativbewegung entgegen.

Die Reibung ist eine Systemeigenschaft, da sie von einer Vielzahl von Einflussgrößen (Oberflächengeometrie und -beschaffenheit, Flächenpressung, Relativgeschwindigkeit, Temperatur, Werkstoffpaarung, Luftfeuchtigkeit und Schmierstoff) abhängt. Die Reibung beeinflusst bei Umformprozessen nicht nur die Geschehnisse im Kontaktbereich, sondern auch den Spannungs- und Formänderungszustand in der gesamten Umformzone und somit auch den Kraft- und Arbeitsbedarf.

Die Differenzierung kann in Abhängigkeit der Bewegungszustände (Gleitreibung, Rollreibung, Stoßreibung) oder in Abhängigkeit des Aggregatszustands erfolgen (Festkörperreibung, Flüssigkeitsreibung, Mischreibung). In der Umformtechnik kommt es bei Verwendung flüssiger Schmierstoffe meist zu Mischreibungszuständen.

Die Bestimmung der Reibungszahl μ setzt eine genaueste Kenntnis des Kontaktzustandes voraus und gestaltet sich in den meisten Fällen als äußerst schwierig. Anwendung finden als Rechenverfahren das Coulombische Reibungsgesetz (1) und das so genannte Reibungsfaktormodell (2):

(1) $|F_R| = \mu |F_N|$ mit F_R als Reibungskraft und F_N als Normalkraft
(2) $|\tau_R| = m \cdot k$ mit m als Reibungsfaktor ($0 < m < 1$), τ_R als Reibungsschubspannung und k als Schubfließspannung ($k_f / 2$)

Beide Reibungsgesetze geben die physikalischen und chemischen Vorgänge in der Reibungszone nur sehr grob wieder. Folgende Richtwerte haben sich für die aufgeführten Kalt- und Warmumformprozesse bewährt (**Tabelle 3.0**):

Grundlagen, Allgemeines 93

Umformverfahren	Formänderung	Reibungszahl (Stahlwerkstoff)
Kaltwalzen	gering groß	0,07 0,03
Kaltfließpressen	gering groß	0,1 0,05
Drahtziehen	gering groß	0,1 0,05
Tiefziehen	gering groß	0,05 0,05 - 0,1
Warmwalzen		0,2
Strangpressen		0,02 - 0,2
Schmieden		0,2

Tabelle 3.1
Richtwerte für Reibungszahlen bei ausgewählten Umformprozessen.

3.1.6 Formänderungsvermögen/Grenzformänderung

Das Formänderungsvermögen ist ein Maß für die für einen gegebenen Werkstoff erzielbare maximale Formänderung. Das Formänderungsvermögen ist keine konstante Größe und auch keine Werkstoffeigenschaft. Werkstoffabhängige Größen für erzielbare Formänderungen sind R_m, A und R_p sowie das Streckgrenzenverhältnis R_p/R_m, das für gut umformbare Stähle zwischen 0,5 und 0,7 liegt. Bei mehrachsigen Beanspruchungen mit mittleren Normalspannungen im Druckbereich gilt

$$\sigma_m = \frac{\sigma_1 + \sigma_2 + \sigma_3}{3} \qquad (4)$$

Dabei wird $\varphi_{max} \gg A$. Durch Druckspannungsüberlagerung, z.B. beim Stauchen, Durchdrücken, Feinschneiden, lassen sich wesentlich größere Umformungen als im Zugversuch bzw. plastische Formänderungen erzielen (siehe Abschnitt 5.2).

Mit entsprechend weichgeglühten Kohlenstoffstählen, legierten Stählen höherer Festigkeit und Feinkornstählen lassen sich ähnliche Umformungen erzielen wie mit weicheren unlegierten Kohlenstoffstählen. Allerdings sind die erforderlichen Umformkräfte dabei, den jeweiligen Werten der Fließspannung k_f und des Umformgrads φ entsprechend, höher.

Die folgende Grafik zeigt den prinzipiellen Verlauf des Formänderungsvermögens (**Bild 3.4**) niedrig legierter Stähle als Funktion der Temperatur.

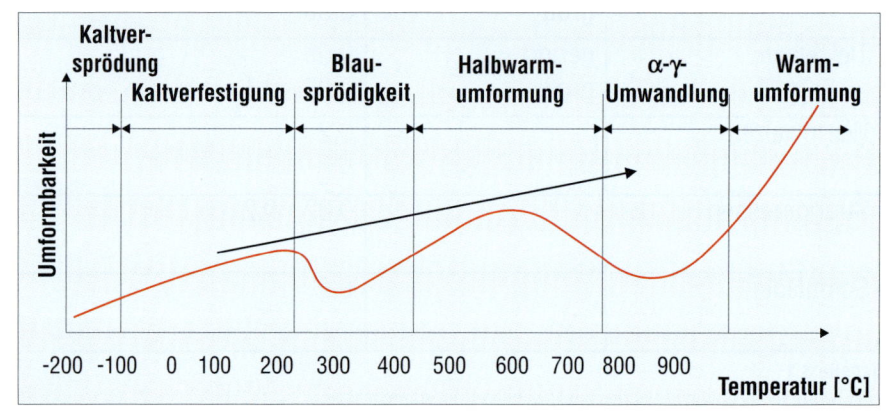

Bild 3.4
Umformbarkeit als Funktion der Temperatur.

Die elastische Rückfederung – wichtig vor allem beim Biegen und Tiefziehen – hängt von der absoluten Höhe von R_p bzw. von k_{f0} bei praktisch gleichem E-Modul für Stähle verschiedener Festigkeit bei Raumtemperatur ab, d.h., sie wird mit zunehmender Streckgrenze größer.

Im Grenzformänderungsdiagramm (**Bild 3.5**) stellen die Grenzformänderungskurven die Versagensgrenzen bzgl. Einschnüren bzw. Reißen/Bersten des Materials dar. Alle Formänderungskombinationen innerhalb der Oberfläche des Bleches, die sich unterhalb der Kurven befinden, führen nicht zu einem Versagen des Werkstücks während der Umformung. Liegen die Formänderungskombinationen oberhalb der dargestellten Kurven, ist eine Einschnürung bzw. ein Bruch des Werkstoffs zu erwarten.

Grundlagen, Allgemeines 95

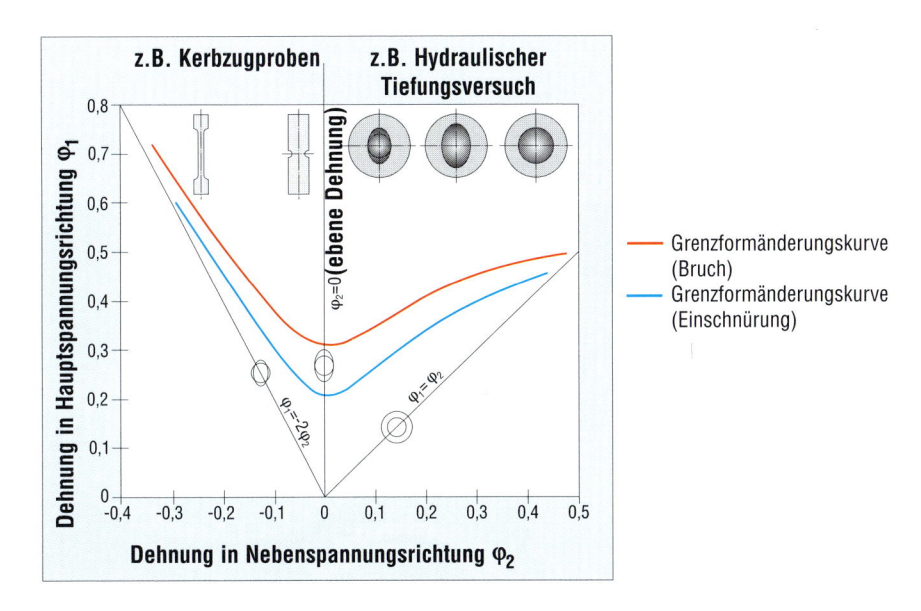

Bild 3.5
Grenzformänderungsdiagramm.

Literatur zu Abschnitt 3.1

[1] EN 10002:
Zugversuch, Teil 1, April 1991
[2] Lange, K.:
Umformtechnik-Handbuch für Industrie und Wissen-schaft,
2. Auflage Band 1, Grundlagen. Berlin usw.:
Springer 1984 und Band 4, Sonderverfahren, Prozesssimulation, Werkzeugtechnik, Produktion. Berlin Springer 1993.
[3] Spur, L. (Hrsg.), Stöferle, Th.:
Handbuch der Fertigungstechnik, Bd. 2/1, Umformen.
München, Wien: Hanser 1983.
[4] Verein Deutscher Werkstoffkunde Stahl.
Band 1 und 2. Springer-Verlag Eisenhüttenleute: (1984)
[5] Kopp, R.; Wiegels, H.:
Einführung in die Umformtechnik, Verlag der Augustinus
Buchhandlung, Aachen, 1998

3.2 Tiefziehen

Durch die Kombination der Verfahren Tiefziehen und Feinschneiden entstehen präzise, einbaufertige Teile mit großer Wertschöpfung.

Teilebeispiele Tiefziehen und Feinschneiden
1 Lamellenträger-Rohling/Automatikgetriebe, Bandstahl nach DIN EN 10139 DC 05, Banddicke 2,1 mm Vertikal-Folgeverbundwerkzeug zweifach.
2 Topf/Automatikgetriebe, Bandstahl nach DIN EN 10131-2 C15E, Banddicke 3 mm, zweistufiges Transfer-Feinschneidwerkzeug.
3 ABS-Impulsrad/PKW-Bremssystem, Bandstahl nach VW-Norm TL 1406, Banddicke 2 mm, Modulwerkzeug auf FFS-Presse.
4 Zählscheibe/Automatikgetriebe, Bandstahlnach DIN EN 10111 DD13, Banddicke 3 mm, zweistufiges Transfer-Feinschneidwerkzeug.
5 ABS-Impulsrad/PKW-Bremse, Bandstahl nach VW-Norm TL 1406, Banddicke 2 mm, Folgewerkzeug mit Transferstufe.
6 Zahnteller/Kupplung, Bandstahl nach DIN EN 10139 DC04, Banddicke 1,5 bis 2,5 mm, Transferwerkzeug.

Tiefziehen

3.2.1 Definition, Allgemeines

Das Tiefziehen ist in Anlehnung an DIN 8584, Blatt 3, das Zugdruckumformen eines ebenen Blechzuschnitts (Platine) zu einem zylindrischen oder kegeligen Hohlkörper mit und ohne Flansch mit starren Werkzeugen, wobei ein Flansch oder Boden weiter umgeformt bzw. durch Schneiden weiter bearbeitet werden kann (**Bild 3.6** und **3.7**).

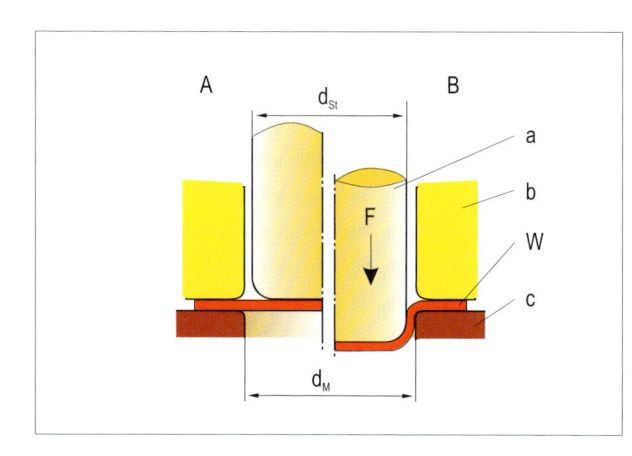

Bild 3.6

Tiefziehen eines zylindrischen Hohlkörpers im Erstzug mit Niederhalter.
A = Ausgangsform des Werkstücks
B = Zwischen- bzw. Endform des Werkstücks
a = Ziehstempel
b = Niederhalter
c = Ziehmatrize (Ziehring)
W = Werkstück
d_{St} = Ziehstempeldurchmesser
d_M = Ziehmatrizendurchmesser
F = Ziehkraft

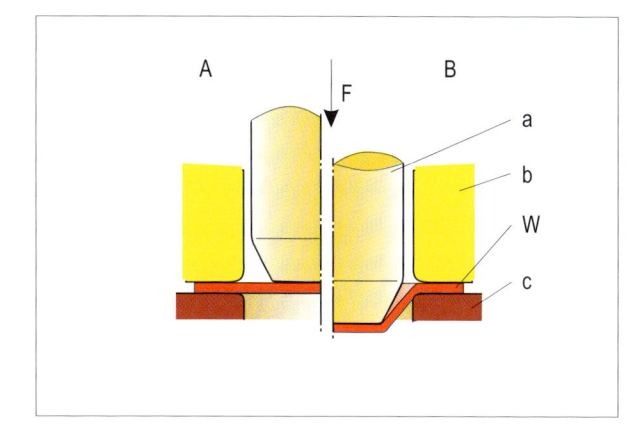

Bild 3.7

Tiefziehen eines nichtzylindrischen Hohlkörpers im Erstzug mit Niederhalter.
A = Ausgangsform des Werkstücks
B = Zwischen- bzw. Endform des Werkstücks
a = Ziehstempel
b = Niederhalter
c = Ziehmatrize (Ziehring)
W = Werkstück
F = Ziehkraft

Abweichend von der in **Bild 3.6** und **3.7** gezeigten Stempelform mit ebener Stirnfläche können auch kugelige und andere Ziehstempelformen verwendet werden. Die Gefahr des Eintretens des ersten Versagensfalls, des so genannten Bodenreißers, ist dabei größer. Der zweite Versagensfall tritt besonders bei dünnen Blechen, $d_0/s_0 > 40$, als Faltenbildung im Flansch auf. Daraus leitet sich das maximale Ziehverhältnis $ß_{max} = d_0/d_1$ in **Bild 3.8** ab. In der industriellen Praxis wird in vielen Anwendungsfällen mit Flansch tiefgezogen, an dem weitere Schneid- und Umformoperationen durchgeführt werden können.

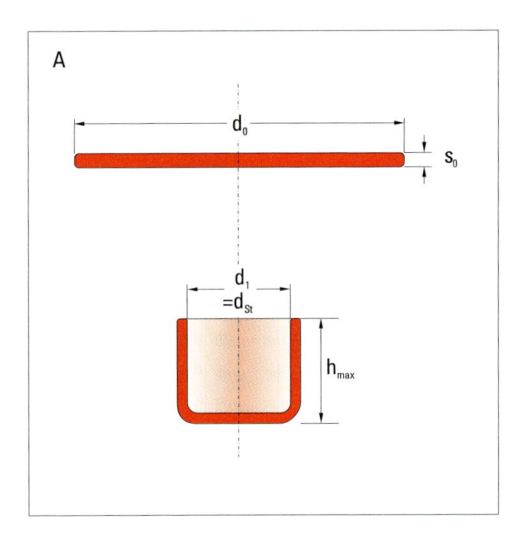

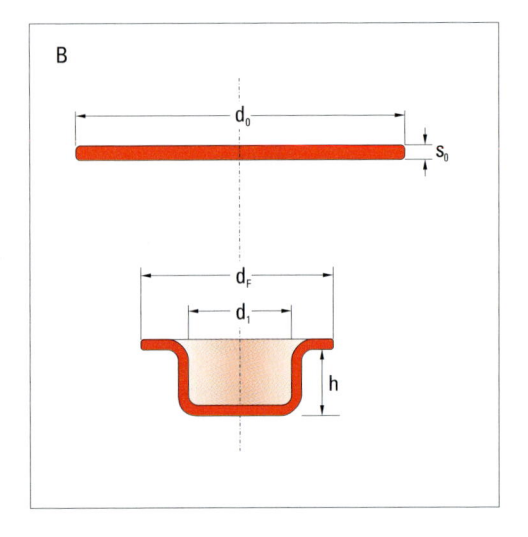

Bild 3.8
Geometrische Größen für das Durchziehen und Ziehen mit Flansch.
A = Durchziehen
B = Ziehen mit Flansch
d_0 = Ausgangsdurchmesser der Platine
d_1, d_{St} = Napf- bzw. Ziehstempeldurchmesser
d_F = Flanschdurchmesser
h = Ziehhöhe
h_{max} = maximale Ziehhöhe
s_0 = Ausgangsdicke der Platine (Blechdicke)

Tiefziehen

Kenngrößen beim Tiefziehen
Für die Auslegung eines Tiefziehteils sind folgende Kenngrößen wichtig:

Blechwerkstoff	$= R_p, R_m, A, k_f, (\varphi)$
Ziehstempelkraft	$= F_Z$
Matrizenbelastung	$= \sigma_{nK}$
Niederhalterkraft	$= F_N$
Umformgrad	$= \varphi_{max} = \ln(d_0/d_1)$
Ziehverhältnis	$= \beta = d_0/d_1$
Platinendurchmesser	$= d_0$
Flanschdurchmesser	$= d_F$
Napfdurchmesser	$= d_1$
Blechdicke	$= s_0, s$
Stempeldurchmesser	$= d_{St}$
Matrizendurchmesser	$= d_M$
Ziehspalt	$= u_z = (d_M - d_{St})/2$
Radius am Ziehring	$= r_R$
Radius am Stempel	$= r_{St}$

3.2.2. Ziehkraftberechnung

Die Stempelkraft setzt sich aus mehreren Kraftanteilen zusammen:

$$F_Z = F_{Z_{id}} + F_{R_R} + F_{R_N} + F_B \quad (1)$$

Darin bedeuten:

F_Z = Stempelkraft

$F_{Z_{id}}$ = ideelle Umformkraft,

F_{R_R} = Krafterhöhung durch Reibung an der Ziehringrundung,

F_{R_N} = Kraftanteil, der durch Reibung zwischen Ziehring und Flansch sowie Flansch und Niederhalter entsteht,

F_B = Kraftzuwachs, den die Biegung um die Ringrundung verursacht.

Die einzelnen Anteile können nach SIEBEL genau berechnet werden.

In der Praxis setzt sich allerdings die näherungsweise Bestimmung des Ziehkraftmaximums wie folgt durch:

$$F_{Z_{max}} = \pi \cdot (d_1 + s_0) \cdot s_0 \cdot R_m \cdot 1{,}2 \cdot \frac{\beta - 1}{\beta_{max} - 1} \qquad (2)$$

In dieser Formel wird der Werkstoff durch die Zugfestigkeit berücksichtigt. Für Stahlwerkstoffe ist für β_{max} mit 1,8 bis 2,0 zu rechnen.

3.2.3. Verfahrensgrenzen

Bodenreißkraft

Die Ziehkraft $F_{Z_{max}}$ darf die Bodenreißkraft F_{BR} nicht erreichen bzw. übersteigen. Für flache Stempelstirnflächen gilt

$$F_{Z_{max}} \leq F_{BR} = \pi \cdot d_m \cdot s_0 \cdot R_m \qquad (3)$$

Faltenbildung

Die Verfahrensgrenze Faltenbildung wird durch den Niederhalter bestimmt. Die vom Werkzeug bzw. der Presse zur Faltenvermeidung aufzubringende Niederhalterkraft ist abhängig von der Fläche des Niederhalters und einem spezifischen Niederhalterdruck, der wiederum von Blechdicke und Blechfestigkeit abhängt. Das Problem der Faltenbildung ist vor allem bei dünnen Blechen vorhanden.

Grenzziehverhältnis

Das Grenzziehverhältnis $\beta_{max} = (d_0 / d_1)_{max}$ hängt von der Blechqualität, dem Verhältnis d_1 / s_0, vom Schmierstoff und der Oberflächenbehandlung ab. Mit zunehmeder Gleichmaßdehnung A_g nimmt β_{max} zu. Ein guter Näherungswert für Stähle ist $\beta_{max} = 1{,}8$ bis 2,0. Dieser Wert muss und kann auch für unlegierte und mittellegierte Kohlenstoffstähle eingehalten werden, wenn sie gut weichgeglüht sind. Das heißt, sie weisen mindestens eine 95%ige Zementit- bzw. Carbideinformung auf.

Tiefziehen

3.2.4 Tiefziehen mit Flansch

Beim Tiefziehen mit Flansch lässt sich die Flanschbreite abhängig vom Ziehverhältnis β mit der Beziehung

$$d_F \approx \beta \cdot d_1 - 1{,}5 \cdot h = d_0 - 1{,}5 \cdot h \qquad (4)$$

näherungsweise berechnen.

d_1 [mm]	β [–]	φ_1 [–]	h_{max} [mm]	h = 6 mm $(d_F - d_1)/2$ [mm]	h = 10 mm $(d_F - d_1)/2$ [mm]	h = 16 mm $(d_F - d_1)/2$ [mm]
45	2,2	0,788	38	23	20	15
50	2,0	0,693	35	20	17	13
55	1,8	0,588	31	18	15	10
62	1,6	0,470	26	14	11	–
71	1,4	0,336	20	10	–	–
81	1,2	0,182	13	–	–	–

Tabelle 3.1
Hilfswerte zur Berechnung von geometrischen und umformtechnischen Größen, gültig für St 14, S_0 = 2 mm, d_0 = 100 mm.
h = Napfhöhe
d_1 = Napfinnendurchmesser
φ_1 = Umformgrad
β = Ziehverhältnis
h_{max} = maximale Napfhöhe
d_F = Flanschdurchmesser
$(d_F - d_1)/2$ = Flanschbreite

Benötigter Rondendurchmesser

Der benötigte Rondendurchmesser ist bei rotationssymetrischen Teilen von der Form des Ziehteils abhängig. Für ein Ziehteil mit Flansch berechnet er sich folgendermaßen:

$$d_0 = \sqrt{d_F^2 + 4 \cdot d_1 \cdot h} \qquad (5)$$

3.2.5 Ziehring- und Ziehstempelradien

Die Ziehring- und Ziehstempelradien (**Bild 3.9**) werden in keiner der Ziehkraftformeln berücksichtigt, da sie auf F_Z bzw. $F_{Z_{max}}$ offensichtlich nur einen geringen Einfluss haben. Der Ziehringradius r_R beeinflusst jedoch die Ziehteilgeometrie.

Beispiel Verfahrenskombination Tiefziehen und Feinschneiden

Es sollten folgende Werte eingehalten werden:

$$r_R = (5 \text{ bis } 10) \cdot s_0 \tag{6}$$

Der Ziehstempelradius r_{St} beeinflusst die Ziehteilgeometrie nicht. Er muss jedoch mindestens gleich dem Ziehringradius, besser sogar größer als dieser, gewählt werden, damit ein Scherschneiden vermieden wird.

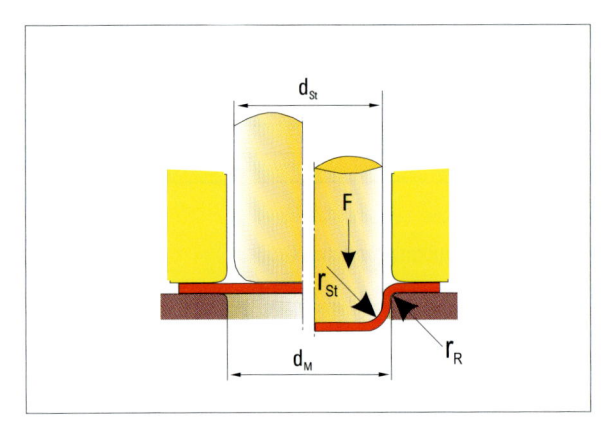

$$r_{St} \geq r_R$$

Bild 3.9

r_R = Ziehringradius
r_{St} = Ziehstempelradius
d_{St} = Ziehstempeldurchmesser
d_M = Ziehmatrizendurchmesser
F = Ziehkraft

Beispiel Verfahrenskombination Tiefziehen und Feinschneiden

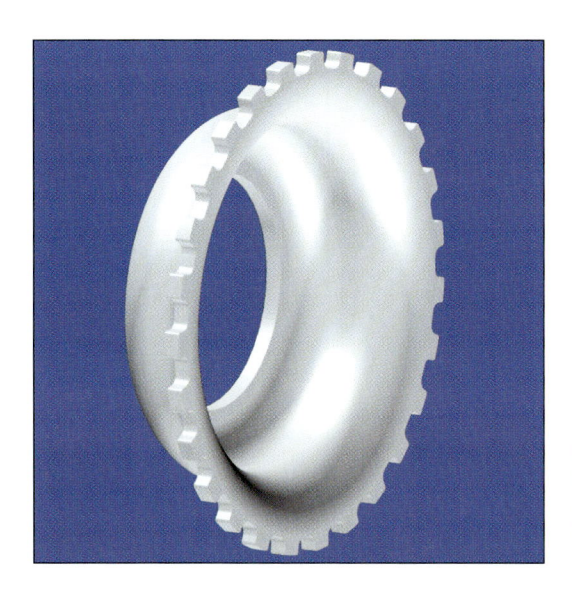

Bild 3.10a
Eine gezogene und feingeschnittene Zählscheibe aus dem Werkstoff DD14, 3 mm dick.
[Feintool AG Lyss]

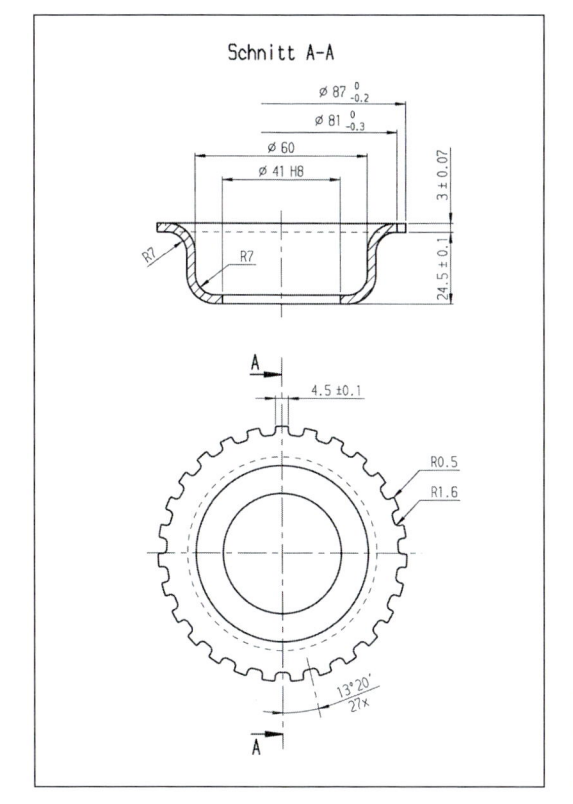

Bild 3.10b
Maße und Toleranzen für das Umform-Feinschneidteil Zählscheibe.
[Feintool AG Lyss]

Beispiel Verfahrenskombination Tiefziehen und Feinschneiden

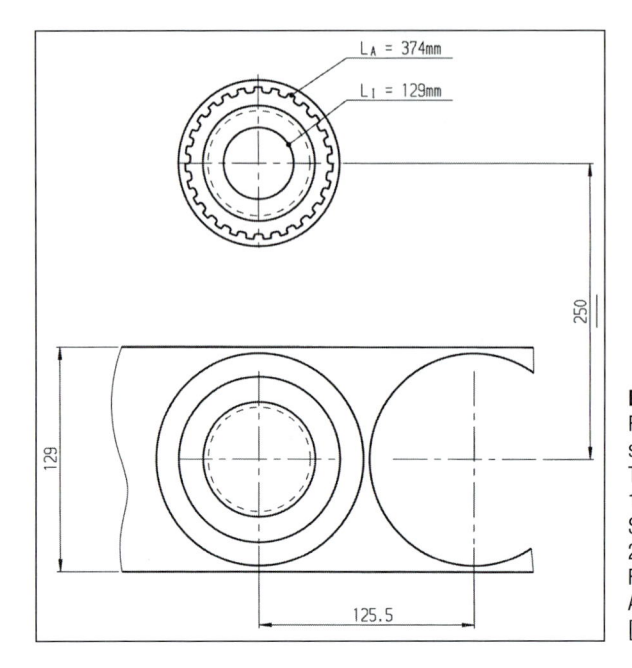

Bild 3.11
Fertigungsablauf der Zählscheibe in einem zweistufigen Transfer-Feinschneidwerkzeug.
1. Stufe:
Schnitt und Zug der Ronde
2. Stufe:
Feinschneiden der Innen- und Außenkontur
[Feintool AG Lyss]

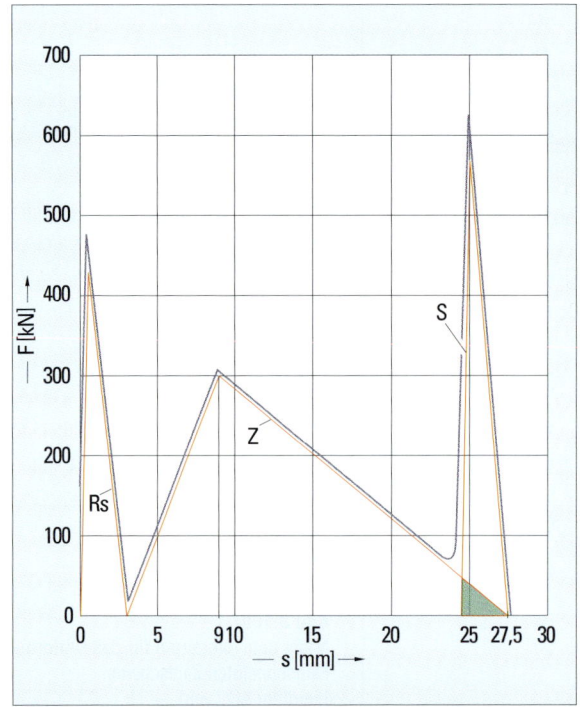

Bild 3.12
Kraft-Stößelweg-Verlauf beim Ziehen und Feinschneiden der Zählscheibe.
R_S = Rondenschneiden
Z = Topfziehen
S = Innen- und Außenschneiden
[Feintool AG Lyss]

Beispiel Verfahrenskombination Tiefziehen und Feinschneiden 105

Berechnungen:
Werkstoffangaben:
Stahlsorte: DD14; Warmband gebeizt
Zugfestigkeit R_m = 320 bis 420 N/mm²
Halbzeug: 129 +1,0 x 3,00 ± 0,07 mm, Ringe
Vorschub: 125,5 mm

Bestimmung des Rondendurchmessers nach Abschnitt 3.2.4:

d_0	=	$\sqrt{d_F^2 + 4 \cdot d_1 \cdot h}$
d_0	=	Ausgangsdurchmesser der Ronde
d_F	=	Flanschdurchmesser (Teildurchmesser 87 mm + Zugabe 4 mm pro Seite)
d_1	=	Ziehstempeldurchmesser
h	=	Ziehhöhe
d_0	=	$\sqrt{95^2 + 4 \cdot 60 \cdot 24,5} = 122\,\text{mm}$
Bandbreite	=	d_0 + Zugabe pro Seite 3,5 mm = 129 mm
f_1	=	Faktor
Flanschdurchmesser	=	Zahnkopfdurchmesser + Zugabe 4 mm pro Seite (87 + 8 = 95 mm)

Kräfteberechnung für:
- Schnitt-Zug (1. Werkzeugstufe)
- Ausschneiden (2. Werkzeugstufe)

Bestimmung der Schneidkraft für das Rondenschneiden nach Absatz 4.2.2, Gleichung (1)

$F_{SR} = d_0 \cdot \pi \cdot s \cdot R_m \cdot f$
$F_{SR} = 122 \cdot \pi \cdot 3 \cdot 420 \cdot 0,9 = 434633\,\text{N} = 435\,\text{kN}\,(\cong 43\,\text{to})$

Bestimmung des Ziehverhältnisses nach Abschnitt 3.2.3, Gleichung

$$\beta = \frac{d_0}{d_1} = \frac{122}{60} = 2,03$$

Es gilt $\beta_{max} \cong 2,0$ für den Erstzug, daher kann die Geometrie im Erstzug hergestellt werden.

Ermittlung der Ziehkraft nach Abschnitt 3.2.2, Gleichung (5)

$$F_{Z_{max}} = \pi \cdot (d_1 + s_0) \cdot s_0 \cdot R_m \cdot 1,2 \cdot \frac{\beta - 1}{\beta_{max} - 1}$$

$$F_{Z_{max}} = \pi \cdot (60 + 3) \cdot 3 \cdot 420 \cdot 1,2 \cdot \frac{2-1}{2-1} = 299255 \text{ N} = 299 \text{ kN} \quad (\cong 30 \text{ to})$$

Topf innen und außen feinschneiden (2. Werkzeugstufe) nach Abschnitt 4.2.2, Gleichung (1).

F_S = $(L_I + L_A) \cdot s \cdot R_m \cdot f_1$
L_I = Schnittlänge innen
L_A = Schnittlänge außen
F_S = $(129 + 374) \cdot 3 \cdot 420 \cdot 0,9 = 570402$ N $= 570$ kN ($\cong 57$ to)

Literatur zu Abschnitt 3.2
[1]   Lange, K. (Hrsg.):
       Umformtechnik - Handbuch für Industrie und Wissenschaft
       2. Auflage Band 2, Massivumformung.
       Berlin: Springer-Verlag (1988)
[2]   Oehler, G. (Hrsg.), Kaiser:
       Schnitt-, Stanz und Ziehwerkzeuge, 6. Aufl., Berlin,
       Heidelberg, New York: Springer-Verlag (1973)
[3]   Siebel, E.; Beisswänger, H:
       Tiefziehen, München: Hanser-Verlag (1955)

107

3.3 Kragenziehen

Die Kragenherstellung reicht von Verfahren ohne und mit Blechdicken-Abstreckung bis hin zum Kragenformen mit komplizierter Werkstoffaufstauchung.

Teilebeispiele Kragenziehen und Feinschneiden
1 Kupplungskörper/PKW-Schaltgetriebe, Bandstahl nach DIN EN 10139-2 16MnCr5, Banddicke 4,5 mm, Folgeverbundwerkzeug
2 Zahnkranz/Sitzversteller, Bandstahl nach DIN EN 10149-2 S460MC, Banddicke 4 mm, Folgeverbundwerkzeug zweifach
3 Schaltgabel/Schaltgetriebe, Bandstahl nach DIN EN 10132-3 C35E, Banddicke 6 mm, Folgeverbundwerkzeug
4 Anschlussflansch/Auspuffsystem, Bandstahl nach DIN EN 10149-2 S315MC, Banddicke 7,66 mm, Folgeverbundwerkzeug
5 Wählhebel/Automatikgetriebe, Bandstahl nach DIN EN 10139 DC04, Banddicke 3 mm, Folgeverbundwerkzeug
6 Hebel/Schlossteil, Bandstahl nach DIN EN 10132-2 C15E, Banddicke 6 mm, Folgeverbundwerkzeug

Kragenziehen

3.3.1 Definition, Allgemeines

Das Kragenziehen ist in Anlehnung an DIN 8584, Blatt 5, ein Zugdruckumformen mit Stempel und Ziehring zum Aufstellen von geschlossenen Rändern (Borden, Kragen) an vorgeschnittenen, meist kreisförmigen Öffnungen. Der Vorgang erfolgt in zwei Stufenentweder an einem ebenen oder gewölbten Blech mit oder ohne Niederhalter (**Bild 3.13**): Vorlochen und Kragenziehen oder bei hohen und dickwandigen Kragen in mehreren Stufen.

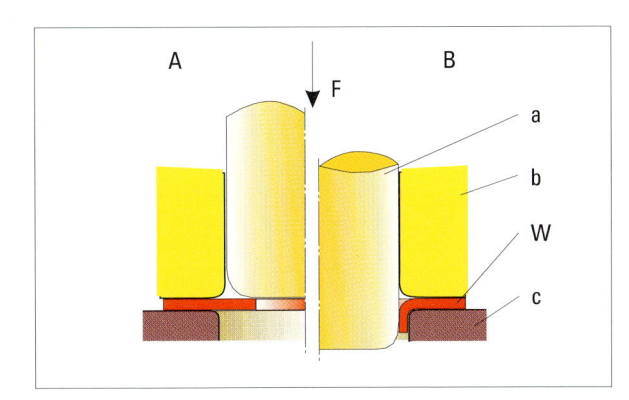

Bild 3.13
Ziehen eines Kragens an einem ebenen Blech mit Niederhalter.
A = Ausgangsform des Werkstücks
B = Endform des Werkstücks
a = Ziehstempel
b = Niederhalter
c = Ziehmatrize
W = Werkstück
F = Ziehkraft

3.3.2 Werkzeuggeometrie und Kragenausbildung

Je nach gewünschter Geometrie und Qualität kann mit einem engem oder weitem Ziehspalt gearbeitet werden. Dabei können verschiedene Ziehstempelkopfgeometrien verwendet werden. Verschiedene Ziehstempelkopfformen führen zu unterschiedlichen Kräften und Ergebnissen.

Üblicherweise taucht der Stempel mit dem zylindrischen Teil mehr ein als die Kragenhöhe h_K. Es gilt für weite Kragen mit engem Ziehspalt näherungsweise $(d_M - d_{St})/h_k \approx (d_M - d_0)/2$. Für enge Kragen ergibt sich aus der Volumenkonstanz die theoretische Kragenhöhe $h_{th} = S_0 \cdot (d_M^2 - d_0^2)/(d_M^2 - d_{St}^2)$. Die tatsächliche Höhe ist um einen Faktor c zwischen 1 und 1,6 größer. Für weiche Werkstoffe gelten die größeren Werte. Wichtigstes Maß für die erzielbare Kragengeometrie ist das Aufweitverhältnis $W = d_{St}/d_0$, worin $d_{St} \approx d_i$ ist (**Bild 3.14**). Dieses hängt vom Blechwerkstoff, seinem Zustand, der Vorlochqualität – gebohrt, geschnitten bzw. geschnitten und entgratet und von der relativen Blechdicke d_0/s_0 ab. In jedem Fall sollte der Grat des Vorloches auf der Krageninnenseite liegen. Je geringer die benötigte Kragenhöhe und damit das Aufweitverhältnis ist, desto unkritischer ist das Ziehen einwandfreier Kragen ohne Anrisse (**Bild 3.15**).

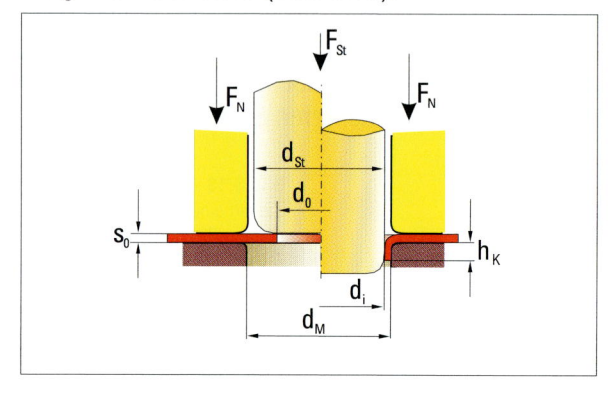

Bild 3.14
Geometrische Verhältnisse beim Ziehen enger Kragen.
d_0 = Lochdurchmesser der gelochten Platine
d_i = Innendurchmesser des Kragens
d_{St} = Stempeldurchmesser
d_M = Matrizendurchmesser
h_K = Kragenhöhe
s_0 = Ausgangsblechdicke
F_{St} = Ziehstempelkraft
F_N = Niederhalterkraft
W = Aufweitverhältnis
h_{th} = theoretische Kragenhöhe

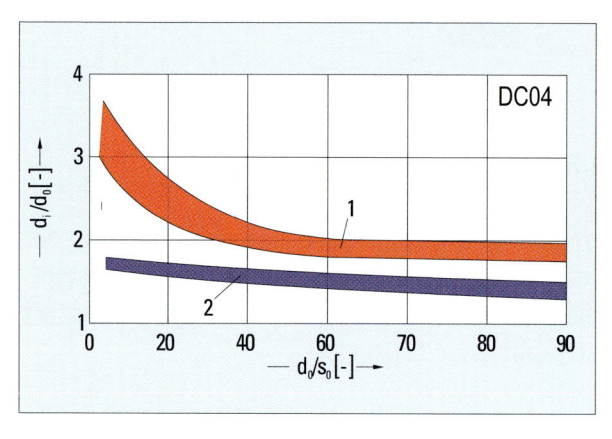

Bild 3.15
Erreichbares Aufweitverhältnis für enge Kragen.
d_i/d_0 = Aufweitverhältnis
d_0/s_0 = bezogener Vorlochdurchmesser
1 = Vorloch gebohrt
2 = Vorloch gestanzt
DC04 = Werkstück-Werkstoff nach DIN
Schmierstoff = Maschinenöl
s_0 = Ausgangsblechdicke
d_0 = Lochdurchmesser der gelochten Platine
d_i = Innendurchmesser des Kragens

3.3.3 Kraftbestimmung Ziehen von Kragen ohne Abstrecken

Die für das Kragenziehen erforderlichen Stempelkräfte F_{St} sind gering. Sie setzen sich aus einem mit d_i / d_0 zunehmenden Aufweitanteil F_a und einem davon unabhängigen Biegeanteil F_b zusammen. Aus **Bild 3.16** lassen sich Daten für DC04 entnehmen.

$$F_{St} = F_a + F_b \tag{1}$$

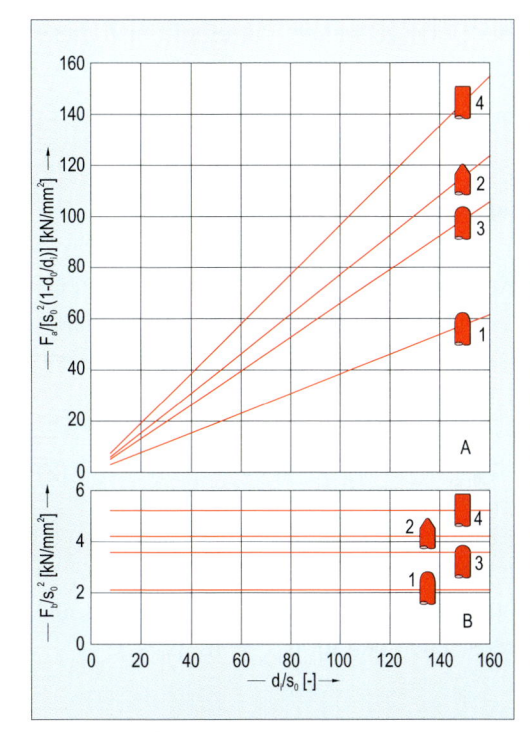

Kragenziehen

Bild 3.16
Bezogene Aufweitkraft und Biegekraft beim Kragenziehen mit engem Ziehspalt.
A = Aufweitanteil
B = Biegeanteil
1 = Stempelkopf mit Traktrixgeometrie
2 = kegeliger Kopf
3 = halbrunder Stempelkopf
4 = Flachstempel mit kleinem Radius
d_i/d_0 = bezogenes Aufweitverhältnis
F_b/s_0^2 = bezogene maximale Biegekraft
$F_a/[s_0^2 \cdot (1 - d_0/d_i)]$ = bezogene maximale Aufweitkraft
F_a = Aufweitkraft
F_b = Biegekraft
u_z = s_0
u_z = Ziehspalt
s_0 = Ausgangsblechdicke
d_0 = Lochdurchmesser der Platine
d_i = Innendurchmesser des Kragens
DC04 = Werkstück-Werkstoff nach DIN
Schmierstoff = Maschinenöl
$(d_M - d_{St}) \approx s_0/2$ = enger Ziehspalt
d_M = Durchmesser Ziehmatrize
d_{St} = Durchmesser Ziehstempel

Beispiel:

s_0 = 2 mm
d_i = 30 mm
d_0 = 15 mm
d_i/d_0 = 2
d_i/S_0 = 15
R_{mDC04} = Zugfestigkeit für DC04
R_{mx} = Zugfestigkeit für Stahl x

Stempelform 3

$$F_a / \left[s_0^2 \cdot (1 - d_0/d_i)\right] = 13 \text{ kN} / \text{mm}^2 \quad \text{aus Bild 3.16A}$$

$$F_b / s_0^2 = 3{,}7 \text{ kN} / \text{mm}^2 \quad \text{aus Bild 3.16B}$$

Mit F_a = 26 kN und F_b = 14,8 kN
Daraus ergibt sich: $F_{St} = F_a + F_b$ = 41 kN

Wird ein höherfester Werkstoff X als DC04 verwendet, so erhöht sich diese Kraft um den Faktor

R_{mX} / R_{mDC04}.

3.3.4 Kraftbestimmung Ziehen von Kragen mit Abstrecken

Höhere Kragen lassen sich durch Kombinationen mit Abstreckgleitziehen erreichen. Es gilt dann $(d_M - d_i) / 2 < s_0$. Der Kraft für das Kragenziehen überlagert sich dabei die Kraft F_A für die Wanddickenverminderung $s_0 - s_1$. Diese lässt sich überschlägig ermitteln:

$$F_A = d_i \cdot \pi \cdot \left(h_{th} \cdot \frac{s_0}{s_1} + s_0 \right) \cdot 0{,}75 \cdot k_{fl} \qquad (2)$$

worin k_{fl} aus der Fließkurve für den jeweiligen Werkstoff für $\varphi_1 = \ln(s_0/s_1)$ zu ermitteln ist. d_1 ist der Innendurchmesser des abgestreckten Flansches, die Höhe des Kragens nach dem Abstreckziehen beträgt $h_{th_{ab}} = h_{th} \cdot (s_0/s_1)$.

Beispiel:
Für die Daten des vorhergehenden Beispieles ohne Abstreckziehen ergäbe sich eine Kragenhöhe von
$h_{th} = s_0 \cdot (d_M^2 - d_o^2) / (d_M^2 - d_{St}^2)$,
wobei $d_M = d_{St} + 2 \cdot s_0$ und $d_{St} = d_i$ ist.
Mithin wird $h_{th} = 2 \cdot (34^2 - 15^2) / (34^2 - 30^2) \geq 7{,}3$ mm, ohne Abstrecken berechnet
Bei $s_1 = 0{,}7 \cdot s_0$ ist das Abstreckmaß
$h_{th_{ab}} = h_{th} \cdot (s_0 / s_1) = 7{,}3 \cdot 1{,}43 = 10{,}4$ mm, mit Abstrecken.
Der Umformgrad $\varphi_1 = \ln(s_0 / s_1)$ ergibt sich zu
$\varphi = \ln 1{,}328 = 0{,}357$.

Für diesen Wert wird aus der Fließkurve für DC04 $k_{fl} = 390$ N/mm² gefunden (Abschnitt 2.1.3, **Bild 2.27**).
Damit ergibt sich die Abstreckkraft zu

$F_A = 30 \cdot \pi \, (10{,}5 + 2) \cdot 0{,}75 \cdot 390 = 344{,}6$ kN.

Kragenziehen 113

Diese Kraft hat an der Gesamtkraft $F_{ges} = F_A + F_{St}$ einen dominierenden Anteil. Für das Kragenziehen mit Abstrecken kann daher auf die Berechnung des Kraftanteils F_{St} nach Gl. (1) meistens verzichtet werden.

3.3.5 Kragenziehen mit Niederhalter

Die anfallenden Niederhalterkräfte F_N sind sehr gering. Sie berechnen sich aus dem Niederhalterdruck p_N, der wie beim Tiefziehen nur wenige N/mm^2 beträgt, und der Niederhalterfläche A_N.

Das Kragenziehen lässt sich in Verbindung mit dem Feinschneiden dann vorteilhaft einsetzen, wenn z.B. ein Befestigungs- oder Verbindungskragen an einem Werkstück mit großem Restflansch erzeugt werden soll, der ggf. durch Lochen, Biegen, Randhochstellen o.ä. weiter bearbeitet wird. Auch können z.B. mehrere kleinere Kragen im Zentrum eines Teils mit großem Restflansch zur Versteifung gegen das Verbiegen oder Verwinden dienen. In Folgewerkzeugen lässt sich das Kragenziehen mit Verbundwerkzeug-Einsätzen für das Lochen und Umformen in einem Hub durchführen (**Bild 3.17**).

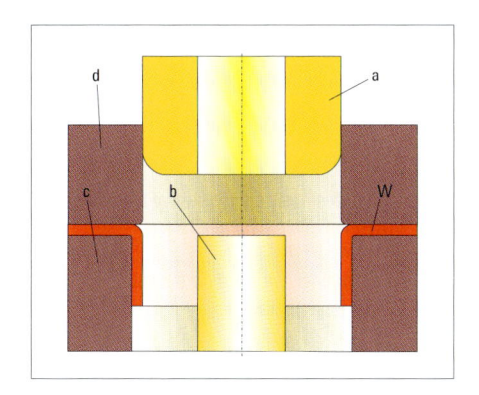

Bild 3.17
Verbundwerkzeug für das Lochen und Kragenziehen.
a = Biegestempel
b = Lochstempel
c = Biegering
d = Niederhalter
W = Werkstück

3.3.6 Kragenziehen mit Gegenhalter

Größere Grenzaufweitverhältnisse lassen sich mit den in **Bild 3.18** dargestellten Gegenhaltern erzielen. Diese erzeugen einen zusätzlichen Druckspannungsanteil in der Umformzone, der sich positiv auf das Formänderungsvermögen auswirkt. Versuche mit einem in Blechdickenrichtung wirkenden Gegenhalter ergaben z.T. deutlich höhere Aufweitverhältnisse als beim konventionellen Kragenziehen. Das Kragenziehen mit Gegenhalter führt bei geschnittenem Vorloch zu ähnlichen Aufweitverhältnissen, wie sie sonst mit gebohrten oder geschnittenen und entgrateten Vorlöchern erreicht werden (**Bild 3.19**).

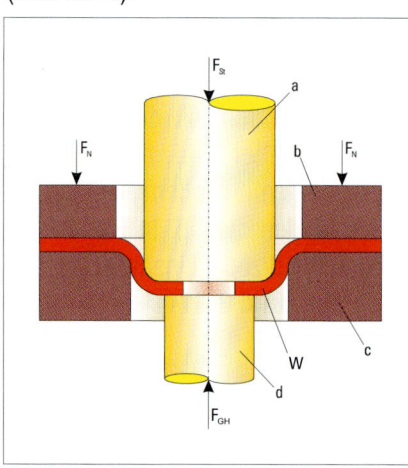

Bild 3.18
Kragenziehen mit einem Gegenhalter.
A = Kragenziehen mit zylindrischem Gegenhalter
a = Ziehstempel
b = Niederhalter
c = Ziehmatrize
d = zylindrischer Gegenhalter
W = Werkstück
F_{St} = Ziehstempelkraft
F_N = Niederhalterkraft
F_{GH} = Gegenhalterkraft

Bild 3.19
Verbesserung des erreichbaren Aufweitverhältnisses durch Anwenden eines Gegenhalters.
d_i/d_0 = Aufweitverhältnis
d_0/s_0 = bezogener Vorlochdurchmesser
1 = mit Gegenhalter
2 = ohne Gegenhalter
s_0 = Ausgangsblechdicke
d_0 = Lochdurchmesser der gelochten Platine
d_i = Innendurchmesser des Kragens
DC04 = Werkstoff nach EN 10130
Vorlochherstellung: Lochen
Stempelform eben; $p = 5$ mm
a = rissfreie Proben
b = gerissene Proben

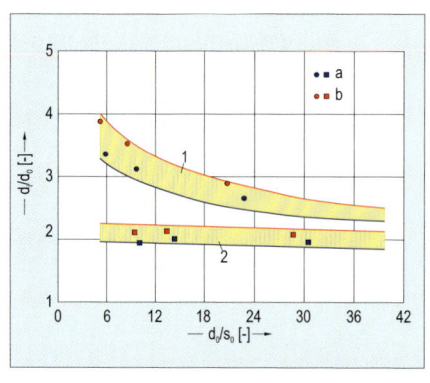

Kragenziehen

3.3.7 Kragenziehen mit Werkstoffaufstauchungen

Hohe und dicke Kragen können mit den besprochenen Verfahren nicht erreicht werden. Hier sind Werkzeugsysteme erforderlich, die eine örtliche Werkstoffaufstauchung ermöglichen. Außerdem werden mehrstufige Werkzeuge benötigt, mit denen solche Kragen hergestellt werden. Die benötigten Kräfte zum Kaltaufstauchen und Formen dieser Kragen sind wesentlich höher als beim Kragenziehen ohne und mit Abstrecken. Oftmals lassen sich diese Kräfte nur im Versuch und in einer begleitenden Simulation des Prozesses annähernd ermitteln.

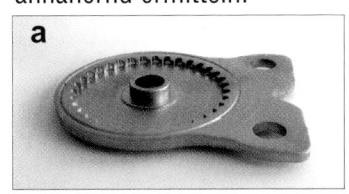

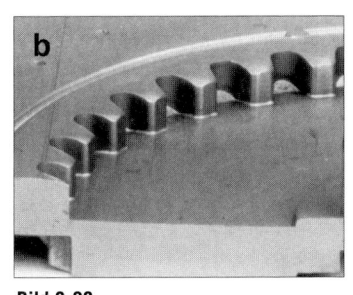

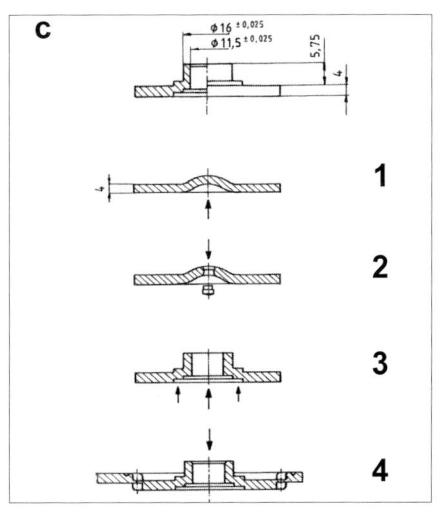

Bild 3.20
Sitzversteller, Führungsnabe mit extremer Materialformung (a), Schnittbild (b), Arbeitsfolge der Fließformung für den Kragen (c).

In **Bild 3.20** ist ein Beispiel für eine solche massive Verformung gegeben. Bei diesem Teil reicht das Materialvolumen im Zentrum des Teils nicht mehr aus, um die Nabe konventionell zu erzeugen. Es muss Material von außen nachgeführt werden, sodass ein Abstrecken aus der Materialdicke heraus erforderlich wird. Die prinzipielle Arbeitsfolge ist dem **Teilbild 3.20c** zu entnehmen.

Literatur zu Abschnitt 3.3
[1] Lange, K. (Hrsg.): Umformtechnik - Handbuch für Industrie und Wissenschaft 2. Auflage Band 2, Massivumformung. Berlin: Springer-Verlag (1988)
[2] Oehler, G. (Hrsg.), Kaiser:
Schnitt-, Stanz und Ziehwerkzeuge, 6. Aufl., Berlin, Heidelberg, New York: Springer-Verlag (1973)
[3] König, W.; Klocke, F.:
Fertigungsverfahren, Band 5 Blechbearbeitung. Düsseldorf: VDI-Verlag, 1995

3.4 Biegen, Abbiegen

Durch die Kombination der Verfahren Biegen und Feinschneiden entstehen präzise, einbaufertige Teile mit großer Wertschöpfung.

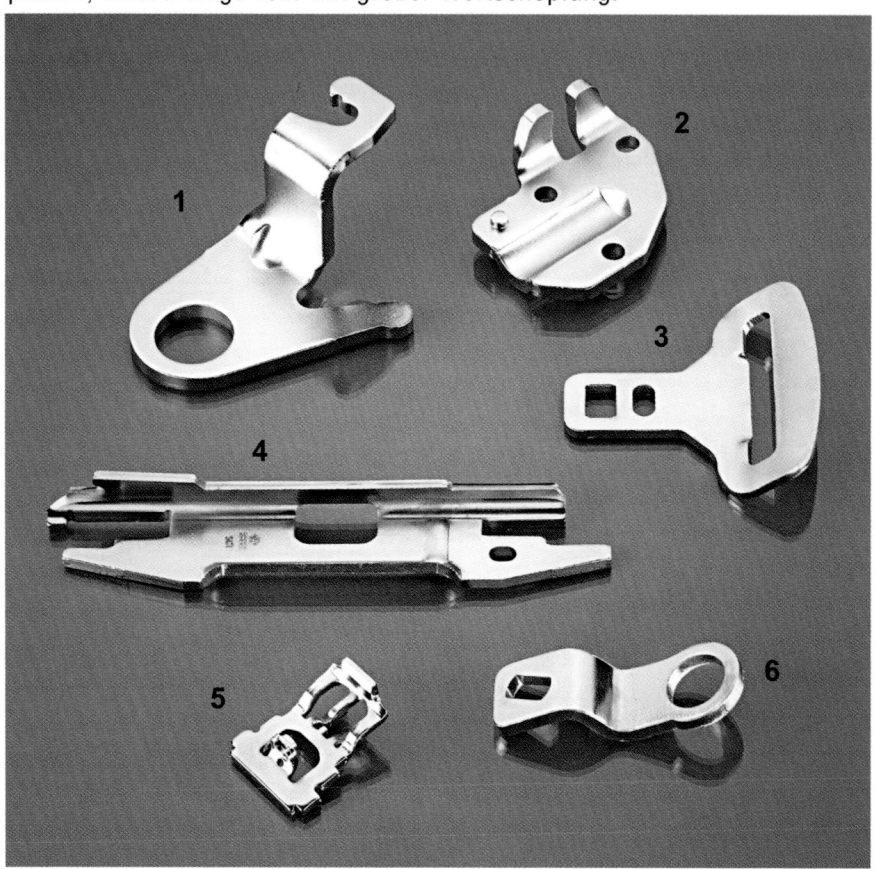

Teilebeispiele Biegen, Abbiegen und Feinschneiden
1 Ausrückhebel/Kupplung, Bandstahl nach DIN EN 10111 DD12, Banddicke 5 mm, Folgeverbundwerkzeug
2 Führungsplatte/Automatikgetriebe, Bandstahl nach DIN EN 10131-2 16MnCr5, Banddicke 5 mm, Folgeverbundwerkzeug
3 Verschlusszunge/Sicherheitsgurtschloss, Bandstahl nach DIN EN 10131-3 C60E, Banddicke 2,9 mm, Folgeverbundwerkzeug
4 Druckstange/Hinterradbremse, Bandstahl nach DIN EN 10149-2 S460MC, Banddicke 3,5 mm Folgeverbundwerkzeug
5 Riegel/Sicherheitsgurt, Bandstahl nach DIN EN 10131-3 42CrMO4, Banddicke 2,5 mm Folgeverbundwerkzeug
6 Getriebehebel/Getriebe, Bandstahl nach DIN EN 10025 S235-2 JR, Banddicke 4 mm, Komplettschnittwerkzeug

Biegen, Abbiegen 117

3.4.1 Definitionen, Allgemeines

Biegen ist in Anlehnung an DIN 8586, Biegeumformen, aus der Gruppe der Verfahren mit geradliniger Werkzeugbewegung, das in Verbindung mit dem Feinschneiden durchführbare Abbiegen als freies Biegen und Gesenkbiegen (**Bild 3.21**). Freies Biegen bedeutet Biegen mit freier Ausbildung der Werkstückform (**Bild 3.21A**), Gesenkbiegen dagegen bedeutet Biegen zwischen Stempel und Biegegesenk (Matrize) bis zur Anlage des Werkstücks an das Gesenk. Danach folgt ein Nachdrücken mit steil ansteigender Spannung bzw. Kraft (**Bild 3.21B**) zum Ausformen des Werkstücks.

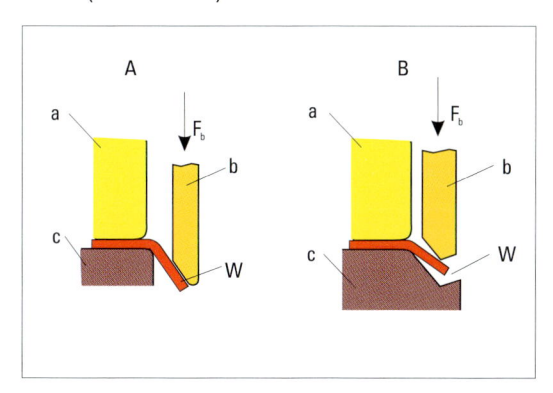

Bild 3.21 A+B
Freies Biegen und Biegen im Gesenk.
A = freies Biegen
B = Biegen im Gesenk
a = Niederhalter
b = Biegestempel
c = Werkstückauflage bzw. Biegegesenk
W = Werkstück
F_b = Biegekraft

3.4.2 Biegegeometrie, Werkstoffdehnungen und -stauchungen

Laut Definition in DIN 8586 ist Biegeumformen Umformen eines festen Körpers, wobei der plastische Zustand im Wesentlichen durch eine Biegebeanspruchung herbeigeführt wird. Diese ist dadurch gekennzeichnet, dass sich beim Biegen der Dehnungs- und Spannungszustand von der Außenfaser mit der Streckung und Zugspannung zur Innenfaser mit Stauchung und Druckspannung ändert. Je nach Biegewinkel verbleibt um die mittlere Faser ein mit zunehmend scharfkantiger Biegung abnehmender, nicht plastifizierter, elastischer Bereich, der auch bei 180°- Biegen mit $r_m = 0{,}5 \cdot s_0$ nicht null wird (**Bild 3.22**). Daraus folgen elastische Rückfederungen nach dem Biegen mit Abweichungen des tatsächlichen Biegewinkels vom vorgegebenen Biegewinkel. Diese müssen durch entsprechende Korrekturen des tatsächlichen Biegewinkels kompensiert werden (Überbiegen).

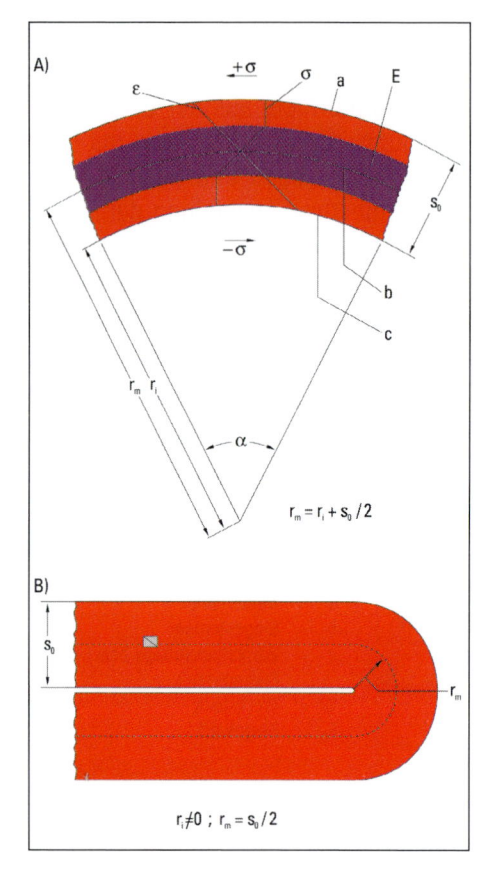

Bild 3.22
Dehnungen, Spannungen und geometrische Größen beim Biegen sowie scharfkantiges, 180°-Biegen.

A = geometrische Größen
B = scharfkantiges Biegen
ε = Dehnung
σ = Spannung
a = Außenfaser
b = mittlere Faser
c = Innenfaser
E = elastischer Bereich
α = Biegewinkel
s_0 = Ausgangsblechdicke
r_m = Biegeradius der neutralen Faser
r_i = Innenradius der Biegung

3.4.3 Rückfederung und Kompensation der Rückfederung durch Überbiegen

Das Maß des Überbiegens richtet sich einerseits nach der Scharfkantigkeit des Biegens, gekennzeichnet durch den auf die Blechdicke bezogenen Biegeradius r_i/s_0 (siehe **Bild 3.22**), und andererseits nach der Höhe der Streckgrenze bzw. Proportionalitätsgrenze R_p des Werkstoffs. Nach **Bild 3.23** wird hierzu das Rückfederungsverhältnis k als Quotient aus dem gewollten Biegewinkel α_R (nach dem Rückfedern bzw. nach der Entlastung) und dem tatsächlichen Biegewinkel α gebildet. Dieser muss dann durch Überbiegen realisiert werden:

Biegen, Abbiegen

$$k = \alpha_R / \alpha \text{ und } \alpha = \alpha_R / k. \tag{1}$$

Der Überbiegewinkel selbst ist die Differenz

$$\alpha - \alpha_R$$

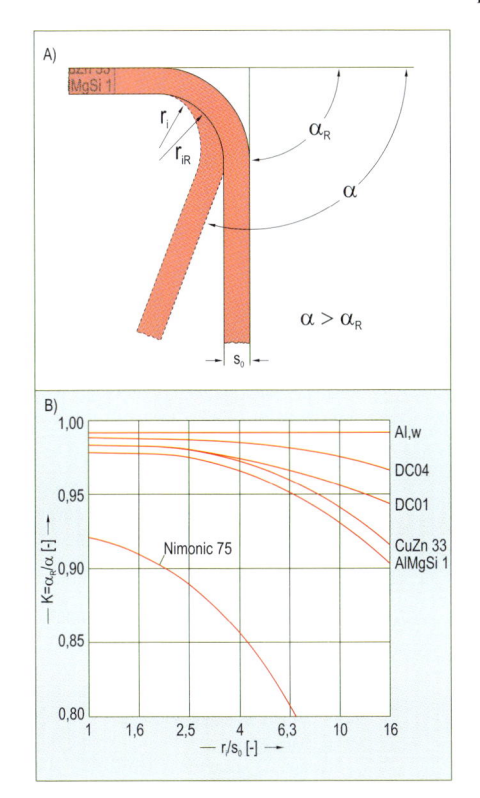

Bild 3.23
Rückfederung beim Biegen sowie Größen am Biegebogen bei Be-/Entlastung und Rückfederungsverhältnis.
A = Rückfederung
B = Rückfederungsverhältnisse
α_R/α = k
k = Rückfederungsverhältnis
α = Biegewinkel
α_R = Rückfederungswinkel
r_i/s_0 = Bezogener Biegeradius
r_i = Radius nach dem Biegen
r_{iR} = Radius nach der Rückfederung
s_0 = Ausgangsblechdicke

Beispiel: Ein Feinschneid-Biegeteil aus Bandstahl DC04 LC mit dem bezogenen Biegeradius r_i/s_0 von 2,5 soll mit α_R = 90° gebogen werden. Es ergibt sich mit k von 0,983 ein Biegewinkel α von 91,55°. Damit 90° erreicht werden, muss also um 1,55° ($\alpha - \alpha_R$) überbogen werden. Alle Werte sind aus dem **Bild 3.23** entnommen. Für GKZ- und GKZ-EW geglühte, unlegierte und legierte Kohlenstoffstähle gelten ähnliche k-Faktoren wie für den Weichstahl DD1.

Wird weniger scharfkantig gebogen, z.B. mit Biegeradius r_i / s_0 = 10, so ergibt sich für DC04 LC: k = 0,977 und $\alpha - \alpha_R$ = 2,12°.

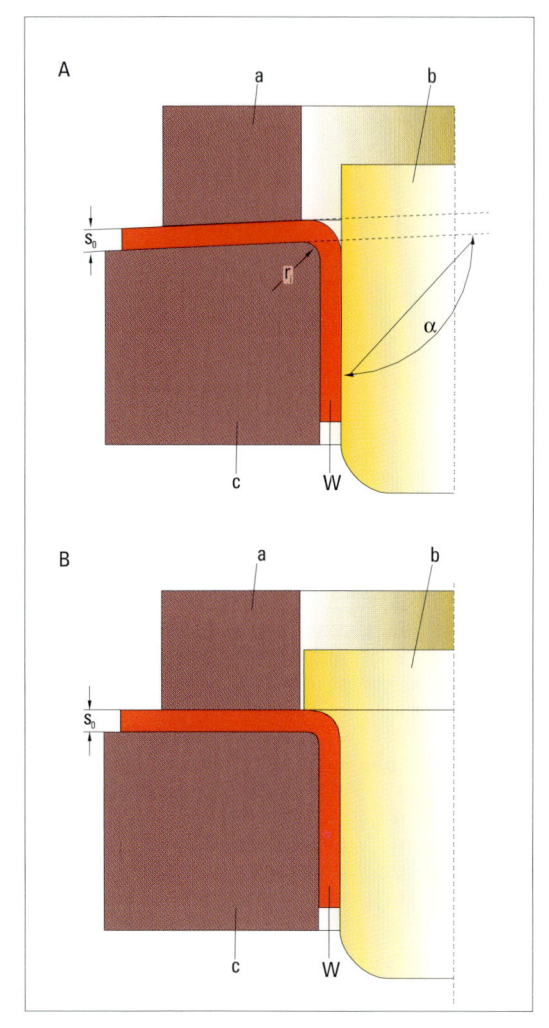

Bild 3.24
Das Erzeugen gewünschter Biegewinkel beim Abbiegen durch Überbiegen sowie durch Nachdrücken im Biegebogen.
A = Überbiegen mit abgeschrägter Werkstückauflage
B = Nachdrücken mit Formstempel
a = Niederhalter
b = Biege- bzw. Formstempel
c = Werkstückauflage
s_0 = Ausgangsblechdicke
W = Werkstück
α = Biegewinkel
r_i = Innenradius der Biegung nach A

Mit anderen Biegewinkeln α_R ändert sich die Rückfederung und damit der erforderliche Überbiegewinkel $\alpha - \alpha_R$ etwa linear.

Beim Abbiegen – frei oder im Gesenk – ist es nicht ohne Weiteres möglich, zu überbiegen, wenn ein Winkel α_R = 90° gefordert wird. Man könnte dann - im Einzelwerkzeug und nicht bei einer Stufe im Blechstreifen – die Werkstückauflage dem Korrekturwinkel entsprechend abschrägen (**Bild 3.24A**). Im Mehrstufenwerkzeug kann durch Gestaltung der Stempelgeometrie gemäß

Biegen, Abbiegen

Bild 3.24B jedoch die gedehnte Außenfaser durch ein Stauchen mit Abbau der Rückfederung überlagert werden; das erfordert einen erhöhten, nicht einfach berechenbaren Kraftaufwand. Schwieriger werden das Biegen und das Rückfederungsverhalten beim Biegen hoch- und höherfester Werkstoffe.

3.4.4 Kräfte beim Abbiegen

Für die Werkzeugauslegung und ggf. die Auswahl der Maschinengrößen müssen die benötigten Biegekräfte bekannt sein; hierfür genügt deren Maximalwert. Die Kenntnis des qualitativen Verlaufs über dem Biegevorgang ist jedoch nützlich. Für die Kraftberechnung bei beiden Biegeverfahren gelten folgende Beziehungen:

$$F_{St_{max}} = C \cdot R_m \cdot b \cdot s_0^2 / w \qquad (2)$$

Darin ist b die Biegestreifenbreite, s_0 die Blechdicke und w die Gesenkweite. Diese ist gleich dem Abstand zwischen Stempel und Matrize bzw. Gesenk; für die Maximalkraft ist $w = s_0$ einzusetzen.

C ist eine Korrekturgröße, die nach Oehler/Calvi gesetzt werden kann zu

$$C = 1 + 4 \cdot s_0 / w \qquad (3)$$

3.4.5 Verfahrensgrenzen

Werkstoffversagen und Verformungen
Die Verfahrensgrenzen beim Abbiegen sind nicht durch Kräfte sondern durch Werkstoffversagen und unzulässige Verformungen gegeben. In den gedehnten Außenfasern, insbesondere an deren Rändern, wird das Formänderungsvermögen durch Auftreten von Rissen begrenzt. Ein kritischer Wert ist dabei der kleinstzulässige Innenradius

$$r_{i_{min}} = \frac{s_0}{2} \cdot \left(\frac{1}{\varepsilon_{aB}} - 1 \right) \qquad (4)$$

Umformverfahren

Die Voraussetzung für das Biegen unlegierter und legierter Kohlenstoffstähle ist ein optimales Weichglühgefüge, das aus Ferritgrundmatrix und mindestens zu 95 % eingeformten Zementit und Karbiden besteht. Es gelten die Tabellenwerte der Stähle für die GKZ- und GKZ-EW Ausführung.

Die noch ohne Risse zulässige Dehnung der Randfasern ε_{aB} hängt stark vom Verhältnis b/S_0 ab und liegt zwischen 0,2 und 0,35. Der kleine Wert gilt für b/S_0 für ca. 10, der große für b/S_0 für 1.

Als Mindestrundungsfaktoren $c = r_{i\ min} / s_0$ werden von Oehler für Tiefziehblech und austenitische Bleche 0,5, für Stahlbleche 0,6 und für martensitisch-ferritische Bleche 0,8 genannt. Diese Werte gelten für das Biegen quer zur Walzrichtung des Blechstreifens. Beim Biegen parallel zur Walzrichtung müssen die Werte für $r_{i\ min}$ durchschnittlich um $0,5 \cdot s_0$ erhöht werden.

Werkstoffversagen bei Biegen mit Schnittgrat
Der beim Schneiden entstehende Grat mit sehr hoher Kristallverfestigung kann bevorzugt ein Ausgangspunkt von Anrissen sein. Er muss daher in den druckbeanspruchten Teil des Biegebogens gelegt oder vor dem Biegen entfernt werden. Auch ein Ausglühen zwischen Entspannungs- und Rekristallisationstemperatur ist nützlich, lässt sich aber nur bedingt in den Fertigungsfluss eingliedern. Werkstofftechnische Maßnahmen des Umschneidens mit wechselseitigem Grat sind gegebenenfalls erforderlich.

Werkstoffversagen durch Randverformungen
Die üblicherweise vernachlässigten, bei realen Biegevorgängen jedoch vorhandenen Spannungen parallel zur Biegeachse bewirken in den Stirnseiten des Biegeteils Randverformungen, die mit zunehmender Blechdicke s_0 deutlicher werden. Auf der Innenseite des Biegebogens vergrößert sich die Breite, auf der Außenseite verkleinert sie sich. Die dabei entstehenden Spitzen der Randverformungen lassen sich nur im geschlossenen Gesenk mit sehr hohen Nachdrückkräften einebnen.

3.4.6 Gestreckte Länge von Biegeteilen

Die während des Biegens wirksamen Zugspannungen in den Außenfasern verändern durch entsprechende plastische Verformungen die ursprüngliche

Biegen, Abbiegen

Länge l eines für das Biegen hergerichteten Blechstreifens. Diese Zuschnittslänge muss daher in Abhängigkeit von Biegeradius r_i und Blechdicke s_0 mit dem aus **Bild 3.25** zu entnehmenden Korrekturbeiwert ξ korrigiert werden. Die Zuschnittslänge eines V-förmigen Biegeteils ergibt sich dann zu

$$l = a_1 + \frac{\pi \cdot \alpha}{180°} \cdot \left(r_m + \frac{s_0}{2} \cdot \xi\right) + a_2 \qquad (5)$$

Hierin sind a_1 und a_2 die Längen der nicht umgeformten Biegeschenkel und α ist der Biegewinkel.

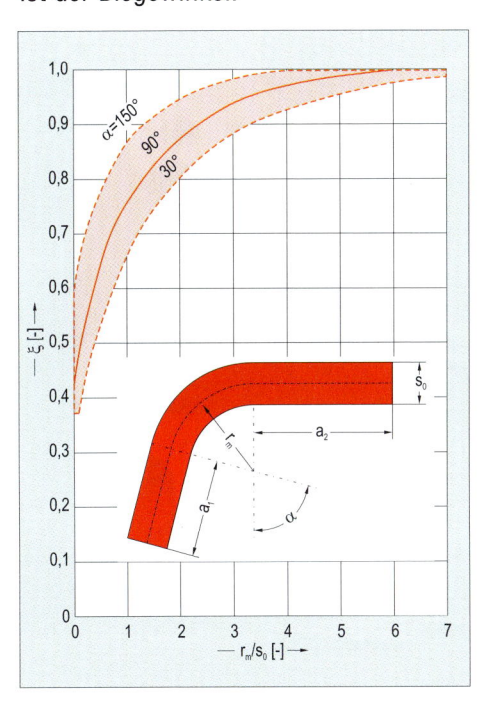

Bild 3.25
Korrekturbeiwert zur Berechnung der gestreckten Länge von Biegeteilen.
ξ = Korrekturbeiwert
r_m/s_0 = bezogener Biegeradius der neutralen Faser
r_m = Biegeradius der neutralen Faser
s_0 = Ausgangsblechdicke
α = Biegewinkel
a_1, a_2 = Biegeschenkellängen

Literatur zu Abschnitt 3.4
[1] Oehler, G. (Hrsg.), Kaiser:
Schnitt-, Stanz und Ziehwerkzeuge, 6. Aufl., Berlin, Heidelberg, New York: Springer-Verlag (1973)
[2] Lange, K. (Hrsg.):
Blechbearbeitung in Umformtechnik - Handbuch für Industrie und Wissenschaft,
Band 3, 2. Auflage, Springer, Berlin (1990)

Umformverfahren

3.5 Stauchen, Flachprägen

Abprägungen ersparen kostenintensive spanende Bearbeitungen und verbessern die Bauteilequalität. Beim Abprägen können je nach Geometrie und Umformgrad am Prägestempel örtlich sehr hohe Drücke auftreten, die zur Überlastung und dadurch zur Gewalt- oder Dauerbruch führen können.

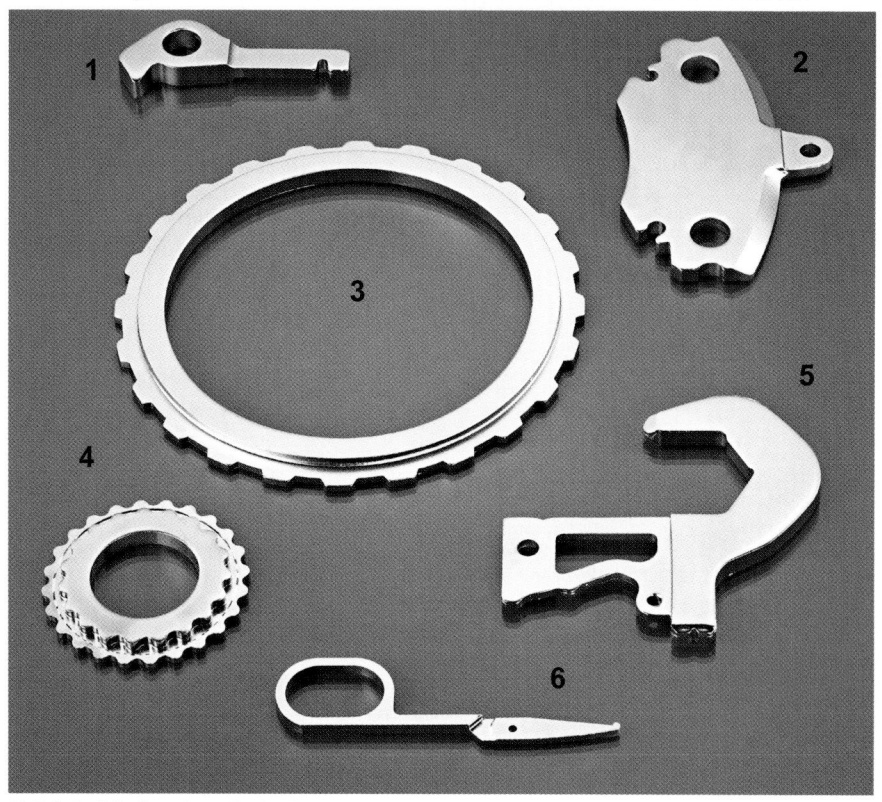

Teilebeispiele Stauchen, Flachprägen und Feinschneiden
1 Sperrklinke/Handbremse, Bandstahl nach DIN EN 20MnCr5, Banddicke 8 mm
   Folgeverbundwerkzeug
2 Belagträger/Bremssystem, Bandstahl nach DIN EN 10025 S275JR, Banddicke 5 mm,
   Folgeverbundwerkzeug
3 Außenlamelle/Automatikgetriebe, Bandstahl nach DIN EN 10139 DC04, Banddicke 6 mm,
   Folgeverbundwerkzeug
4 Intermediate driver/Sitzverstellung, Bandstahl nach AF NOR NF A 37-502 XC10, Banddicke 5 mm,
   Folgeverbundwerkzeug
5 Attache/Textilmaschine, Bandstahl nach AF NOR NF A 37-502 XC18, Banddicke 5,8 mm,
   Folgeverbundwerkzeug
6 Scherenglied/Schere, Bandstahl nach DIN EN 10132-3 C35E, Banddicke 3 mm
   Folgeverbundwerkzeug

Stauchen, Flachprägen

3.5.1 Definition, Allgemeines

Das Stauchen ist in Anlehnung an DIN 8583, Blatt 3, ein Druckumformen von Werkstücken zwischen zwei meist ebenen, parallelen Wirkflächen (Stauchbahnen) zur Verminderung einer Werkstückabmessung (Höhe). Dabei vergrößern sich aufgrund des Gesetzes der Volumenkonstanz (siehe Abschnitt 3.1) die anderen Abmessungen (Länge, Breite, Durchmesser) (**Bild 3.26**).

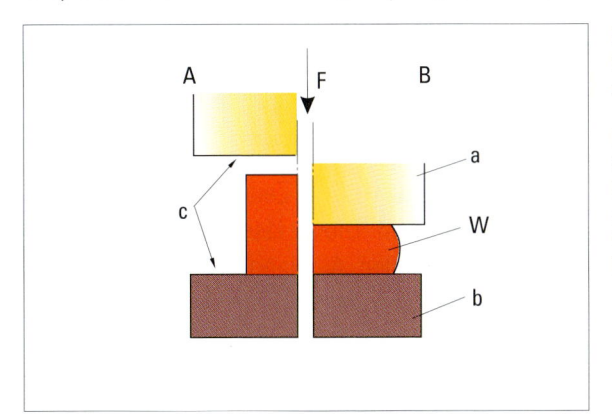

Bild 3.26
Prinzip des Stauchens.
A = Ausgangsform des Werkstücks
B = Endform des Werkstücks
a = Stempel
b = Stauchplatte
c = Stauchbahn
W = Werkstück
F = Kraft

In Verbindung mit dem Feinschneiden bieten sich für das Stauchen zahlreiche Anwendungsmöglichkeiten an, z. B. Das Abprägen eines ringförmigen äußeren Randes oder das Abprägen flacherer Abschnitte in längsbetonten Werkstücken. Die Abmessungsänderungen, die entstehen, aufgrund des Gesetzes der Volumenkonstanz müssen jeweils genau berechnet und ggf. in Vorversuchen ermittelt werden. Auch müssen oftmals die gestauchten Partien durch Feinschneiden bearbeitet werden. Diese haben sich durch das Umformen bei Raumtemperatur teils erheblich verfestigt.

3.5.2 Verfahrensgrenzen, Formänderungsvermögen

Beim Stauchen im Ganzen ist bei gut umformbaren Werkstoffen das Formänderungsvermögen infolge des teils reibungsbedingten mehrachsigen Druckspannungszustands groß. Es werden z. B. für C15E Werte von $\varphi_h = \varphi_{max} \gg 1{,}6$ ($\varepsilon_h \gg 0{,}8$) erreicht. Der dabei auftretende Anstieg der Fließspannung ist aus dem Abschnitt 2.1.3 Fließkurven zu entnehmen.

Die weichen, unlegierten Stähle eignen sich gut für das Stauchen. Die unlegierten und legierten Kohlenstoffstähle müssen ein Weichglühgefüge mit mindestens 95%-iger Zementit- bzw. Carbideinformung aufweisen. Es gelten die Tabellenwerte für den GKZ- bzw. GKW-EW Zustand.

3.5.3 Kraftberechnung für das Stauchen im Ganzen

Die Stauchkraft F_{St} errechnet sich für das Stauchen im Ganzen aus

$$F_{St} = k_{f1} \cdot A_1 \cdot \left(1 + \frac{1}{3} \cdot \mu \cdot \frac{d_1}{h_1}\right) \qquad (1)$$

worin k_{f1} die Fließspannung aus der Fließkurve zum Zeitpunkt 1 und A_1 der zugehörige Querschnitt des Stauchkörpers ist. Dieser lässt sich überschlägig unter Vernachlässigung der Reibung aus den Ausgangsabmessungen des Werkstücks aus $A_1 \approx A_0 \cdot (h_0/h_1)$ ermitteln. Die Reibung kann mit der Reibzahl $\mu \approx 0{,}1$ für das Kaltstauchen von Stahl mit Schmierung berücksichtigt werden. d_1 und h_1 sind die momentanen Durchmesser und Höhen zum Zeitpunkt 1.

Beim Flachprägen muss eine geometrische Besonderheit ggf. berücksichtigt werden: Die Stauchspannung σ_z steigt beim reibungsbehafteten Stauchen oder Prägen von einem Wert am Werkstückrand von k_{f1} auf einen teils wesentlich höheren Wert in seinem Zentrum an wobei r_1 und h_1 die momentanen Werte im Zeitpunkt 1 sind:

$$\sigma_{Zmax} = k_{f1} \cdot (1 + 2 \cdot \mu \cdot r / h) \qquad (2)$$

Die Folge ist eine elastische Verformung von Stauchwerkzeug und Werkstück mit einer Aufdickung in der Werkstückmitte, die schnell Werte von einigen zehntel Millimetern erreichen kann.

Beispiel:
d_0 = 20 mm
h_0 = 25 mm
h_1 = 15 mm

Stauchen, Flachprägen

Stahlsorte C45E, warmgewalzt mit R_m von 600 N/mm² nach Bild 8.7
$\varphi_1 = \ln h_0 / h_1 = 0{,}51$
$A_1 \approx A_0 \cdot (h_0 / h_1) = 523{,}6$ mm² und $d_1 = 25{,}8$ mm
$k_{fl} = 800$ N/mm² aus der Fließkurve
Daraus ergibt sich:

$$F_{St_{max}} = 800 \cdot 523{,}6 \cdot \left(1 + \frac{1}{3} \cdot 0{,}1 \cdot \frac{25{,}8}{15}\right) = 443\,\text{kN}$$

3.5.4 Geometrische Gegebenheiten und Kraftberechnung beim Randabprägen

Das Abprägen oder partielle Stauchen eines Flansches an einem Werkstück ist gemäß **Bild 3.27** durch nachstehende geometrische Gegebenheiten gekennzeichnet:

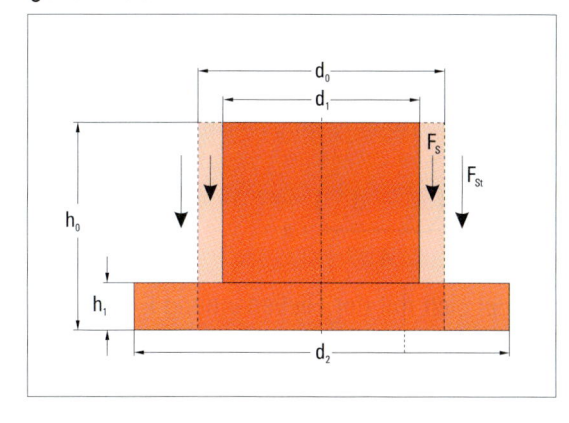

Bild 3.27
Abprägen, partielles Stauchen eines Flansches an einem Werkstück; geometrische Verhältnisse.
d_0 = Ausgangsdurchmesser
d_1 = Durchmesser nach dem Randabstauchen
d_2 = Durchmesser des abgestauchten Randes (Flansch)
h_0 = Ausgangshöhe
h_1 = Höhe des abgestauchten Randes
F_S = Scherkraft
F_{St} = Stauchkraft

- Ausgangsteil mit d_0, h_0
- Endteil mit d_1, h_0 und Flansch mit Durchmesser d_2.
- Breite $(d_2 - d_1)/2$ und Höhe bzw. Dicke h_1.
- Es gilt die Volumengleichheit:

$$V_0 = V_1 + V_2 \tag{3}$$

$$\frac{d_0^2 \, \pi}{4} \cdot h_0 = \frac{d_1^2 \cdot \pi}{4} \cdot h_0 + \frac{(d_2^2 - d_1^2) \cdot \pi}{4} \cdot h_1 \tag{4}$$

In der Regel wird für eine gegebene Endform mit d_1, h_0, d_2, h_1 der Durchmesser der Ausgangsform, d_0, zu bestimmen sein:

$$d_0 = \sqrt{d_1^2 + \left(d_2^2 - d_1^2\right) \cdot \frac{h_1}{h_0}} \qquad (5)$$

Bei Hohlteilen muss dies analog für ein ringförmiges Ausgangs- und Endteil gerechnet werden.

Beim Abprägen wirken zwei Kraftanteile:

- Scherkraft F_s am Durchmesser d_1 über $h_0 - h_1$
- Stauchkraft F_{St} auf Flansch $(d_2 - d_1)/2$

Es gilt für:

Scherkraft $\qquad F_s = d_1 \cdot \pi \cdot h_0 \cdot 0{,}8 \cdot R_m \qquad (6)$

Zur Scherkraftberechnung muss die volle Höhe h_0 eingesetzt werden.

Stauchkraft

$$F_{St} = k_{f_{m1}} \cdot \frac{\left(d_2^2 - d_1^2\right)}{4} \cdot \pi \qquad (7)$$

Die mittlere Fließspannung errechnet sich mit der Fließspannung k_{f1} für $\varphi_1 = \ln h_0/h_1$ aus

$$k_{f_{m1}} = k_{f_1} \cdot \left[1 + \mu \cdot \frac{(d_2 - d_1)}{h_1}\right] \qquad (8)$$

Damit und unter Berücksichtigung eines Zuschlags für die einseitige Behinderung des Stoffflusses beim Flanschstauchen wird

$$F_{St} = 1{,}15 \cdot k_{f1} \left[1 + \mu \cdot \frac{(d_2 - d_1)}{h_1}\right] \cdot \left(d_2^2 - d_1^2\right) \cdot \frac{\pi}{4} \qquad (9)$$

Stauchen, Flachprägen

Beispiel:
h_0 bzw. $s_0 = 10$ mm
$h_1 = 6$ mm
$d_2 = 80$ mm
$d_1 = 55$ mm
Nach Gleichung (5) errechnet sich

$$d_0 = \sqrt{55^2 + (80^2 - 55^2) \cdot \frac{6}{10}} = 71 \, \text{mm} \quad \text{und}$$

$$\varphi_1 = \ln h_0 / h_1 = 0{,}51$$

Für die Stahlsorte C45E mit R_m von 600 N/mm² ergibt sich aus dem Bild 2.31:
$k_{fl} = 800$ N/mm² und $\mu = 0{,}1$.
Danach wird nach Gleichung (9)

$$F_{St} = 1{,}15 \cdot 800 \cdot \left[1 + 0{,}1 \cdot \frac{(80 - 55)}{60}\right] \cdot (6400 - 3025) \cdot \frac{\pi}{4} = 2541 \, \text{kN}$$

Die Scherkraft berechnet sich hierzu nach Gleichung (6):

$F_s = 55 \cdot \pi \cdot 10 \cdot 0{,}8 \cdot 600 = 829$ kN
$F_{St_{max}} = F_{St} + F_s = 2541 + 829 = 3370$ kN

Die Scherkraft beträgt 24 % der Stauchkraft.

Literatur zu Abschnitt 3.5
[1] Lange, K. (Hrsg.):
     Umformtechnik - Handbuch für Industrie und Wissenschaft
     2. Auflage Bd. 2, Massivumformung.
     Berlin: Springer-Verlag (1988)
[2] Spur, L. (Hrsg.), Stöferle, Th.:
     Handbuch der Fertigungstechnik, Bd. 2/2, Umformen.
     München, Wien: Hanser 1984.
[3] VDI-Richtlinie Flachprägen (Ausgabe Okt. 1973) 3172:

3.6 Einsenken

Durch Einsenken können kegelige und zylindrische Senkungen unterschiedlicher Tiefe im Feinschneiden mit gefertigt werden, ohne dass das Teil separat spanend bearbeitet werden muss. Dies ergibt einen erheblichen wirtschaftlichen Vorteil.

Teilebeispiele Stauchen, Flächprägen und Feinschneiden
1 Stützring/Dieselpumpe, Bandstahl nach DIN EN 10139 DC03, Banddicke 5,4 mm
  Folgeverbundwerkzeug
2 Scheibe/Automatikgetriebe, Bandstahl nach DIN EN 10131-2 C15E, Banddicke 6,2 mm,
  Folgeverbundwerkzeug
3 Platte/Kompressor Klimaanlage, Bandstahl nach DIN EN 10121 DD11, Banddicke 3 mm,
  Folgeverbundwerkzeug
4 Magnetplatte/Computer Harddisk, Bandstahl SAE1010, Banddicke 6,9 mm,
  Folgeverbundwerkzeug
5 Ausgleichsgewicht/Motor, Bandstahl nach DIN EN 10149-2 S359MC, Banddicke 8,5 mm
  Folgeverbundwerkzeug
6 Deckel/Ölpumpe, Bandstahl nach DIN EN 10025 S235JR, Banddicke 4,7 mm,
  Folgeverbundwerkzeug

Einsenken

3.6.1 Definition, Allgemeines

Das Einsenken ist in Anlehnung an DIN 8583, Blatt 5, ein örtliches Eindrücken eines Formwerkzeugs in ein Werkstück zum Erzeugen einer genauen Innenform, z.B. eines Innensechskants (**Bild 3.28**).

3.6.2 Einsenken ins Volle

In Verbindung mit dem Feinschneiden sind Einsenkungen an beliebiger Stelle in dicken, flachen oder auch im Boden von tiefgezogenen oder durchgesetzten und schließlich in gebogenen Werkstücken möglich. Infolge der Werkstoffverdrängung und der Behinderung des Abfließens des Werkstoffs quer zur Einsenkrichtung bilden sich um die Einsenkung herum deutliche Aufwölbungen. Diese können gegebenenfalls eine Verfahrensgrenze darstellen.

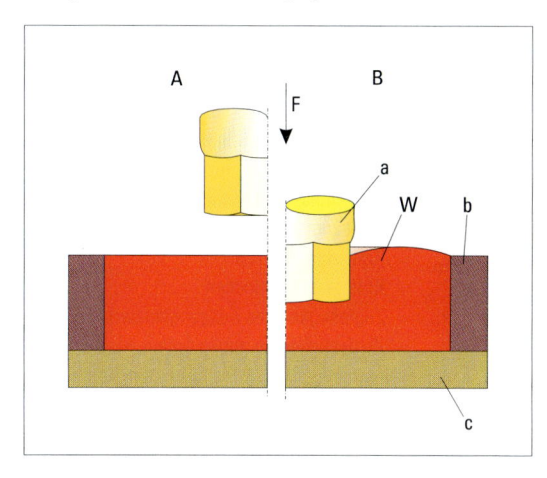

Bild 3.28
Prinzip des Einsenkens ins Volle.
A = Ausgangsform des Werkstücks
B = Endform des Werkstücks
a = Einsenkstempel
b = Aufnehmer
c = Grundplatte
W = Werkstück
F = Kraft

3.6.3 Einsenken mit Vorlochen

In Kombination mit dem Feinschneiden wird daher meist eine andere Technologie zur Vermeidung des Aufwölbens gemäß **Bild 3.29** benützt. Hierbei wird der Blechstreifen zunächst durchgehend vorgelocht, wobei $d_0 \geq s_0$ zu beachten ist. Dann erfolgt das Einsenken mit $d_1 > d_0$ bis zur Tiefe $s_0 - s_1$. Dabei wird der Werkstoff entlang der Linie $d_1 \cdot \pi$ abgeschert und das Volumen V_1

$$V_1 = \frac{(d_1^2 - d_0^2) \cdot \pi}{4} \cdot (s_0 - s_1) \qquad (1)$$

mit radialer Behinderung gestaucht und in den Hohlraum mit V_2

Umformverfahren

$$V_2 = \frac{d_0^2 \cdot \pi}{4} \cdot s_1 \qquad (2)$$

verdrängt. Ist V_2 nahezu angefüllt, d.h. d_0 geschlossen, ist der Vorgang nicht weiterzuführen, d.h., er ist beendet. Das Verhältnis

$$V_2 / V_1 \geq 1 \qquad (3)$$

stellt für diese Variante eine Verfahrensgrenze dar. Der Durchmesser d_0 wird meist durch Nachlochen wiederhergestellt. Insgesamt sind daher drei Arbeitsschritte erforderlich.

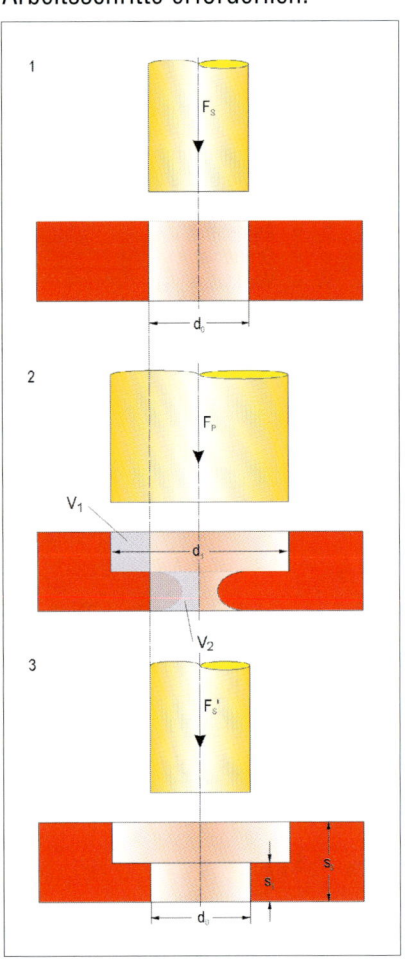

Bild 3.29
Einsenken mit Vorlochen.
1 = Vorlochen
2 = Einsenken (Stauchen)
3 = Nachlochen
s_0 = Ausgangsdicke des Bleches
s_1 = Dicke nach dem Stauchen
d_0 = Durchmesser des Vorlochs
d_1 = Durchmesser der Stauchung
F_S = Kraft zum Vorlochen
F_p = Kraft zum Stauchen
F'_S = Kraft zum Nachlochen
R_{m0} = Zugfestigkeit des Ausgangsmaterial
R_{m1} = Zugfestigkeit im abgeprägtem Bereich
K_{f1} = Formänderungsdsfestigkeit abgeprägter Bereich
K_{fm1} = mittlere Formänderungssfestigkeit abgeprägter Bereich
A_1 = Fläche abgeprägter Bereich
[Feintool AG Lyss]

Einsenken

3.6.4 Kraftberechnung

Einsenken ins Volle

Untersucht und entwickelt ist das Einsenken nach **Bild 3.28** vornehmlich als Kalteinsenken von Werkzeugen für Umform- und Urformverfahren. Die Einsenkbarkeit wird als Verfahrensgrenze durch das Werkstück-Werkstoff-Verfestigungsverhalten, die Form und Größe der Einsenkungen, die Belastbarkeit der Einsenkstempel und die verfügbare Presskraft begrenzt. Einsenkbare Werkstück-Werkstoffe aus unlegierten und legierten Kohlenstoffstählen müssen ein GKZ- oder GKZ-EW-Gefüge aufweisen. Es gelten die Tabellenwerte. Wegen der Werkstoffaufwürfe beim Einsenken ins Volle wird dieses Verfahren in Verbindung mit dem Feinschneiden nur selten angewandt.

Einsenken mit Vorlochen

Die Gesamtkraft für das Einsenken mit Vorlochen zerfällt gemäß **Bild 3.29** in die Teilkräfte:

Vorlochen, Einsenken, Nachlochen

Vorlochen $\quad F_s = \pi \cdot d_0 \cdot s_0 \cdot 0{,}8 \cdot R_{m_0}$ (4)

und Einsenken $\quad F_p = 1{,}15 \cdot k_{fm_1} \cdot A_1$ (5)

mit $\quad k_{fm_1} \approx k_{f_1}$ (für $\varphi_1 = \ln s_0 / s_1$) (6)

und $\quad A_1 \approx 1{,}3 \cdots 1{,}5 \cdot \left(d_1^2 - d_0^2\right) \cdot \dfrac{\pi}{4}$ (7)

Faktor 1,3 bei $d_1 / d_0 \leq 1{,}6$ und $s_1 / s_0 \geq 0{,}6$ und
Faktor 1,5 bei $d_1 / d_0 > 1{,}6$ und $s_1 / s_0 \leq 0{,}5$

Nachlochen $\quad F_S{'} = d_0 \cdot \pi \cdot S_1 \cdot 0{,}8 \cdot R_{m_1}$ (8)

Beispiel:
Stahlsorte C45E mit R_{m_0} von 600 N/mm²
$s_0 = 10$ mm
$s_1 = 5$ mm
$d_0 = 12$ mm
$d_1 = 20$ mm

$$\varphi_1 = \ln \frac{10}{5} = 0{,}693$$
; hierfür

$k_{f_1} = 840$ N/mm² entspricht annähernd R_{m_1}

Das Vorlochen wird nach der Gleichung (5)
$F_s = 12 \cdot \pi \cdot 10 \cdot 0{,}8 \cdot 600 = 181$ kN vorgenommen

Das Einsenken nach den Gleichungen (6), (7) und (8) setzt sich zusammen aus einem

- Scheranteil und
- einem Einsenkanteil:

$$F_p = 1{,}15 \cdot 840 \cdot 1{,}5 \cdot (20^2 - 12^2) \cdot \frac{\pi}{4} = 291 \text{kN}$$

$F_s = 20 \cdot \pi \cdot 5 \cdot 0{,}8 \cdot 600 = 151$ kN

Das Nachlochen wird nach Gleichung (9)
$F_s' = 12 \cdot \pi \cdot 5 \cdot 0{,}8 \cdot 840 = 190$ kN durchgeführt

Die Gesamtkraft für das Einsenken mit Vorlochen beträgt
$F_{ges} = 181 + 151 + 291 + 190 = 813$ N/mm².

Einsenken

Literatur zu Abschnitt 3.6

[1]   Lange, K. (Hrsg.):
        Umformtechnik - Handbuch für Industrie und Wissenschaft
        2. Auflage Band 2, Massivumformung.
        Berlin: Springer-Verlag (1988)
[2]   Belser, P.:
        Untersuchungen über das Kalteinsenken. Diss. T.H.
        Stuttgart 1956.

Umformverfahren

3.7 Durchsetzen

Der Vorteil des Feinschneidens bei der Herstellung von Durchsetzungen ist, dass fast beliebig tiefe Werkstoffdurchsetzungen geschnitten werden können, ohne dass der Materialzusammenhalt verloren geht. Dadurch sind interessante Teilegeometrien möglich.

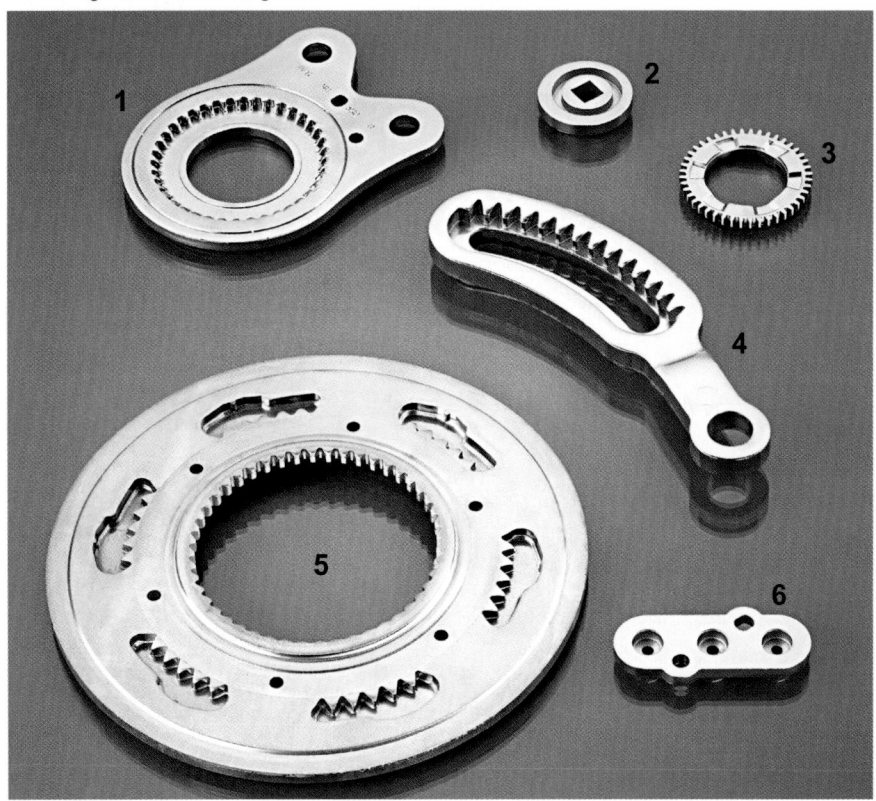

Teilebeispiele Durchsetzen und Feinschneiden
1 Unterteil/Sitzverstellung, Bandstahl nach DIN EN 10149-2 S460MC, Banddicke 4 mm
  Folgeverbundwerkzeug
2 Exzenter/Sitzverstellung, Bandstahl nach DIN EN 10149-2 S340MC, Banddicke 6 mm,
  Folgeverschnittwerkzeug
3 Zahnrad/Bohrmaschine, Bandstahl nach DIN EN 131-2 16MnCr5, Banddicke 4 mm
  Folgeverbundwerkzeug
4 Zahnstange/Sitzverstellung, Bandstahl nach DIN EN 10131-2 16MnCr5, Banddicke 8 mm,
  Folgeschnittwerkzeug
5 Stauscheibe/Automatikgetriebe, Bandstahl nach DIN EN 10268 H280LA, Banddicke 4,5 mm,
  Folgeverbundwerkzeug
6 Deckel/Automatikgetriebe, Bandstahl nach DIN EN 10130 DC02, Banddicke 4 mm,
  Folgeverbundwerkzeug

Durchsetzen

3.7.1 Definition, Allgemeines

Das Durchsetzen ist in Anlehnung an DIN 8587, ein Schubumformen, also das Verschieben eines Werkstückteils gegenüber angrenzenden Werkstückteilen meist entlang einer in sich geschlossenen Werkzeugkante mit geradliniger Werkzeugbewegung (**Bild 3.30**).

Die Verfahrensparameter beim Feinschneiden wie eingepresste Ringzacke, enger Schneidspalt und dreifache Kraftwirkung verhindern im Gegensatz zum Scherschneiden auch bei tiefen Durchsetzungen das Durchbrechen der durchgesetzten Teilepartie. Somit sind zahlreiche hochpräzise Teile mit der Verfahrenskombination "Feinschneiden – Durchsetzen" herstellbar.

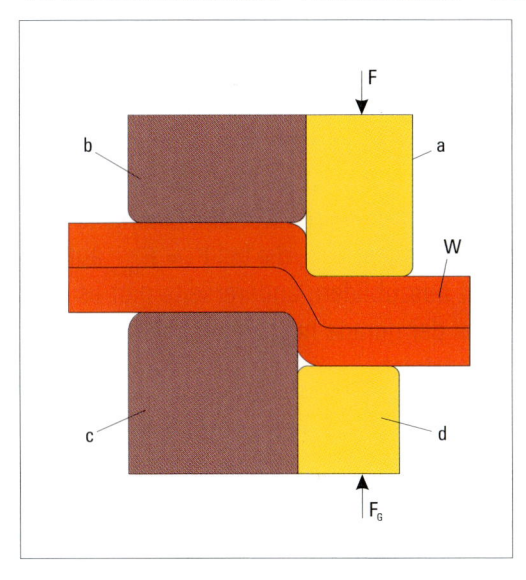

Bild 3.30
Prinzip des Durchsetzens mit Gegenhalter.
a = Stempel
b = Niederhalter
c = Matrize
d = Gegenhalter
W = Werkstück
F = Kraft
F_G = Gegenkraft

3.7.2 Kraftbedarf

Für einen engen Spalt kann die Kraftberechnung für das Durchsetzen in Anlehnung an die maximale Schneidkraft erfolgen:

$$F_D = F_{S_{max}} = A_S \cdot k_S = l \cdot s \cdot k_S \qquad (1)$$

worin l die Länge der Durchsetz-, Schnitt- bzw. Scherlinie und s die Blechdicke ist.

Der Schneidwiderstand k_s nimmt mit größerer Zugfestigkeit R_m des Blechwerkstoffs entsprechend ab. Er kann näherungsweise zu $0{,}8 \cdot R_m$ gesetzt werden. Damit ist

$$F_D = 0{,}8 \cdot l \cdot s \cdot R_m \tag{2}$$

Neben der Durchsetzkraft F_D kommen meist noch weitere Kräfte, auf jeden Fall die Schneidkraft, hinzu.

3.7.3 Durchsetztiefe, Verfahrensgrenzen

Verfahrensgrenze Scherschneiden
Die erreichbare Durchsetztiefe $S_{e_{max}}$ bei üblicher Scherbeanspruchung hängt vom Blechwerkstoff, vom relativen Spalt u zwischen Stempel und Matrize und von der Blechdicke ab. Sie ist dadurch festgelegt, dass das durchzusetzende Werkstück zwar geschert, aber noch nicht getrennt ist, d.h., es dürfen keine Mikroanrisse auftreten, die zum Durchbrechen führen würden. Einerseits wird nach **Bild 3.31** eine Mindestdurchsetzungstiefe $s_{e_{min}}$, die bei $F_d = F_{s_{max}}$ auftritt, benötigt, um die Durchsetzungen gut auszubilden; andererseits gibt es eine maximale Durchsetzungstiefe $s_{e_{max}}$, bei der gerade noch keine Mikrorisse entstehen, also keine Werkstofftrennung erfolgt.

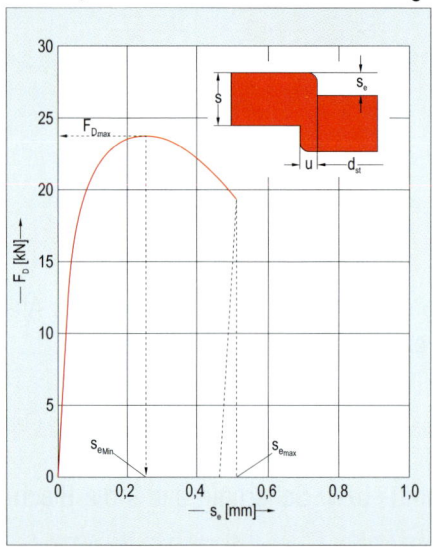

Bild 3.31
Kraft-Weg-Verlauf beim Scherschneiden für den Stahl.

DC04	=	Stahl-Kurzzeichen
u/s	=	relativer Schneidspalt
s_e	=	Eindringtiefe des Stempels
$S_{e_{min}}$	=	minimale Eindringtiefe
$S_{e_{max}}$	=	maximale Eindringtiefe
F_D	=	Durchsetzkraft
$F_{D_{max}}$	=	maximale Durchsetzkraft
s	=	Blechdicke
d_{St}	=	Durchmesser des Durchsetzstempels und Spalt zwischen Stempel und Matrize

Durchsetzen

Verfahrensgrenze Feinschneiden

Im Gegensatz zum Scherschneiden, bei dem man sich beim Schneiden von Durchsetzungen zwischen $S_{e_{min}}$ (minmale Eindringtiefe des Stempels) und $S_{e_{max}}$ (maximale Eindringtiefe) in engen Grenzen bewegt, gilt für das Feinschneiden dieser Zusammenhang nicht. Verfahrensgrenzen sind hier zum einen die Funktionstauglichkeit des Restquerschnittes und zum anderen konstruktive Merkmale der Durchsetzung.

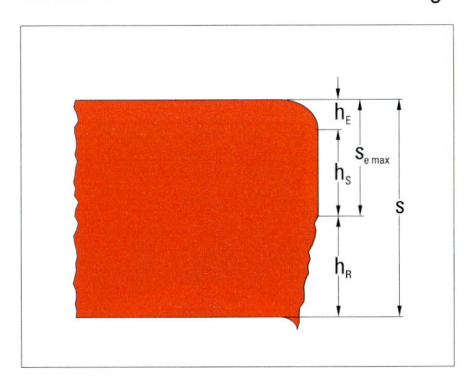

Bild 3.32
Schnittflächenausbildung beim Scherschneiden zur Durchsetztiefen-Ermittlung.

s = Blechdicke
h_E = Kanteneinzugshöhe
h_S = Glattschnitt
h_R = Abriss
$S_{e_{max}}$ = maximale Stempeleindringtiefe
[VDI 2906, Blatt 1 und VDI 3345]

Beim Feinschneiden wird der Abrissteil h_R an der Schnittfläche bis auf Null verringert und demzufolge der Glattschnittanteil h_S auf 100% erhöht. Eine maximale Stempeleindringtiefe $S_{e_{max}}$ wird beim Feinschneiden durch die beschriebenen Faktoren festgelegt.

Literatur zu Abschnitt 3.7

[1] Liebing, H.:
Erzeugung gratfreier Schnittflächen durch Aufteilen des Schneidvorgangs (Konterschneiden), in Berichte aus dem Institut für Umformtechnik der Universität Stuttgart Nr. 50. Essen: Girardet (1979)

[2] Lange, K. (Hrsg.):
Umformtechnik - Handbuch für Industrie und Wissenschaft 2. Auflage Band 3, Blechbearbeitung.
Berlin: Springer-Verlag (1990)

3.8 Zapfenpressen

Das Zapfenpressen in der Kombination Einsenken - Vorwärtsfließpressen ist vorwiegend für runde, aber auch für ovale Formen geeignet. Wird eine exakte Zapfenlänge gefordert, so hängt diese nicht nur vom verdrängten Volumen, sondern auch von den Fließ- und Reibungsbedingungen ab.

Teilebeispiele Zapfenpressen und Feinschneiden
1 Kupplungsflansch/Automatikgetriebe, Bandstahl nach DIN 10131-2 16MnCr5, Banddicke 2,9 mm, Folgeverbundwerkzeug
2 Lockring/Sicherheitsgurt, Bandstahl nach DIN EN 10131-3 C45E, Banddicke 4 mm, Folgeschnittwerkzeug
3 Verriegelung/Sicherheitsgurt, Bandstahl nach DIN EN 10131-3 42CrMo4, Banddicke 3 mm Folgeverbundwerkzeug
4 Planetenradträgerhälfte/Fahrrad, Bandstahl nach DIN 10131-2 C15, Banddicke 3 mm, Folgeverbundwerkzeug
5 Klinke/Sicherheitsgurt, Bandstahl nach DIN EN 10131-3 C55E, Banddicke 4,5 mm Komplettschnittwerkzeug
6 Mitnehmer/Sitzverstellung, Bandstahl nach DIN EN 10268 H360LA, Banddicke 3 mm, Komplettschnittwerkzeug

Zapfenpressen

3.8.1 Definition, Allgemeines

Das Zapfenpressen ist eine Kombination aus dem Einsenken und dem Vorwärtsfließpressen (**Bild 3.33**). In Verbindung mit dem Feinschneiden lassen sich örtlich Zapfen oder andersartige Querschnitte durch Zapfenpressen aus der Blechebene bzw. -oberfläche herausformen.

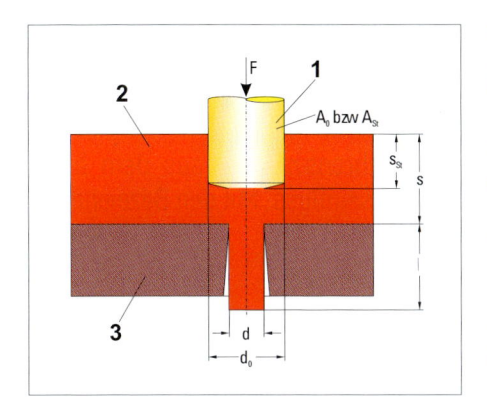

Bild 3.33
Zapfenpressen in Kombination mit dem Einsenken und Vorwärtsfließpressen.
1 = Stempel
2 = Blech
3 = Unterwerkzeug
F = Kraft
s = Blechdicke
d_0 = Durchmesser des Fließpressstempels
d = Durchmesser des Zapfens
s_{St} = Eindringtiefe des Fließpressstempels
A_{St} = Fläche des Fließpressstempels
l = Zapfenlänge

3.8.2 Zapfenpressen als Kombination aus Einsenken und Vorwärtsfließpressen

Bei der Verfahrenskombination Einsenken und Voll-Vorwärtsfließpressen für das Zapfenpressen nach **Bild 3.33** ist der Kraftbedarf gering. Die Bohrung im Unterwerkzeug für den Zapfen führt zu einer Kraftentlastung bzw. -minderung (Prinzip der Entlastungsbohrung). Die Einsenkkraft ist danach eine "obere Schranke" für das Zapfenpressen mit dieser Verfahrenskombination. Für die Kraftberechnung wird auf Abschnitt 3.6, Einsenken, verwiesen. Für das Zapfenpressen kann gesetzt werden:

$$F_{ZP} = 0{,}8 \cdots 0{,}9 \cdot F_E \qquad (1)$$

Verfahrensgrenze Werkstoff

Die Verfahrensgrenze ist durch den Werkstoff, die Fließspannung bei Vorgangsende und das Verhältnis s_{St} / d, d.h. die relative Einsenktiefe, gegeben; sie ist durch die Belastbarkeit der Werkzeugteile bestimmt. Bei nicht kreisrunden Einsenkungen muss deren Fläche auf einen mittleren Durchmesser umgerechnet werden:

$$\overline{d}_{St} = \sqrt{4 \cdot A_{St} / \pi} \qquad (2)$$

Verfahrensgrenze Werkzeugbelastung
Die Verfahrensgrenze ist bei der Verfahrenskombination Einsenken/Fließpressen durch die Belastbarkeit der Werkzeugteile gegeben. Die maximale Belastung $p_{St\,max}$ (über den Stempelquerschnitt gemittelte maximale Kraft) bzw. $\sigma_{Z_{max}}$ darf 2500 N/mm² für Werkzeugstahl nicht übersteigen. Bei Hartmetall liegt dieser Wert höher. Durch Beschichten der Einsenkstempel und durch optimale Schmierung können die Verhältnisse wesentlich verbessert werden.

Zapfenlänge
Die Zapfenlänge ergibt sich bei dieser Verfahrensvariante aus dem beim Einsenken verdrängten Volumen ohne Reibungseinfluss. Mit den Bezeichnungen in **Bild 3.33** folgt

$$l = 4 \cdot A_0 \cdot s_{St} / d^2 \cdot \pi \tag{3}$$

und

$$l / s_{St} = 4 \cdot A_0 / d^2 \cdot \pi \tag{4}$$

oder

$$l / s_{St} = d_0^2 / d^2 \tag{5}$$

Durch Reibungsverminderung und eine geeignete Gestaltung der Geometrie der Werkzeugkanten können die Fließverhältnisse positiv beeinflusst werden.

Literatur zu Abschnitt 3.8
[1] Lange, K. (Hrsg.):
Umformtechnik - Handbuch für Industrie und Wissenschaft
1. Auflage Band 2, Massivumformung.
Berlin: Springer-Verlag (1974)
[2] Burgdorf, M.:
Untersuchungen über das Stauchen und Zapfenpressen, in
Bericht aus dem Institut für Umformtechnik,
Technische Hochschule Stuttgart Nr.5. Essen: Girardet (1967).

143

4 Schneidverfahren

4.1 Scherschneiden (Stanzen)

Das Scherschneiden ist das am häufigsten angewandte Fertigungsverfahren in der Blechbearbeitung. Nahezu jedes aus Blechen oder Bändern herzustellende Teil wird im Laufe der Fertigungskette als Rohteil aus dem Halbzeug zugeschnitten und/oder nach Abschluss der Umformoperationen als Fertigteil beschnitten.

Das Scherschneiden gehört als Unterverfahren neben den Keilschneidverfahren Messer- und Beißschneiden sowie dem Reißen und dem Brechen nach DIN 8580 zur Verfahrensgruppe Zerteilen. Zum Scherschneiden gehören nach DIN 8588 alle Zerteilverfahren, bei denen die Werkstofftrennung zwischen zwei gegenläufig bewegten Schneiden (oder zwischen einer Schneide und einem Wirkmedium, z.b. beim Innenhochdrucklochen) erfolgt. Der Werkstoff wird durch die von beiden Seiten eindringenden Schneidkanten so weit umgeformt, bis sein Umformvermögen erschöpft ist und der Werkstoffzusammenhalt durch Bruch verloren geht. Die Werkstofftrennung erfolgt hierbei hauptsächlich durch Schubspannungen.

Der in der Werkstatttechnik noch gebräuchliche Begriff "Stanzen" beinhaltet neben Schneidoperationen auch Umformverfahren. Daher sollte Stanzen nicht als Synonym für (Scher-)Schneiden verwendet werden.

4.1.1 Darstellung des Schneidvorgangs

Das Arbeitsprinzip wird durch den grundsätzlichen Aufbau des Werkzeugs bestimmt. Schematisch ist in **Bild 4.1** ein Werkzeug zum Scherschneiden dargestellt. Das Werkzeug besteht aus dem Schneidstempel, der Matrize (Schneidplatte) und in der Regel einem Niederhalter, der eine Durchbiegung und ein zu großes Nachfließen des zu schneidenden Werkstoffs verhindert. Das zu schneidende Blech wird in Form von Platinen, von Coil (Band) oder als Streifen zwischen die Aktivelemente Schneidstempel und Schneidplatte geschoben und durch die Abwärtsbewegung des Schneidstempels getrennt. Die geometrische Form der Aktivelemente bestimmt die Form des Schnitt-

Scherschneiden 145

teils. Der Schneidstempel ist um das Schneidspiel kleiner als die Matrize. Bezogen auf eine Seite wird diese Größe als Schneidspalt bezeichnet. Somit ist der Schneidspalt gleich dem halben Schneidspiel. Üblicherweise ist der Durchbruch in der Schneidplatte nicht zylindrisch, sondern mit einem Freiwinkel versehen, damit die Butzen sich nicht verklemmen.

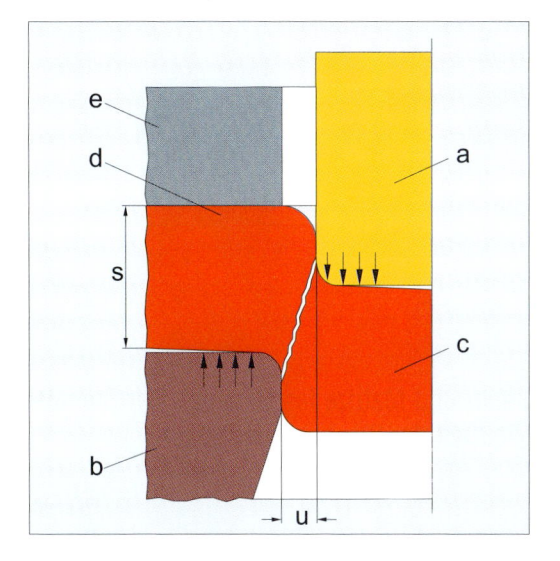

Bild 4.1
Schematische Darstellung des Scherschneidens.
a = Stempel
b = Matrize
c = Butzen
d = Blech (Schnittteil)
e = Niederhalter
s = Blechdicke
u = Schneidspalt

Die Ausgestaltung eines Schneidwerkzeugs hängt von den Anforderungen an das Schneidergebnis ab. Im einfachsten Fall kann die Schneidplatte auf den Maschinentisch (Block) gespannt und der Schneidstempel am Einspannzapfen des Maschinenstößels ohne Führung befestigt werden. Zur Herstellung qualitativ hochwertiger Schnittteile werden beispielsweise Säulenführungsgestelle mit separater Stempelführung eingesetzt.

Im Folgenden wird am Beispiel des vollkantigen Scherschneidens der geschlossene Schnitt mit rotationssymmetrischer Schnittlinie und Niederhalter beschrieben: Das zu schneidende Blech befindet sich zwischen Matrize und Niederhalter. Während der Abwärtsbewegung des Stößels der Schneidpresse setzt der Niederhalter auf das Werkstück auf. Ab diesem Zeitpunkt steigt die Kraft, mit der das Blech festgeklemmt wird, an bis der Stößel seinen unteren Umkehrpunkt erreicht hat. Der meist horizontale Abstand zwischen Stempel und Matrize wird als Schneidspalt bezeichnet. Der eigentliche Vorgang der Werkstofftrennung wird in fünf Phasen (**Bild 4.2**) unterschiedlicher Beanspruchung des Blechwerkstoffs unterteilt [1 - 4].

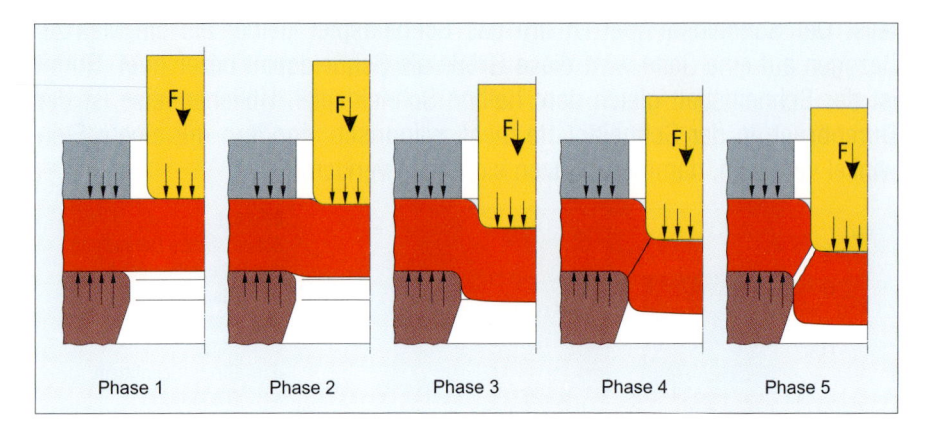

Bild 4.2
Phasen des Schneidvorganges [1].

Phase 1
Das Blech wird zwischen Niederhalter und Matrize festgehalten. Der Stempel setzt mit definierter Geschwindigkeit auf der Blechoberfläche auf.

Phase 2
Nach dem Aufsetzen des Schneidstempels auf das Blech wird in der Blechebene um eine Achse tangential zur Schneidkante ein Biegemoment erzeugt, dessen Größe abhängig von Stempeldurchmesser, Schneidspaltgröße und Blechdicke ist. Dieses Biegemoment resultiert bei Verwendung eines Niederhalters zunächst in einer elastischen Durchbiegung des Blechbereiches, der sich unter der Stirnfläche des Stempels befindet. Im Kontaktbereich des Bleches mit den Stirnflächen von Stempel und Matrize entstehen stark belastete Ringzonen, in denen eine plastische Verformung einsetzt. Durch die Niederhalterkraft wird eine Durchbiegung des Bleches im außerhalb der Schnittlinie liegenden Bereich verhindert.

Phase 3
Die vom Stempel auf das Blech übertragene Druckkraft und die daraus resultierende Reaktionskraft von der Matrize auf das Blech bringen im Bereich der Schneidkanten Spannungen in den Werkstoff ein. Sobald diese Spannungen die Scherfestigkeit des Werkstoffs erreichen, tritt eine plastische Formänderung ein, wobei der Blechbereich unter der Stempelstirnfläche in Richtung der Stempelbewegung verlagert wird. Durch Nachfließen des Blechwerkstof-

fes in den Schneidspalt entsteht ein Kanteneinzug am Schnittteil sowie am Butzen. Dieses Nachfließen kann einen Verschleiß an den Stirnflächen von Stempel und Matrize zur Folge haben. Der während Phase 3 durch plastische Formänderung entstehende Schnittbereich wird Glattschnittanteil genannt, da die erzeugten Schnittflächen eine glatte Oberfläche aufweisen.

Phase 4
Erreicht die maximale Schubspannung im Blech zwischen Stempel- und Matrizenkante die werkstoffabhängige Schubbruchgrenze, ist das Formänderungsvermögen des Werkstoffs erschöpft. Es kommt zu ersten Rissbildungen, die nach [5] zuerst an der Matrizenschneidkante auftreten, da sich an der der Matrize zugewandten Blechunterseite die Zugspannungen aus der Werkstoffstreckung und der Blechdurchbiegung aufsummieren. Die Gesamtbeanspruchung an der dem Stempel zugewandten Blechoberseite ist geringer, da dort die Zugspannungen aus der Werkstoffstreckung durch die Druckbeanspruchung aus der Blechbiegung teilweise kompensiert werden. Daher entstehen hier die Risse erst später. Die Risse führen zu einem vollständigen Trennen des Werkstoffs. Bei größeren Schneidspalten verursacht ein im Blech auftretendes Biegemoment im Werkstoffbereich an der Stempelschneidkante eine zusätzliche Dehnung. Somit kommt es dort zu größeren plastischen Vergleichsdehnungen, sodass der Rissbeginn auch an der Stempelschneidkante auftreten kann [4].

Phase 5
Nach der Trennung des Bleches werden elastische Spannungen freigesetzt, die zu einer Rückfederung des Werkstoffs im Bereich der Schnittfläche führen. Hierdurch werden Maß- und Formänderungen in der Schnittfläche hervorgerufen. Während des Rückzugs des Schneidstempels herrscht daher eine Presspassung zwischen Stempel und gelochtem Außenteil sowie zwischen Matrize und Schneidbutzen. Diese Klemmung kann an den Mantelflächen von Stempel und Matrize einen abrasiven und/oder adhäsiven Verschleiß zur Folge haben.

4.1.2 Schnittflächenkenngrößen

Die Beurteilung der Qualität des Schneidergebnisses kann zum einen durch die Maßgenauigkeit der Schnittlinie, zum anderen durch die Kenngrößen der

Schnittfläche beschrieben werden. In DIN 6930 und VDI-Richtlinie 2906 sind Schnittflächenkenngrößen (**Bild 4.3**) festgelegt, anhand derer Schnittteile bewertet und miteinander verglichen werden können.

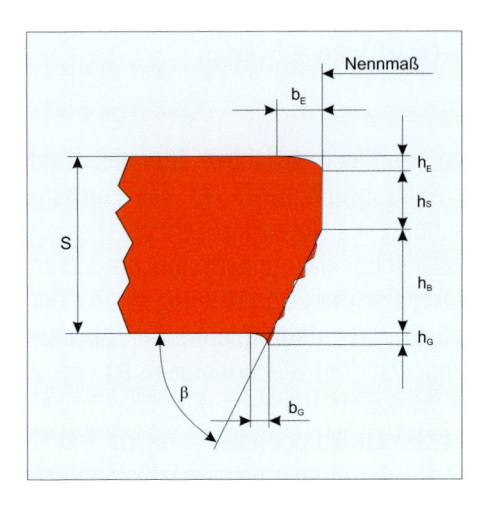

Bild 4.3
Schnittflächenkenngrößen beim Scherschneiden nach VDI-Richtlinie 2906.

Die in diesem Zusammenhang relevanten Kenngrößen sind:

- Kanteneinzugshöhe, -breite h_E, b_E
- Glattschnitthöhe h_S
- Bruchflächenhöhe h_B
- Schnittgrathöhe, -breite h_G, b_G
- Bruchflächenwinkel β

Häufig wird die Höhe von Bruchfläche und Glattschnitt als Anteil an der Blechdicke ausgewertet, um auch Bleche verschiedener Dicke miteinander vergleichen zu können. Die Bedeutung der einzelnen Schnittflächen-Kenngrößen kann nicht allgemein angegeben werden, sondern wird durch das jeweilige Einsatzgebiet des schergeschnittenen Werkstücks bestimmt. Häufig ist jedoch eine hohe Schnittflächenqualität durch einen geringen Kanteneinzug, einen geringen Bruchflächenanteil und einen kleinen Schnittgrat bei einem hohem Glattschnittanteil und einem Bruchflächenwinkel von 90° gekennzeichnet [4].

Die Ausprägung der Kenngrößen wird außer durch die Werkstoffeigenschaften des Blechs vorwiegend durch die geometrischen Bedingungen im

Scherschneiden 149

Werkzeug bestimmt. Ein kleiner Schneidkantenradius besonders an der Matrize resultiert üblicherweise in einem kleinen Grat. Ein kleiner Schneidspalt hat ebenso einen kleinen Schnittgrat, einen geringen Kanteneinzug und einen guten Bruchflächenwinkel zur Folge. Duktile Werkstoffe zeigen einen größeren Glattschnittanteil als spröde Materialien.

4.1.3 Schneidkraft und Schneidkraftverlauf

Zum Schneiden des Blechs sowie zum Zurückziehen des Schneidstempels aus dem Blech sind Kräfte erforderlich, die von der Maschine aufgebracht werden müssen. Bei der Maschinenauslegung sind zu berücksichtigen:

- die Größe der Schneidkraft
- die Einflussgrößen auf die Schneidkraft
- der Schneidkraft-Weg-Verlauf

Größe der Schneidkraft
Die für eine Schneidaufgabe erforderliche Schneidkraft F_S bestimmt die Größe der Maschine. Daher müssen Beträge und Wirkrichtungen der Kräfte beachtet werden.

Bild 4.4 zeigt die Wirkrichtung der von der Schneidpresse in das Blech eingeleiteten Schneidkraft F_S. Beim Auftreffen des Stempels auf das Blech wird diese Kraft in verschiedene Teilkräfte zerlegt, die einerseits auf den Stempel selbst, andererseits auf das Blech wirken. Ebenso wird die Reaktionskraft F_S' der Schneidplatte in Komponenten, die auf das Werkzeug, und solche, die im Blech wirken, zerlegt. Stempelseitig wirken eine Vertikalkraft F_V und eine Horizontalkraft F_H, an der Schneidplatte eine Vertikalkraft F_V' und eine Horizontalkraft F_H'. Beide Kräfte F_V und F_V' wirken am schneidspaltabhängigen Hebel l und verursachen ein Moment, das zum Durchbiegen des Bleches führt. Der Schneidstempel und die Schneidplatte werden dadurch im Wesentlichen nur in einer ringartigen Fläche, ausgehend von der Schneidkante, belastet. Die fortschreitende Bewegung des Stempels bewirkt, dass aus der Horizontalkraft F_H eine Reibkraft $\mu \cdot F_H$ entsteht. Als Folge tritt Reibung an der Mantelfläche des Stempels auf. Die Vertikalkraft F_V bewirkt ein plastisches Fließen des Blechwerkstoffs und erzeugt eine Reibkraft $\mu \cdot F_V$ an der Stirnfläche des Stempels. Schneidplattenseitig sind die Verhältnisse ähnlich. Hier verursacht die Horizontalkraft F_H' beim Einschneiden des Teils in die Schneidplatte die Reibkraft $\mu \cdot F_H$' an der Mantelfläche und das Fließen des Bleches die Reibkraft $\mu \cdot F_V$' an der Stirnfläche der Schneidplatte. Diese Reibkräfte sind für das Verschleißen des Werkzeugs verantwortlich.

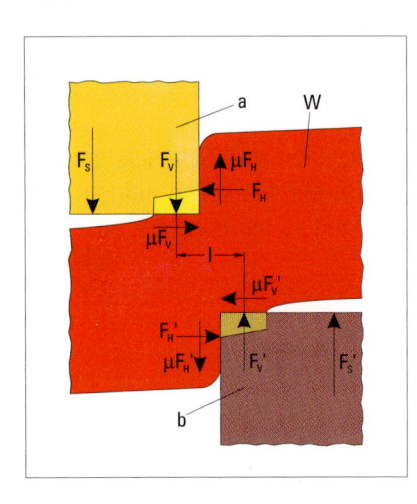

Bild 4.4
Zerlegung der Schneidkraft in horizontal und vertikal wirkende Kräfte beim Scherschneiden.

F_S = Schneidkraft
F_V = Vertikalkraft am Schneidstempel
F_H = Horizontalkraft am Schneidstempel
$\mu \cdot F_V$ = vertikale Reibkraft am Schneidstempel
$\mu \cdot F_H$ = horizontale Reibkraft am Schneidstempel
F_S' = Reaktionskraft an der Schneidplatte
F_V' = Vertikalkraft an der Schneidplatte
F_H' = Horizontalkraft an der Schneidplatte
$\mu \cdot F_V$' = vertikale Reibkraft an der Schneidplatte
$\mu \cdot F_H$' = horizontale Reibkraft an der Schneidplatte
a = Schneidstempel
b = Schneidplatte
W = Werkstück
[Feintool AG Lyss]

Die Größe der erforderlichen Schneidkraft verändert sich über den Schneidweg und erreicht vor Beginn der Rissausbreitung ein Maximum. Dieses errechnet sich nach der Gleichung:

$$F_{S,max} = l_S \cdot s \cdot k_S = A_S \cdot k_S \tag{1}$$

Darin bedeuten:

$F_{S,max}$ = maximale Schneidkraft [mm]
l_S = gesamte Länge der Schnittlinie(n) [mm]
s = Blechdicke [mm]
k_S = Schneidwiderstand [N/mm²]
A_S = geschnittene Fläche [mm²] (= $l_S \cdot s$)

Scherschneiden

Daraus ergibt sich:

$$k_S = \frac{F_{s,max}}{A_S} \quad (2)$$

Der Schneidwiderstand k_S ist weder eine Konstante noch ein Werkstoffkennwert, sondern von verschiedenen Größen abhängig (siehe unten). Die Rückzugskraft F_R für das Abstreifen des Werkstücks vom Stempel kann je nach vorliegenden Bedingungen in weiten Grenzen schwanken. Die Haupteinflussgrößen auf die Rückzugskraft sind das Verhältnis Schneidspalt/Blechdicke und das Verhältnis Stempeldurchmesser/Blechdicke sowie die Zähigkeit des Bleches. Bei zähen Werkstoffen wird für das Abstreifen eine größere Rückzugskraft als bei spröden benötigt. Bei einem Verhältnis von Stempeldurchmesser zu Blechdicke von etwa 10 beträgt die Rückzugskraft bei einem Schneidspalt von 10 % der Blechdicke etwa 3 % bis 5 % der maximalen Schneidkraft. Beim Schneiden kleiner Löcher in dicke, zähe Bleche (Verhältnis von Stempeldurchmesser zu Blechdicke von etwa 2) mit einem kleinen Schneidspalt (1 %) kann die Rückzugskraft bis zu 40 % der maximalen Schneidkraft ansteigen. Die Größe der Rückzugskraft muss bei der Befestigung der Stempel berücksichtigt werden.

Einflussgrößen auf die Schneidkraft

Die exakte Größe der maximalen Schneidkraft $F_{S,max}$ kann nicht berechnet werden, da der Schneidwiderstand k_S keine Konstante ist. k_S hängt von verschiedenen Faktoren ab:

- der Festigkeit des Werkstoffs
- dem Schneidspalt
- dem Schneidkantenradius/Werkzeugverschleiß
- der Form der Schnittlinie
- der Blechdicke
- der Schmierung

Einen erheblichen Einfluss auf den Schneidwiderstand übt die Festigkeit des Blechwerkstoffs aus (**Bild 4.5**). Mit steigender Zugfestigkeit R_m nimmt sowohl bei dem Einsatzstahl C10 als auch bei dem Vergütungsstahl C35 das Verhältnis k_S/R_m ab. Das bedeutet, dass bei Vorliegen eines weichgeglühten, gut kaltumformbaren Werkstoffzustands das Verhältnis k_S/R_m bei ca. 0,8, im Falle eines vergüteten oder höherfesten Werkstoffs bei ca. 0,6 liegt.

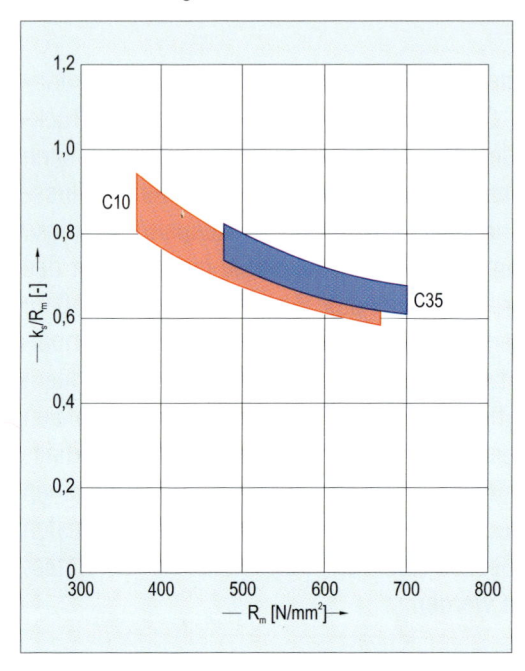

Bild 4.5
Schneidwiderstand beim Scherschneiden in Abhängigkeit von der Stahlsorte und der Zugfestigkeit:
R_m = Zugfestigkeit
k_S/R_m = bezogener Schneidwiderstand
k_S = Schneidwiderstand
C10, C35 = Stahlsorten

Die Abhängigkeit des Schneidwiderstands k_S vom Schneidspalt zeigt **Bild 4.6**. Mit größer werdendem Schneidspalt nimmt der Schneidwiderstand ab. In dem dargestellten Bereich ist der Zusammenhang für ein 10 mm dickes Blech wiedergegeben. Zwischen den Schneidspaltgrößen von 0,1 mm (= 1% der Blechdicke) und von 1 mm (= 10 % der Blechdicke) reduziert sich der Schneidwiderstand um ca. 14 %. Diese Werte gelten für ein scharfkantiges Schneidwerkzeug. Mit zunehmender Anzahl der Schneidvorgänge stumpft das Werkzeug infolge des Werkzeugverschleißes ab. Die zum plastischen Fließen des Werkstoffs notwendige Spannung wird dadurch über eine größere Fläche (Radius an der Schneidkante) in das Blech eingebracht, wodurch die erforderliche Schneidkraft ansteigt. Aus der praktischen Erfahrung heraus kann für verschlissene Schneidkanten mit einer Erhöhung des Schneidwiderstandes k_S um bis zu 60 % gegenüber scharfgeschliffenen Werkzeugen gerechnet werden. Dies ist bei der Bestimmung der maximalen Schneidkraft und der Wahl der eingesetzten Maschine zu berücksichtigen, wenn ein großer Werkzeugverschleiß zu erwarten ist.

Scherschneiden

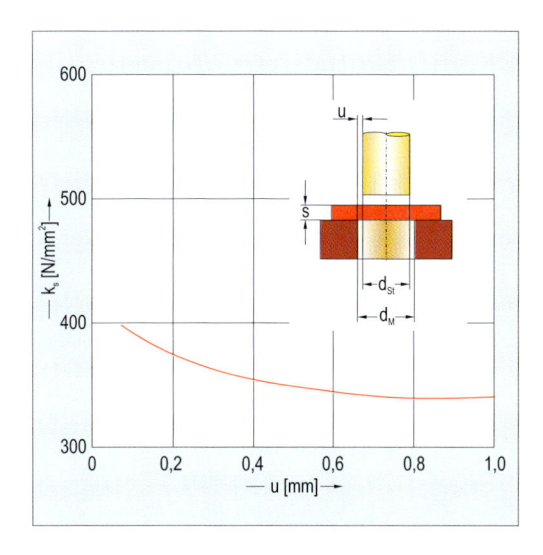

Bild 4.6
Schneidwiderstand beim Scherschneiden in Abhängigkeit vom Schneidspalt.
u = Schneidspalt
k_S = Schneidwiderstand
s = Blechdicke
d_{St} = Stempeldurchmesser
d_m = Matrizendurchmesser, hier 40 mm

Der Einfluss der geometrischen Form der Schnittlinie auf den Schneidwiderstand ist beispielhaft in **Bild 4.7** dargestellt. Beim Schneiden von runden Löchern steigt k_S mit kleiner werdendem Stempeldurchmesser unter sonst gleichen Bedingungen zunächst stetig, bei sehr kleinen Lochstempeln schließlich stark an. Ein ähnlicher Anstieg des Schneidwiderstands kann auch bei schwierigen geometrischen Formen wie Verzahnungen, kleinen Radien usw. beobachtet werden. Betrachtet man hingegen den offenen Schnitt, z.B. das Abschneiden von Blechbereichen am Bauteilrand, so sinkt der Schneidwiderstand deutlich (um bis zu 25% bei gerader Schnittlinie) gegenüber dem geschlossenen Schnitt.

Werden bei sonst gleichen Bedingungen Bleche verschiedener Dicke geschnitten, so ist mit zunehmender Blechdicke eine Abnahme des Schneidwiderstands k_S zu beobachten (**Bild 4.8**).

Schneidverfahren

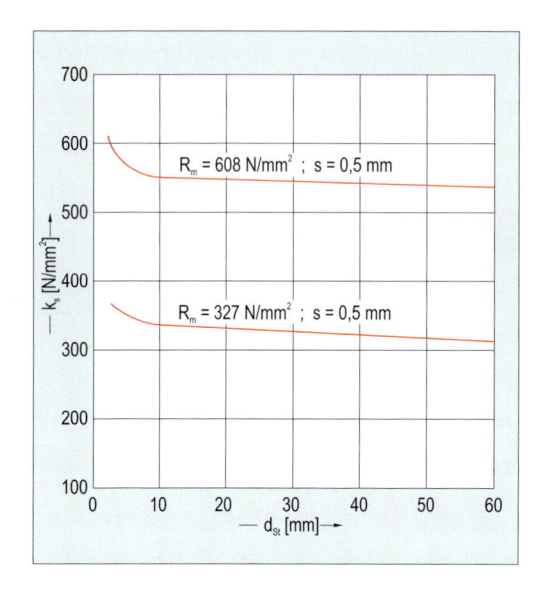

Bild 4.7
Schneidwiderstand beim Scherschneiden in Abhängigkeit von Lochstempeldurchmesser und Zugfestigkeit des Blechwerkstoffs.

d_{St} = Stempeldurchmesser
k_s = Schneidwiderstand
R_m = Zugfestigkeit
s = Blechdicke

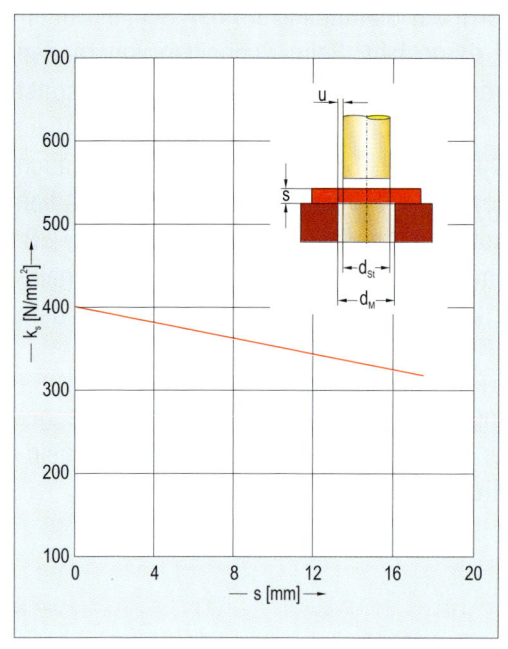

Bild 4.8
Schneidwiderstand beim Scherschneiden in Abhängigkeit von der Blechdicke.

u = Schneidspalt
k_s = Schneidwiderstand
s = Blechdicke
d_{St} = Stempeldurchmesser
d_m = Matrizendurchmesser

Durch Schmierung wird die Reibung zwischen den Werkzeugen und dem Werkstück reduziert, dennoch sinkt mit der Reibung die Scherfestigkeit k_S kaum, da der Anteil der Reibkräfte an der Gesamtschneidkraft gering ist [6].

Scherschneiden

Wenn das Verhältnis von Stempeldurchmesser zu Blechdicke größer als 2 ist, kann für die Bestimmung der Scherfestigkeit k_S folgende vereinfachte Beziehung verwendet werden [7]:

$$k_S = 0,8 \cdot R_m \left[\frac{N}{mm^2} \right] \quad (3)$$

Schneidkraft-Weg-Verlauf (Schnittschlag)

Vom Auftreffen des Schneidstempels auf das Blech bis zum Ende des Schneidvorgangs durchläuft der Prozess verschiedene Phasen (**Bild 4.9**). Der Verlauf der Schneidkraft F_S kann abhängig davon, wie der Stempel in das Blech eindringt, in folgende charakteristische Abschnitte unterteilt werden:

- elastische Verformung des Werkstoffs
- plastische Formänderung (Schneidphase)
- Rissentstehung und -ausbreitung (Trennphase)
- Schwingphase

Während der elastischen Werkstoffbeanspruchung in Phase I federt das Blech beim Auftreffen des Stempels durch. Die Kraft steigt linear mit der Stempelbewegung an, ohne dass eine bleibende plastische Verformung auftritt. Beim weiteren Eindringen des Schneidstempels in das Blech folgt in Phase II nach Überschreiten der Schubfließgrenze der eigentliche Schneidvorgang. Dieser ist durch plastisches ein Fließen des Blechwerkstoffes gekennzeichnet, wobei der Glattschnittanteil der Schnittfläche entsteht. In dieser Phase wirken zwei unterschiedliche Mechanismen, die sich gegensätzlich auf die Höhe der Schneidkraft auswirken. Zum einen steigt mit Zunahme der Stempeleindringtiefe aufgrund der Formänderung im Schneidspalt die Kaltverfestigung und somit der Schneidwiderstand und die Schneidkraft. Zum anderen nimmt der kraftübertragende Restquerschnitt und damit die Schneidkraft ab. Bis zum Erreichen des Schneidkraftmaximums $F_{S,max}$ überwiegt der Anteil der Kaltverfestigung. Im weiteren Schneidverlauf dominiert dann die Abnahme des Restquerschnitts, weshalb die Höhe der Schneidkraft wieder absinkt. Der Beginn der Phase III, der Trennphase, ist durch das

Auftreten von Rissen im Werkstoff gekennzeichnet, die sich bei Erreichen des Formänderungsvermögens ausbilden. Das Blech bricht durch und die Schneidkraft fällt schlagartig ab. Die Größe des Glattschnitt- und des Bruchflächenanteils an der Schnittkante sowie die Stempeleindringtiefe, bei der das Schneidkraftmaximum und das Durchbrechen auftreten, hängen von Werkstoff- und Werkzeugzustand ab. Das plötzliche Abreißen des Schnittteils führt zu einer schlagartigen Entlastung von Werkzeug und Maschine (Schnittschlag). Daher schwingt das System in der Schwingphase (Phase IV) wie eine entlastete Feder, wobei das Schwingverhalten von den Kenngrößen (Eigenfrequenzen) der Maschine und des Werkzeugs bestimmt wird. Hierbei kann es, besonders im geschlossenen Schnitt, zu Berührungen zwischen Stempel und Schneidplatte kommen, was zu zusätzlichen Verschleißbeanspruchungen führt. Um negative Auswirkungen des Schnittschlags auf die Presse (z.B. die Durchbiegung von Stößel und Pressentisch, die Beschädigung von Lagern, Dichtungen und Führungen) zu vermeiden, werden häufig Schnittschlagdämpfer an der Maschine eingesetzt.

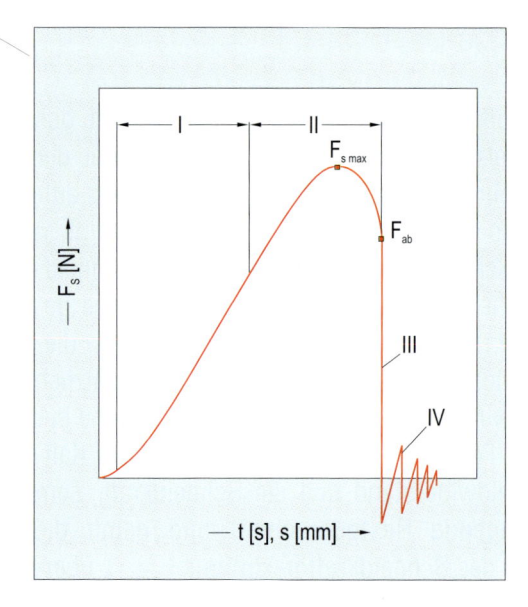

Bild 4.9
Schematischer Schneidkraftverlauf beim vollkantigen Scherschneiden.
I = elastische Werkstoffbeanspruchung
II = Schneidphase
III = Trennphase (Abrissphase)
IV = Schwingphase
t = Zeit
s = Weg
F_S = Schneidkraft
$F_{S\,max}$ = Schneidkraft-Maximum
F_{ab} = Schneidkraft bei Abrissbeginn

Scherschneiden 157

Um das Maximum der Schneidkraft zu reduzieren, können Schneidstempel oder Matrizen mit schräggeschliffenen (**Bild 4.10**) statt ebenen Stirnflächen verwendet werden. Dabei hat sich bei spröden Werkstoffen ein Höhenunterschied von ca. dem 0,6-fachen und bei duktilen Werkstoffen von ca. dem 0,9-fachen der Blechdicke als günstig erwiesen. Bei diesem ziehenden Schneiden wird die maximal auftretende Schneidkraft durch Verkürzung der wirkenden Schnittlinienlänge bzw. durch das zeitliche Verschieben des Eingriffs der Schneidkanten verringert. Bei gleicher Schnittlinienlänge ist jedoch die Stempeleindringtiefe bis zum Bruch bei ziehenden Schnitten, abhängig vom Schneideneingriffswinkel, höher als bei vollkantigen. Aus diesem Grund bleibt die von der Maschine aufzubringende Schneidarbeit auch beim ziehenden Schnitt im Vergleich zum vollkantigen gleich. Nachteilig gegenüber dem vollkantigen Schnitt wirkt sich das Auftreten von Querkräften aus, die ein seitliches Abdrängen des Stempels bewirken. Daher sollte der Anschrägwinkel nicht größer als 5° sein, um eine Beschädigung der Schneidkante zu verhindern. Darüber hinaus tritt bei einem Anschliff am Schneidstempel eine Verformung des Butzens und bei Anschrägung der Schneidplatte eine Verformung des Blechstreifens auf.

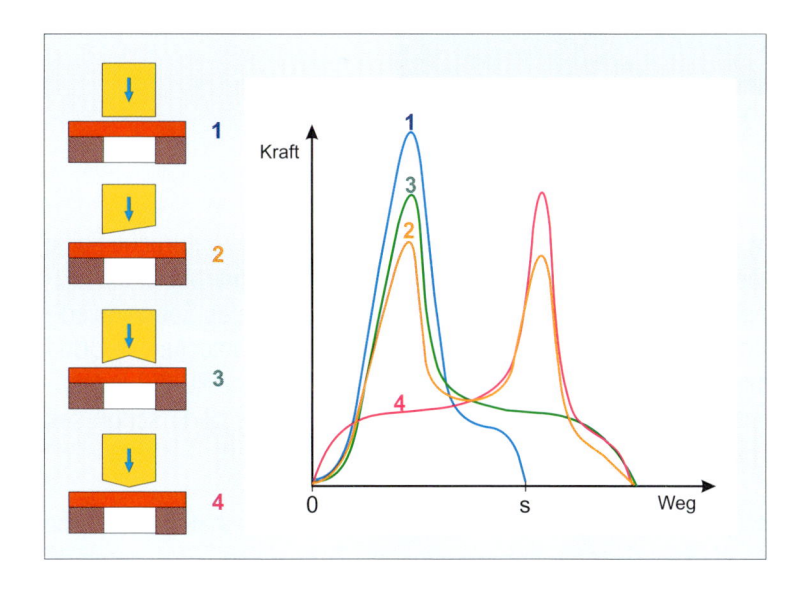

Bild 4.10
Einfluss der Anschrägung der Stempelkante auf den Schneidkraft-Stempelweg-Verlauf beim Scherschneiden.

Arbeitsergebnis

Schergeschnittene Teile haben eine Schnittfläche, die etwa zu einem Drittel glattgeschnitten und zu zwei Dritteln gebrochen ist (**Bild 4.11**). Solche Schnittflächen können bei besonderen Anforderungen keine Funktionen übernehmen. Um diese Forderung zu erfüllen, müssen die Schnittflächen nachbearbeitet werden, z.b. durch Fräsen oder Schleifen. Die Größe des Glattschnitts ist in erster Linie vom Schneidspalt abhängig, d.h., kleine Schneidspalte führen i.d.R. zu größeren Glattschnittanteilen.

Bild 4.11
Rasterelektonenmikroskopische Aufnahme einer schergeschnittenen Fläche, Werkstoff C10, Blechdicke 2 mm, Schneidspalt 5 % der Blechdicke. [VDI2906, Blatt 2]

4.1.4 Verschleiß und Verschleißminderung

Ein Verschleiß an Schneidwerkzeugen tritt in vielen Fällen als natürliche Folge der hohen Beanspruchung durch den Schneidvorgang auf. Hierbei ist die Festigkeit des zu schneidenden Bleches im Vergleich zur Härte des Schneidwerkstoffs der wichtigste Einflussfaktor. Für traditionelle Tiefziehbleche wie DC04 ist das Verschleißproblem durch den Einsatz gehärteter (ca. HRC 60) ledeburitischer Kaltarbeitsstähle (z.B. X 210 Cr 12, X 155 CrVMo 12 1) schon seit längerer Zeit gelöst.

Der in vielen Bereichen wachsende Trend zum Leichtbau hat jedoch eine Vielfalt neuer Blechwerkstoffe hervorgebracht. Zum einen wird verstärkt Aluminium in der Blechverarbeitung angewendet. Zum anderen werden hochfeste Stahlwerkstoffe eingesetzt, die eine deutliche Reduzierung der Blechdicke bei gleicher Festigkeit im Vergleich zu konventionellen Stahlblechen erlauben.

Scherschneiden

Aluminium neigt zur Bildung von Kaltaufschweißungen an den Schneidstempeln. Dieser so genannte Adhäsionsverschleiß aufgrund von Mikroverschweißungen hat mehrere negative Auswirkungen. Einerseits vergrößert sich der Stempel mit jedem Hub, womit sich gleichzeitig der Schneidspalt verkleinert. Neben höheren Kräften kann es im geschlossenen Schnitt schließlich zu einem Verklemmen des Stempels in der Schneidplatte kommen und der Stempel reißt beim Rückhub im schlimmsten Fall ab. Andererseits kann die Aufschweißung von den Werkzeugelementen abgeschert werden. In Folgeschritten können diese abgescherten Partikel in das Blech eingeprägt werden und führen so zu Ausschuss. Eine Reduzierung der Reibung durch den Einsatz kohlenstoffhaltiger amorpher PVD-Schichten kann den Adhäsivverschleiß stark vermindern.

Hochfeste Stähle (z.B. Dualphasen- , Complexphasen- , martensitische oder partiell martensitische, Restaustenit- (TRIP-) und zwillingsbildende, hoch manganlegierte Stahlsorten (TWIP) sowie pressgehärtete Borstähle) stellen den Werkzeugbauer bei der Wahl eines geeigneten Werkzeug-Werkstoffs vor große Herausforderungen. Mit bekannten Werkzeugkonzepten steigt der abrasive Verschleiß stark an und reduziert somit die Werkzeugstandzeit.

Durch wiederkehrende mikroplastische Verformungen in den Schneidwerkzeugen bei Dauerhubbeanspruchung kann es zu einem Ermüdungsverschleiß kommen. Derartige zyklische Deformationen können in den daraus resultierenden Spannungszentren unterhalb der Oberfläche zur Bildung von Mikrorissen führen. Infolge weiterer Beanspruchung können diese Risse wachsen und schließlich zu Ausbrüchen an den Schneidkanten von Stempel oder Matrize führen.

Die Hersteller von Werkzeugwerkstoffen bieten eine Vielzahl neuer Entwicklungen mit verbesserten Härtungs- und Verschleißeigenschaften an. Diese sind jedoch noch nicht allgemein für das Schneiden der unterschiedlichen hochfesten Stahlgüten qualifiziert. CVD-basierte Hartstoffschichten, z.B. TiC oder TiN, können einen Verschleiß wirksam reduzieren, aufgrund der hohen Beschichtungstemperaturen kann es jedoch zum Verzug der Werkzeuge und möglicherweise zu einer Beeinflussung der Härteeigenschaften kommen. Pulvermetallurgische Schnellarbeitsstähle – und in noch stärkerem Maße Hartmetalle – weisen ein hervorragendes Verschleißverhalten auf. Diese

Schneidwerkstoffe sind jedoch deutlich kostenintensiver als Kaltarbeitsstähle und können, da nicht schweißbar, nur sehr eingeschränkt repariert oder angepasst werden.

Auch keramische Werkstoffe (z.B. ZrO_2, Si_3N_4) lassen sich grundsätzlich als Schneidstempel-Werkstoffe einsetzen. Besonders bei weichen Blechwerkstoffen (Zugfestigkeit bis 300 N/mm^2) kann die Standmenge sogar gegenüber dem Hartmetall noch deutlich gesteigert werden. Bei höheren Festigkeiten muss hier jedoch ebenfalls mit einem abrasivem Verschleiß oder Schneidkantenausbrüchen gerechnet werden. Darüber hinaus sind bei der Verwendung von Keramikwerkzeugen erhöhte Anforderungen an die Genauigkeit und die Steifigkeit des Werkzeuggestells zu erfüllen, da Keramik aufgrund ihrer geringen Elastizität empfindlich auf Verlagerungen, Verkippungen und Durchbiegungen im Werkzeug reagiert [8].

Bild 4.12 zeigt den Vergleich zwischen Schnittflächen von durch Keramik- und Hartmetallstempel erzeugte Löcher von 8 mm in ein 1,5 mm dickes Blech aus dem höherfesten Dualphasenstahl DP 500. Zu Beginn (im Bild nach 10.000 Hüben) erzeugt der Keramikstempel aus ZrO_2 ca. 10 % mehr Glattschnittanteil als der Hartmetallstempel bei gleichzeitig besserer Oberflächenqualität des Glattschnittbereichs. Aufgrund der zunehmenden Aufrauung des Keramikstempels gleicht sich dessen Erscheinungsbild der Schnittfläche (im Bild nach 300.000 Hüben) an die unveränderte Qualität der Schnittfläche des Hartmetallstempels an.

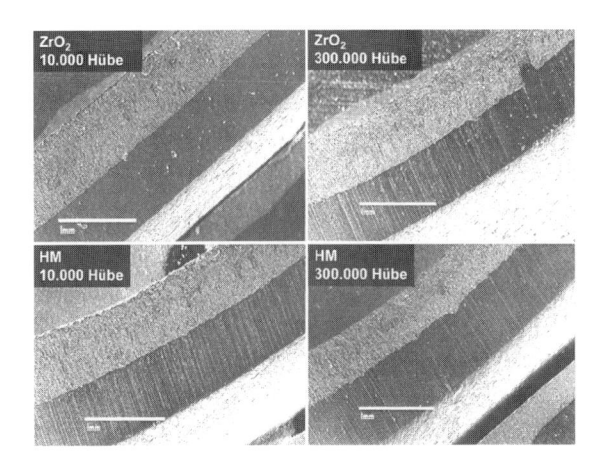

Bild 4.12
Rasterelektonenmikroskopische Aufnahmen von Schnittflächen des Stahls DP 500, Blechdicke 1,5 mm geschnitten mit Keramik ZrO_2 (oben) und Hartmetall (unten) [8].

Scherschneiden

4.1.5 Präzisionsschneidverfahren

Die durch konventionelles Scherschneiden erzeugbaren Schnittflächenqualitäten sind nicht ausreichend, um Funktionen (z.b. die Kraftübertragung bei Zahnradflanken, Passungen etc.) zu erfüllen, da hierzu gewisse Anforderungen an den Traganteil (Glattschnitt) und die Rechtwinkligkeit der Schnittfläche gestellt werden. Solche Schnittflächen müssen spanend, z.b. durch Fräsen oder Schleifen, nachbearbeitet werden. Diese Nacharbeit ist jedoch zeit- und kostenintensiv. Daher haben sich einige auf dem konventionellen Scherschneiden beruhende Verfahren entwickelt, die verbesserte Schnittflächenqualitäten liefern. Drei davon seien hier vorgestellt:

Das **Nachschneiden** ist ein zweistufiger Prozess. Im ersten Schritt wird das gewünschte Teil mit einem kleinen Aufmaß vorgeschnitten und anschließend wird im zweiten Schritt diese Nachschneidzugabe durch einen weiteren Scherschnitt abgetrennt. Die geringe Dicke der Nachschneidzugabe führt zu geänderten Spannungsverhältnissen im Werkstoff, wodurch der Glattschnittanteil vergrößert werden kann.

Gegenschneiden (auch Konterschneiden) ist durch ein doppeltes Vorhandensein der Werkzeugaktivelemente, einmal auf der Werkzeugober-, einmal auf der -unterseite, gekennzeichnet. Der Schneidprozess erfolgt in zwei Schritten. Zunächst wird das Blech von einer Seite bis kurz vor Eintreten des Bruches eingeschnitten. Dann wird das Werkstück in entgegengesetzter Richtung durch den zweiten Werkzeugsatz getrennt. Hierdurch lassen sich eine Gratfreiheit und ein verbesserter Glattschnittanteil erzielen.

Normalschneiden mit kleinem Schneidspalt (< 5% der Blechdicke) kann für bestimmte Anwendungsfälle befriedigende Ergebnisse liefern. Es liegen jedoch keine systematischen Untersuchungen für dieses Verfahren (z.B. Erkenntnisse über die Werkzeugstandzeiten) vor.

Literatur zu Kapitel 4.1

[1] Cammann, J.:
Untersuchungen zur Verschleißminderung an Scherschneidwerkzeugen der Blechbearbeitung durch Einsatz geeigneter Werkstoffe und Beschichtungen, Dissertation, Technische Hochschule Darmstadt, (1986)

[2] Erdmann, C.:
Mechanismen der Flitterentstehung beim Scherschneiden von Pressteilen aus Aluminiumblech, Hieronymus GmbH, München, (2004)

[3] Fugger, B.:
Untersuchung der Verschleißvorgänge beim Scherschneiden von Feinblechen, Dissertation, Universität Hannover, (1984)

[4] Hoogen, M.:
Einfluß der Werkzeuggeometrie auf das Scherschneiden und Reißen von Aluminiumfeinblechen, Hieronymus Buchreproduktions GmbH, München, (1999)

[5] Timmerbeil, F.:
Untersuchung des Schneidvorganges bei Blech, insbesondere beim geschlossenen Schnitt, Dissertation, Technische Hochschule Darmstadt, (1956)

[6] Mang, T.; Becker, H.; Schmoeckel, D.; Schubert, K.-H.:
Schmierung und Schmierstoffe beim Normalschneiden von Blechen, 1. Umformtechnisches Kolloquium, IFU Darmstadt, (1980), S. 10/1-18

[7] N.N.:
Handbuch der Umformtechnik, Schuler GmbH, Springer-Verlag, Berlin, Heidelberg, New York, (1996)

[8] Loibl, D.:
Standzeit und Teilequalität beim Lochen von Feinblechen mit keramischen Schneidstempeln, Hieronymus Buchreproduktions GmbH, München, (2003)

Feinschneiden

4.2 Feinschneiden

Für das Fertigungsverfahren Feinschneiden mit glatter Zerteilfläche finden in der Praxis verschiedene Begriffe Anwendung, z.b. Genauschneiden, Feinstanzen und Feinschneiden. Das Verfahren zählt, ebenso wie das einfache Scherschneiden, nach DIN 8580 zur Hauptgruppe Trennen und wird in der Gruppe Zerteilen nach verschiedenen Ordnungsgesichtspunkten definiert.

Das einfaches Scherschneiden und Scherschneiden mit glatter Zerteilfläche sind artverwandte Fertigungsverfahren. Beim Feinschneiden liegen jedoch abweichende Verfahrensparameter vor, die zu anderen Qualitätsmerkmalen am Schnitteil führen. Aufgrund der beachtlichen wirtschaftlichen Vorteile, der qualitativen Verbesserung der Schnitteile und der erweiterten Möglichkeiten, die dieses Fertigungsverfahren bietet, hat es in der Industrie rasch einen breiten Anwendungsbereich gefunden.

4.2.1 Arbeitsprinzip

Bild 4.13 zeigt das Arbeitsprinzip des Feinschneidens. Es handelt sich um die schematische Darstellung eines Gesamtschneidwerkzeugs, mit dem ein Schnitteil mit Innenform hergestellt wird. Die kennzeichnenden Verfahrensmerkmale sind der Werkzeugaufbau, die wirkenden Kräfte, die Ringzacke und der Schneidspalt. Auf weitere Einflussgrößen, z.B. den Feinschneidwerkstoff, wird umfassend eingegangen.

Das Schema in **Bild 4.13A** zeigt den Stellungszustand des Werkzeugs, bei dem das Feinschnitteil etwa zur Hälfte in die Schneidplatte und der Innenformabfall etwa mit halber Werkstückdicke in den Schneidstempel eingeschnitten ist. Die auf das System wirkenden Kräfte sind die Schneidkraft F_S, die auf den Schneidstempel wirkt, die Ringzackenkraft F_R, die auf die Führungs- bzw. Pressplatte drückt, und die Gegenkraft F_G, die dem Schneidstempel über den Auswerfer entgegenwirkt.

Den Vorgang des Ausstoßens und Abstreifens sowie des Auswerfens stellt **Bild 4.13B** dar. Die Zusatzkraft für das Einpressen der Ringzacke wirkt als Abstreifer- und Ausstoßerkraft F_{RA}, streift das Stanzgitter vom Schneidstempel und stößt den Innenformabfall aus dem Schneidstempel. Die zweite Zusatzkraft wirkt beim Schneiden als Gegenkraft und beim Auswerfvorgang als Auswerferkraft F_{GA}, indem sie das Schnittteil aus der Schneidplatte drückt.

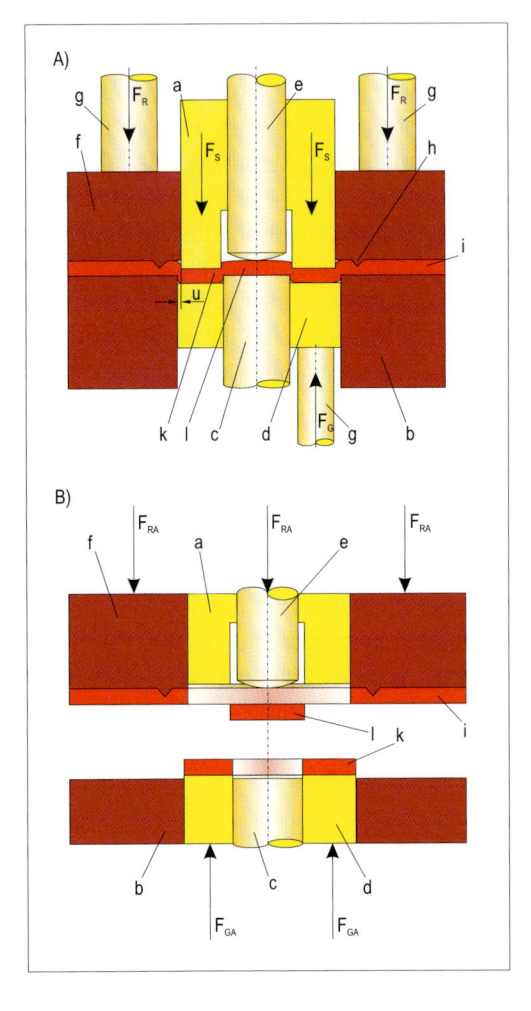

Bild 4.13
Schematische Darstellung des Feinschneidvorgangs nach dem Prinzip des Gesamtschneidens sowie des Ausstoß- und Auswurf-Vorgangs.

A	=	Schneidvorgang beim Feinschneiden
B	=	Auswurf- und Ausstoßer-Vorgang beim Feinschneiden
a	=	Schneidstempel
b	=	Schneidplatte
c	=	Lochstempel
d	=	Auswerfer
e	=	Ausstoßer
f	=	Führungs- bzw. Ringzackenplatte
g	=	Druckbolzen
h	=	Ringzacke
u	=	Schneidspalt
i	=	Blech
k	=	Schnitteil
l	=	Innenformabfall
F_S	=	Schneidkraft
F_R	=	Ringzackenkraft
F_G	=	Gegenkraft
F_{RA}	=	Ausstoßer- bzw. Abstreiferkraft
F_{GA}	=	Auswerferkraft

[Feintool AG Lyss]

4.2.2 Berechnung der Kräfte

Bei den Feinschneidmaschinen handelt es sich um dreifach wirkende Maschinen. Die Ringzacken- und Gegenkraft werden hydraulisch erzeugt. Die Schneidkraft wird bei Maschinen bis etwa 1'600 kN Gesamtkraft mechanisch und bei größeren Maschinen von 2'500 bis 14'000 kN hydraulisch erzeugt [1].

Feinschneiden

Schneidkraft

Die Schneidkraft F_s ist ist abhängig von der äußeren und inneren Schnittlinienlänge des Teils sowie von der Dicke und der Festigkeit des Feinschneidwerkstoffs. Sie errechnet sich aus

$$F_s = L_s \cdot s \cdot R_m \cdot f_1 \qquad (1)$$

Darin bedeuten

L_s = Schnittlinienlänge der Innen- und Außenform des Schnitteils [mm],
s = Dicke des Schnitteils [mm],
R_m = Zugfestigkeit des Werkstückwerkstoffs [N/mm²],
f_1 = Faktor (0,6 bis 0,9).

Der Faktor f_1 wird vom Streckgrenzen-Zugfestigkeits-Verhältnis des Werkstück-Werkstoffes, von der geometrischen Form des Schnitteils, der Werkzeugschmierung und der Abstumpfung der Aktivelemente, des Schneidstempels und der Schneidplatte, beeinflusst. Da der tatsächliche Wert des Faktors f_1 im Einzelfall nicht genau bekannt ist, wird in der Praxis überwiegend mit dem Wert 0,9 gerechnet. Für die genaue Ermittlung von f_1 eines bestimmten Teils werden Versuchsergebnisse benötigt.

Ringzackenkraft

Die Ringzackenkraft F_R drückt die Ringzacke vor Schneidbeginn in den Werkstück-Werkstoff ein und hindert dadurch den Werkstoff am Nachfließen während des Schneidvorgangs. Die Größe der Ringzackenkraft errechnet sich aus der Ringzackenform wie Höhe, Winkel und Radien, der Ringzackenlänge und der Zugfestigkeit des Werkstück-Werkstoffs nach folgender Gleichung:

$$F_R = L_R \cdot h \cdot R_m \cdot f_2 \qquad (2)$$

Hierin bedeuten

L_R = Gesamtlänge der Ringzacke an den Innen- und Außenformen des Schnitteils [mm],
h = Höhe der Ringzacke [mm],
R_m = Zugfestigkeit des Werkstück-Werkstoffs [N/mm²],
f_2 = Faktor (≈ 4)

Die Größe des Faktors f_2 ist ein Erfahrungswert, der die Form der Ringzacke berücksichtigt. Abweichungen von der Form haben einen anderen Wert des Faktors f_2 zur Folge.

Gegenkraft

Die Gegenkraft F_G klemmt den Werkstück-Werkstoff während des Schneidvorgangs auf den Schneidstempel und reduziert dadurch auftretende Biegekräfte auf ein Minimum. Diese Kraft ist abhängig von der Fläche des Schnitteils und einer spezifischen Gegenkraft. Die Berechnungsformel lautet:

$$F_G = A_s \cdot q_G \qquad (3)$$

Es bedeuten

A_s = vom Auswerfer gedrückte Oberfläche des Schnitteils ohne Innenformen [mm²],
q_G = spezifische Gegenkraft [N/mm²].

Die spezifische Gegenkraft q_G ist ein Erfahrungswert und beträgt 20 bis 70 N/mm². Bei großflächigen, dicken Teilen beträgt der Wert 70 N/mm², bei dünnen, kleinflächigen Schnitteilen 20 N/mm².

Auswerferkraft

Nach erfolgtem Schneidvorgang wird das in der Schneidplatte eingeschnittene Teil aufgrund der Auswerferkraft F_{GA} in den Werkzeugraum zurückgestoßen. Die erforderliche Kraft ist:

$$F_{GA} = F_s \cdot f_3 \qquad (4)$$

Feinschneiden

Es sind
F_s = Schneidkraft [N],
f_3 = Faktor (0,10 bis 0,15).

Die Erfahrung in der Praxis zeigt, dass zwischen 5 und 15 % der Schneidkraft für das Ausdrücken des Schnitteils erforderlich sind. Es ist schwierig, einen genauen Wert anzugeben, da Faktoren wie die Kaltverschweißung und die Aufstauchung der Matritzenfläche die Reibung und damit die Lochreibungskräfte in weiten Bereichen beeinflussen.

Abstreifer- bzw. Ausstoßerkraft

Für das Abstreifen des Stanzgitters vom Schneidstempel und das Ausstoßen der Innenformen aus dem Schneidstempel wird die Abstreiferkraft F_{RA} benötigt:

$$F_{RA} = F_s \cdot f_3 \qquad (5)$$

Darin bedeuten

F_s = Schneidkraft [N],
f_3 = Faktor (0,10 bis 0,15).

Auch für das Abstreifen des Stanzgitters und das Ausstoßen der Innenformen werden etwa 10 bis 15 % der Schneidkraft als Kraftbedarf angenommen. Für die Ringzacken- bzw. Abstreiferkraft werden meist 50 % und für die Gegen- bzw. Auswerferkraft etwa 25 % der Schneidkraft an Leistung in den Feinschneidmaschinen vorgesehen.

Gesamtkraft

Die Gesamtkraft F_{Ges} einer dreifachwirkenden Feinschneidmaschine setzt sich daher aus folgenden Teilkräften zusammen:

$$F_{Ges} = F_S + F_R + F_G \qquad (6)$$

Sie liegt für die Feinschneidmaschinen derzeit im Bereich von 250 bis 14'000 kN.

4.2.3 Kraft-Weg-Verlauf

Aufgrund der grundsätzlich unterschiedlichen Verfahrensparameter im Vergleich zum Scherschneiden ergibt sich für das Feinschneiden ein anderer Schneidkraft-Weg- bzw. Schneidkraft-Zeit-Verlauf. Die elastische Phase und die Schneidphase sind beim Feinschneiden ebenfalls vorhanden. Die Abreiß- und die Schwingphase fehlen jedoch vollkommen (**Bild 4.14**). Infolgedessen ist auch kein Schnittschlag vorhanden, wie er beim Scherschneiden zu beachten ist.

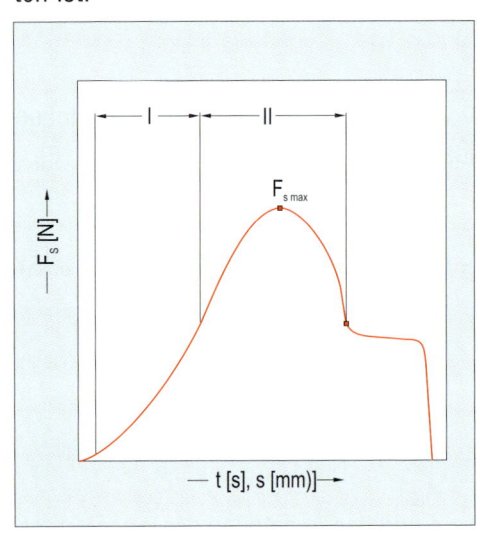

Bild 4.14
Schneidkraft-Weg- bzw. Schneidkraft-Zeit-Verlauf.
I = elastische Phase beim Feinschneiden
II = Schneidphase beim Feinschneiden
F_s = Schneidkraft
$F_{s_{max}}$ = Schneidkraft-Maximum
t = Zeit des Schneidvorgangs
s = Weg des Schneidvorgangs
[Feintool AG Lyss]

4.2.4 Arbeitsablauf

Im Verlauf eines Stößelhubs wird die Stößelgeschwindigkeit gezielt gesteuert, die Zusatzkräfte werden zur Wirkung gebracht und die Nebenfunktion zeitgerecht eingeschaltet. **Bild 4.15A** zeigt in schematischer Darstellung den Stößelbewegungsablauf einer hydraulisch angetriebenen Feinschneidmaschine. Der Stößel wird mit der Eilschließung hochgefahren, dann erfolgt die Umschaltung auf die Geschwindigkeit der Schnittbewegung, wenn nach dem Tastvorgang kein Fremdkörper im Werkzeugraum festgestellt wird. Nach dem Schneiden fährt der Stößel mit erhöhter Eilrücklaufbewegung vom oberen Anschlag in den unteren Umkehrpunkt zurück. Die Schnittgeschwindigkeit der Feinschneidmaschine kann der Dicke, dem Werkstoff und der geometrischen Form des Schnitteils angepasst werden. Sie liegt im Bereich von $v = 3$ bis 60 mm/s und hat erheblichen Einfluss auf das Schnittergebnis und die

Feinschneiden

Lebensdauer des Werkzeugs. Das Schließen erfolgt meist mit $v = 120$ mm/s und das Rücklaufen des Stößels mit $v = 135$ mm/s. Die Kurve d in **Bild 4.15 B** zeigt den Bewegungsablauf des Ringzackenkolbens. Noch vor Schneidbeginn wird die Ringzacke durch die Ringzackenkraft in den Werkstoff eingepresst. Beim Schneiden wird die Kraft durch den hochgehenden Stößel verdrängt, die nach Schneidende das Gitter vom Schneidstempel streift und die Innenformen in den Werkzeugraum stößt. Kurve e gibt den Bewegungsablauf des Gegendruckkolbens wieder. Die Gegenkraft drückt sofort zu Schneidbeginn gegen den Schneidstempel und wird durch die Schneidkraft überwunden. Nach erfolgtem Schneidvorgang wirft die Kraft das in die Schneidplatte eingeschnittene Teil über den Auswerfer in den Werkzeugraum zurück (Kurve e). Das Abstreifen des Stanzgitters vom Schneidstempel und das Ausstoßen der Innenformen erfolgt nach Kurve d. Der Vorschubzyklus des Stanzmaterials, in Kurve g dargestellt, kann sofort nach dem Abstreifen und Ausstoßen erfolgen. Der Blaszyklus bzw. mechanische Ausräumer zum Ausräumen von Teil und Abfall setzt erst ein, wenn auch das Schnitteil ausgeworfen ist (Kurve f). Nach Beendigung des Vorschubs setzt die Scherbewegung des Abfalltrenners (Kurve h) ein.

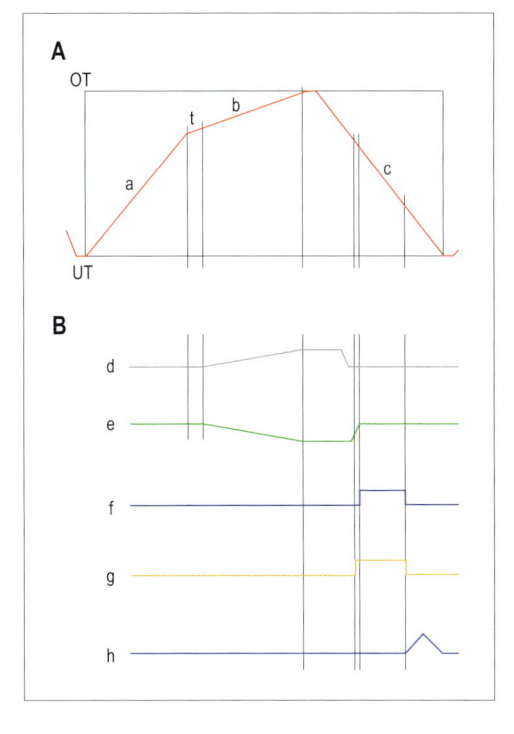

Bild 4.15
Der Stößelbewegungsablauf einer hydraulisch angetriebenen Feinschneidpresse und die Zusatzfunktionen in schematischer Darstellung.

A = Stößelbewegungsablauf
B = Zusatzfunktionen
a = Eilschließbewegung
b = Schneidbewegung
c = Eilrücklaufbewegung
t = Tastbewegung
d = Bewegungsablauf des Ringzackenkolbens
e = Bewegungsablauf des Gegendruckkolbens
f = Zyklus zum Ausräumen der Teile
g = Vorschubzyklus des Stanzmaterials
h = Scherbewegung des Abfalltrenners
OT = oberer Umkehrpunkt der Stößelbewegung
UT = unterer Umkehrpunkt der Stößelbewegung
[Feintool AG Lyss]

Schneidverfahren

In **Bild 4.16** wird der Arbeitsablauf anhand von schematischen Darstellungen des Werkzeugprinzips erklärt.

Offenes Werkzeug (Bild 4.16A):
Das Werkzeug ist geöffnet. Der Stanzstreifen wird in das Werkzeug eingeführt und beidseitig beölt.

Eingespannter Werkstoff (Bild 4.16B):
Das Werkzeug ist geschlossen. Der Stanzstreifen ist außerhalb der Schnittlinie durch die Ringzackenkraft F_R und innerhalb der Schnittlinie durch die Gegenkraft F_G eingespannt.

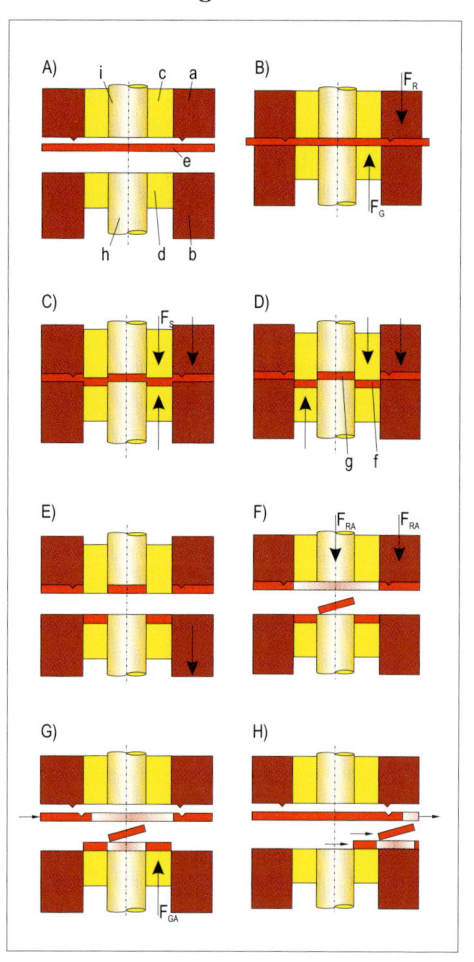

Bild 4.16
Arbeitsablaufschema des Feinschneidens anhand von acht Prozessphasen:

- A = Werkzeug geöffnet und Stanzstreifen eingeführt
- B = Werkzeug geschlossen, F_R und F_G wirksam
- C = Werkstoff angeschnitten, da F_S wirksam
- D = Schnitteil vollständig in die Schneidplatte eingeschnitten
- E = Werkzeug geöffnet
- F = Abstreifen des Stanzgitters vom Stempel und Ausstoßen der Innenformabfälle durch F_{RA}
- G = Auswerfen des Schnitteils aus der Schneidplatte durch F_{GA} Werkstoffvorschub
- H = Beenden des Werkstoffvorschubs, Ausbringen von Teil und Abfälle
- a = Führungs- bzw. Pressplatte
- b = Schneidplatte
- c = Schneidstempel
- d = Auswerfer
- e = Feinschneidwerkstoff
- f = Feinschnitteil
- g = Innenformabfall
- h = Lochstempel
- i = Ausstoßer
- F_S = Schneidkraft
- F_R = Ringzackenkraft
- F_G = Gegenkraft
- F_{RA} = Abstreifer- bzw. Ausstoßerkraft
- F_{GA} = Auswerferkraft

[Feintool AG Lyss]

Feinschneiden 171

Schneidvorgang (Bild 4.16C):
Der Streifen ist bereits durch die Schneidkraft F_S angeschnitten, wobei die Ringzackenkraft F_R und die Gegenkraft F_G voll wirksam sind.

Ende des Schneidvorgangs (Bild 4.16D):
Es erfolgt der Stillstand des Bewegungsablaufs, bei dem das Teil vollständig in die Schneidplatte und der Innenformabfall in den Schneidstempel eingeschnitten sind. Der Stößelhub ist beendet, der Stößel hat den oberen Umkehrpunkt erreicht.

Öffnen des Werkzeuges (Bild 4.16E):
Nun werden die Ringzacken- und Gegenkraft abgeschaltet und das Werkzeug geöffnet.

Abstreif- und Ausstoßvorgang (Bild 4.16F):
In einer weiteren Phase des Ablaufs wirkt die Kraft F_{RA} des Ringzackenkolbens zum Abstreifen des Stanzgitters und zum Ausstoßen der Innenformabfälle.

Auswerfervorgang (Bild 4.16 G):
Zeitverzögert erfolgt über den Gegenkraftkolben F_{GA} das Auswerfen des Teils aus der Schneidplatte, während gleichzeitig der Werkstückvorschub erfolgt.

Ausräumen des Werkzeuges, Vorschub des Materials (Bild 4.16 H):
Zum Schluss werden Teil und Abfall ausgeblasen oder ausgeräumt und der Werkstückvorschub beendet. Nach Stillstand des Vorschubs erfolgt die Stanzgittertrennung.

4.2.5 Schneidspalt

In **Bild 4.17** sind die Größe des Schneidspalts u, sowie der Vergleich dieser Beziehung für das Scherschneiden und Feinschneiden dargestellt. Für 6 mm dicke Feinschnitteile werden z.B. Schneidspalte von u = 0,02 bis 0,04 mm je nach geometrischer Form des Schnitteils eingestellt. Vergleicht man diese Werte mit den Werten für das Scherschneiden, so betragen die Schneidspalte für die gleiche Teiledicke dort u = 0,3 bis 0,6 mm. Als Richtwert kann man für das Feinschneiden eine Schneidspaltgröße angeben, die etwa 0,5 % der zu schneidenden Teiledicke s beträgt.

Beim Scherschneiden liegt dieser Richtwert dagegen bei etwa 5 bis 10 % der Teildicke s. Der Schneidspalt ist bei schwierigen geometrischen Formen des Schnitteils entlang der Schnittkanten nicht konstant, sondern kann unterschiedlich groß sein (**Bild 4.17 A**). Mit der Vergrößerung des Schneidspalts tritt Abriss auf der Gratseite auf, bei Schneidspalten von über 10 % der Teiledicke s gleicht das Aussehen der Schnittfläche des Feinschnitteils dem eines schergeschnittenen Stanzteils.

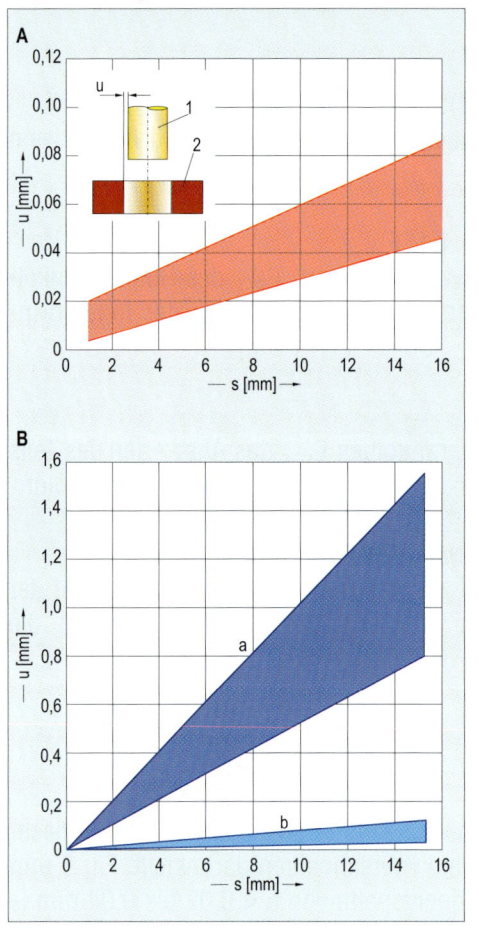

Bild 4.17
Die Schneidspalte in Abhängigkeit von der Werkstoffdicke für das Feinschneiden und im Vergleich zum Scherschneiden.
A = Schneidspalte beim Feinschneiden
B = Vergleich der Schneidspalte beim Scherschneiden und Feinschneiden
a = Scherschneiden
b = Feinschneiden
s = Werkstoffdicke (Blech)
u = Schneidspalt
1 = Schneidstempel
2 = Schneidplatte
[Feintool AG Lyss]

Feinschneiden

4.2.6. Ringzacke

Eines der verfahrenskennzeichnenden Merkmale ist die Ringzacke. **Bild 4.18** zeigt die Form und Maße von Ringzacken [2]. In der Literatur werden jedoch auch andere Formen angeführt. Bis zu einer Teiledicke von s = 4,5 mm wird meist nur eine Ringzacke auf der Führungsplatte angebracht. Bei Blechdicken s ≥ 4,6 mm werden Ringzacken auf der Führung und auf der Schneidplatte oder in Sonderfällen nur auf der Schneidplatte angeordnet. Immer häufiger wird auch bei dicken Werkstoffen nur eine Ringzacke auf der Schneidplatte angebracht. Diese erhabenen Zacken verlaufen im angegebenen Abstand zur Kante der Führungsplatte bzw. Schneidplatte entlang der Schnittlinie. Bei kleinen vorspringenden und einspringenden Partien des Teils braucht die Ringzacke nicht der Schnittlinie zu folgen. Wie bereits erwähnt, wird die Ringzacke vor dem Schneidbeginn durch die Ringzackenkraft in den Werkstückwerkstoff eingepresst und verhindert dadurch ein Nachfließen des Werkstoffs, wenn der Schneidstempel in den Werkstoff eindringt. Zusätzliche Druckspannungen erleichtern den Fließschervorgang. Das Eindrücken der Ringzacke in den Werkstoff beeinflusst nicht nur die Schnittflächenqualität, sondern auch die Größe des Kanteneinzugs und die Maßtoleranz. Innenformen am Schnittteil werden meist ohne Ringzacken geschnitten. Nur in Sonderfällen wird auf dem Innenformstempel eine Ringzacke angeordnet. In bestimmten Fällen wird sogar ohne Ringzacke feingeschnitten.

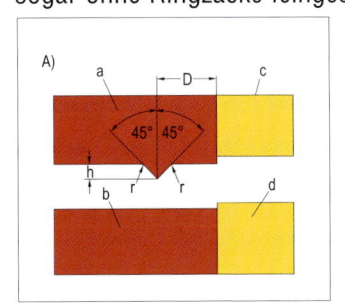

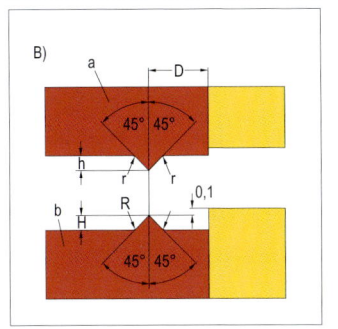

Bild 4.18
Geometrische Form und Abmessungen von Ringzacken beim Feinschneiden.

- A = Ringzacke auf der Führungs- bzw. Ringzackenplatte
- B = Ringzacken auf der Führungs- und Schneidplatte
- D = Abstand der Ringzacke von der Schnittlinie
- h = Höhe der Ringzacke auf der Führungsplatte
- r = Radius am Ringzackengrund der Ringzacke auf der Führungsplatte
- H = Höhe der Ringzacke auf der Schneidplatte
- R = Radius am Ringzackengrund der Ringzacke auf der Schneidplatte
- s = Materialdicke
- a = Führungs- bzw. Ringzackenplatte
- b = Schneidplatte
- c = Schneidstempel
- d = Auswerfer

[Feintool AG Lyss]

4.2.7 Arbeitsergebnis

Eines der wesentlichsten Merkmale des Fertigungsverfahrens Feinschneiden besteht darin, dass Schnitteile mit glatten, ein- und abrissfreien Schnittflächen erzielt werden können (**Bild 4.19 A und B**). Weiterhin werden bei Feinschnittteilen höhere Maßgenauigkeiten und bessere Oberflächenkennwerte erzielt. Mit dem Feinschneiden werden die Verfahrensgrenzen des einfachen Scherschneidens erweitert, sodass sich dem Verfahren neue Fertigungsmöglichkeiten eröffnen. Optimale Fertigungsergebnisse können nur durch ein geeignetes Zusammenwirken von Werkzeug, Werkstückwerkstoff und Maschine erreicht werden. Die Schnittflächenqualität von Feinschnittteilen wird exakt festgelegt [3 - 5] (**Bild 4.20 A und B**).

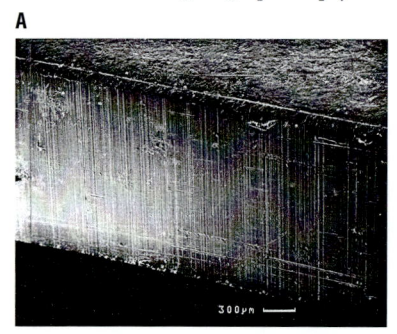

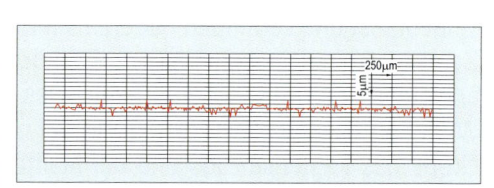

Bild 4.19
Rasterelektronenmikroskopische Aufnahme einer feingeschnittenen Blechprobe:
A = rasterelektronenmikroskopische Aufnahme (REM) einer feingeschnittenen Blechprobe
B = Rauheitsprofil einer feingeschnittenen Fläche. Lage der Messstrecke ist die Mitte der Blechdicke und parallel zur Schnittkante
s = Blechdicke, hier 2 mm
C10 = Stahl-Kurzzeichen nach DIN
u/s = relativer Schneidspalt, hier 0,5 %
u = Schneidspalt
R_m = Zugfestigkeit des Stanzwerkstoffs, hier 400 N/mm^2
$R_{Z_{DIN}}$ = Rauhtiefe (DIN 4763), hier 4,36 µm
R_a = Mittenrauhwert, hier 0,46 µm
[VDI 2906, Blatt 5 und Feintool AG Lyss]

Weitere Beispiele zu den Arbeitsergebnissen beim Feinschneiden werden im Kapitel 2.3 aufgezeigt.

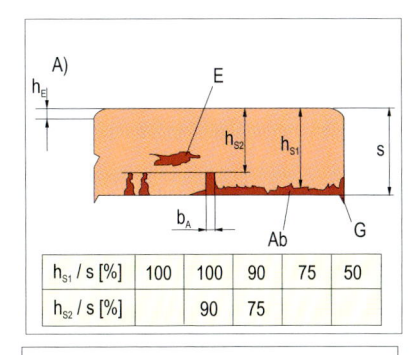

Feinschneiden 175

h_{S1}/s [%]	100	100	90	75	50
h_{S2}/s [%]		90	75		

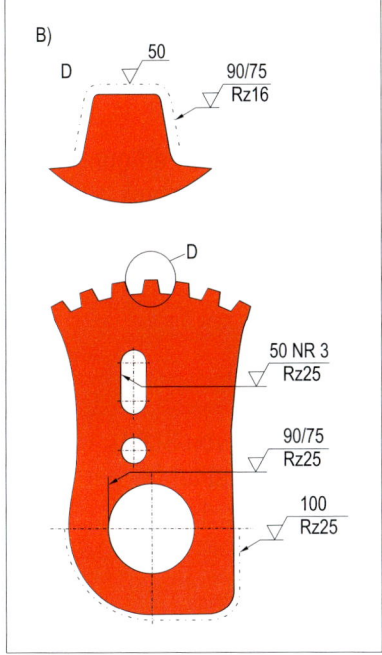

Bild 4.20
Die Erscheinungsformen einer feingeschnittenen Fläche mit Definitionen von Glattschnitt, Einriss und Abriss sowie Zeichnungseintragung an einem Feinschnittteil:

- A = Erscheinungsformen von Glattschnitt, Ein- und Abriss in einer Feinschnittfläche
- B = Beispiele einer Zeichnungseintragung für die Schnittfläche eines Feinschnitteiles
- E = Einriss
- Ab = Abriss
- G = Schnittgrat
- D = Detail
- s = Blechdicke
- h_{S1}/s = Mindest-Glattschnittanteil bei Abriss
- h_{S2}/s = Mindest-Glattschnittanteil bei schalenförmigem Abriss
- b_A = Schalenförmige Abrissbreite
- $b_{A\,max}$ = Summe aller b_A kann bei Bedarf vom Anwender festgelegt werden
- h_E = Kanteneinzugshöhe
- E = Einrisse können auch nach einem Oberflächenvergleichsnormal mit Nr. 1, 2, 3 oder 4 klassifiziert werden
- R_Z = Die Zeichnungseintragungen können auch, wie teilweise in der Praxis üblich, mit Angaben des R_a-Werts erfolgen
- NR3 = Einrissgröße nach Oberflächenvergleichsnormal

[VDI 2906, Blatt 5, VDI 3345 und Feintool AG Lyss]

Literatur zu Abschnitt 4.2

[1] Feintool AG Lyss:
Maschinenprospekte mechanischer und hydraulischer Feinschneidpressen.

[2] Feintool AG Lyss:
Firmen-NORM, Ringzackenausführungen.

[3] Feintool AG Lyss, Birzer F. und Haack, J.:
Feinschneiden, Handbuch für die Praxis.
Hallwag AG, Bern (1979)

[4] Feintool AG Lyss:
Informationen, Nr. 1 bis 32

[5] VDI-Richtlinien:
VDI-2906, Blatt 5 und VDI 3345.

[6] Birzer, F.:
Feinschneiden und Umformen - Wirtschaftliche Fertigung von Präzisionsteilen aus Blech. Die Bibliothek der Technik, Band 134 Verlag moderne industrie, (1996)

[7] Spur, G. und Stöferle, Th.:
Handbuch der Fertigungstechnik.
Band 2/3: Umformen, Zerteilen.
Carl Hanser-Verlag, München, Wien, (1985)

[8] Krämer, W.:
Untersuchungen über das Genauschneiden von Stahl und Nichteisenmetallen. Bericht aus dem Institut für Umformtechnik der Universität Stuttgart, Nr. 14.
Essen Girardet (1969).

Bild 4.21
Hydraulische Feinschneidpresse mit 4500kN Gesamtkraft.

5 Grenzen des Umformens und Feinschneidens

Für die verschiedenen in Kapitel 3 beschriebenen Umformverfahren sind Grenzen gegeben, deren Überschreiten zu Prozessstörungen, Leistungsabfall der Werkzeuge und Qualitätsminderung an den Teilen führen wird. Das gleiche gilt für das Feinschneiden.

5.1 Schwierigkeitsgrad flacher Feinschnittteile

5.1.1 Definition des Schwierigkeitsgrads

Die Möglichkeit, ein flaches Stanzteil durch Feinschneiden herstellen zu können, wird durch die geometrische Form, die Dicke und die Festigkeit des Halbzeugs festgelegt. Zur Klassifizierung der Herstellbarkeit wurde durch Feintool der sogenannte Schwierigkeitsgrad eingeführt, der von den o.g. drei Faktoren abhängig ist. Es wurde versucht, hier eine Einteilung von einfach [S1] über mittel [S2] bis schwierig [S3] vorzunehmen. Die geometrische Form (Außen-/Innenkontur) eines Feinschnittteiles lässt sich in mehrere mathematische Funktionen wie Geraden und Kurven der Ebene aufgliedern, die in ihrer Gesamtheit Formelemente wie Zahnmodul, Lochdurchmesser, Ringbreite, Eckenrundung, Schlitz und Steg ergeben. Jedes der einzelnen Formelemente weist nun in seinen zahlenmäßig erfassbaren Kennwerten graduelle Unterschiede auf, die letztlich den Schwierigkeitsgrad der geometrischen Form bestimmen. Ein Zahnmodul kann klein oder groß sein, wodurch die Fertigungsmöglichkeit mittels Feinschneiden schließlich bestimmt wird. Um den Schwierigkeitsgrad eines Teils bestimmen zu können, muss daher die Form des Teils in die einzelnen Formelemente unterteilt werden. Eine weitere Einflussgröße, die den Gesamtschwierigkeitsgrad des Teils mitbestimmt, ist dessen Dicke. Mit steigender Dicke nimmt bei dem gleichen Teil der Schwie-rigkeitsgrad als Bewertungsmaßstab der Herstellbarkeit zu. Die Festigkeit des Werkstoffs ist der ditte Faktor, der den Schwierigkeitsgrad mitbestimmt.

5.1.2 Berechnungsgrundlagen

Berechnungsbasis "Mittlerer Druck p_m"
Für das Formelement "Loch" soll die Berechnung des kleinsten Lochdurchmessers durchgeführt werden. Beim Ausschneiden eines Schnittteiles werden die Aktivelemente auf den Druck beansprucht. Dieser ist umso höher, je größer die benötigte Schneidkraft und je geringer die Fläche ist, auf die diese Kraft wirkt. Andererseits kann das Werkzeug nur eine bestimmte Druckbelastung ertragen, ohne dass es zu einer unzulässigen Aufstauchung kommt. Zwischen den Größen

- mittlerer Schneiddruck, p_m, und
- 0,2 %-Stauchgrenze, $R_{c0,2}$,

besteht daher folgender Zusammenhang:

$$R_{c0,2} \geq p_m. \quad (1)$$

Der mittlere Schneiddruck p_m muss kleiner oder höchstens gleich der 0,2-Stauchgrenze der gehärteten Elemente sein, da es sonst zu meist örtlich verstärkten Aufstauchungen kommt. Der mittlere Schneiddruck p_m errechnet sich aus der Schneidkraft im Verhältnis zur Fläche des Schneidstempels:

$$p_m = \frac{F_s}{A} \quad (2)$$

F_s = Schneidkraft [N]
A = Fläche des Schneidstempels [mm²]

Für das Schneiden eines Loches mit einem Lochstempel zum Beispiel ergibt sich für die Schneidkraft F_s:

$$F_s = L \cdot s \cdot R_m \cdot f_1 \quad (3)$$

L = Schnittlinienlänge [mm]
s = Teiledicke [mm]
R_m = Zugfestigkeit des Werkstück-Werkstoffes [N/mm²]
f_1 = Faktor

Für die Fläche des Lochstempels A ergibt sich:

$$A = \frac{d^2 \cdot \pi}{4} \tag{4}$$

d = Lochstempeldurchmesser [mm]

Setzt man in Gleichung (2) die Werte von Gleichung (3) und (4) ein, so ergibt sich:

$$p_m = \frac{L \cdot s \cdot R_m \cdot f_1}{\frac{d^2 \cdot \pi}{4}} \tag{5}$$

Weiterhin gilt:

$$L = d \cdot \pi \tag{6}$$

L = Umfang des Lochstempels

$$k_s = R_m \cdot f_1 \tag{7}$$

k_s = Scherfestigkeit des Werkstück-Werkstoffes [N/mm²]

Wird (6) und (7) eingesetzt, so ergibt sich:

$$p_m = \frac{4 \cdot s \cdot k_s}{d} \tag{8}$$

Setzt man (8) schließlich noch in (1) ein, so folgt:

$$R_{c\,0,2} \geq \frac{4 \cdot s \cdot k_s}{d} \tag{9}$$

Umgestellt auf s/d und berücksichtigt, dass eine Gegenkraft von 10 % von auf den Lochstempel beim Feinschneiden wirkt, folgt aus Gleichung (9):

$$\frac{s}{d} \leq \frac{R_{p0,2}}{4{,}4 \cdot k_s} \tag{10}$$

Diese Gleichung sagt aus, dass bei einem konstanten $R_{c0,2}$-Wert ein Zusammenhang zwischen der Scherfestigkeit k_s des Werkstück-Werkstoffs und dem s/d-Verhältnis (Werkstoffdicke zu Lochstempeldurchmesser) besteht. Dieser Zusammenhang ist auch in **Bild 5.1** dargestellt. Er folgt aus dem Gleichgewichtsverhältnis von Schneiddruck und 0,2-Stauchgrenze und sagt aus, dass bei zunehmendem s/d-Verhältnis der Schneidwiderstand abnehmen muss und umgekehrt.

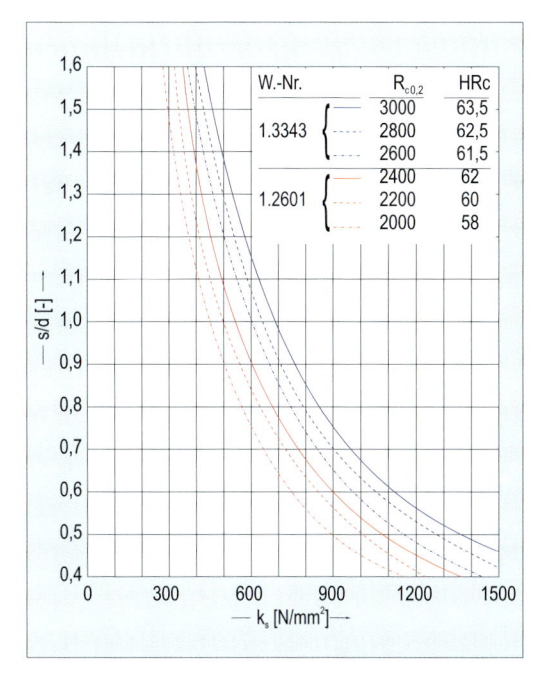

Schwierigkeitsgrad flacher Feinschnittteile

Bild 5.1
Das s/d-Verhältnis in Abhängigkeit von der Scherfestigkeit k_S des Stanzwerkstoffs und der 0,2-Stauchgrenze des Lochstempels.

W.-Nr.	$R_{c0,2}$	HRc
1.3343	3000	63,5
	2800	62,5
	2600	61,5
1.2601	2400	62
	2200	60
	2000	58

k_S = Scherfestigkeit des Feinschneidwerkstoffs (Blech)
s/d = Verhältnis von Blechdicke zu Lochdurchmesser
s = Blechdicke
d = Lochdurchmesser
$R_{c0,2}$ = 0,2-Stauch- bzw. Druckgrenze des Lochstempels
W.-Nr.= Werkstoff-Nummer nach DIN
HRC = Härte in Rockwell-C
[Feintool AG Lyss]

Als Parameter sind je ein Kaltarbeitsstahl (1.2601) und ein Schnellarbeitsstahl (1.3343) mit verschiedenen $R_{c0,2}$-Werten eingeführt. Die einzelnen Kurven stellen Grenzkurven für den betreffenden Stahl dar, die nicht überschritten, wohl jedoch unterschritten werden können.

Setzt man zur Berechnung des Grenzwerts in die Gleichung (10) für

$R_{c0,2}$ = 3000 N/mm², den Grenzwert für Schnellarbeitsstahl, und
$k_S = R_m \cdot f_1 = 500 \cdot 0{,}9 = 450$ N/mm², den Grenzwert für Stanzmaterial, ein,

so ergibt sich

mit Gegendruck $\quad \dfrac{s}{d} \cdot 4{,}4 \cdot 450 = 3000 \,;\, \dfrac{s}{d} = \dfrac{3000}{1980} = 1{,}51$

ohne Gegendruck $\quad \dfrac{s}{d} \cdot 4{,}0 \cdot 450 = 3000 \,;\, \dfrac{s}{d} = \dfrac{3000}{1800} = 1{,}67$

Beispiel:
Für ein Ablesebeispiel mit konstantem $\frac{s}{d} = 1$ gilt:

Für Lochstempel aus Kaltarbeitsstahl 1.2601,
mit $R_{c0,2} = 2'000$ N/mm², HRC 58
ist: $k_s \leq 450$ N/mm² bzw. $R_m \leq 500$ N/mm²,
d.h., die maximale Zugfestigkeit des verarbeiteten Bleches darf 500 N/mm² nicht überschreiten.

Für Lochstempel aus Schnellarbeitsstahl 1.3343,
mit $R_{c0,2} = 3'000$ N/mm² HRC 63,5
ist: $k_s \leq 700$ N/mm² bzw. $R_m \leq 778$ N/mm²,
d.h., die maximale Zugfestigkeit des verarbeiteten Bleches darf 700 N/mm² nicht überschreiten.

Für ein Ablesebeispiel mit konstantem
$k_s = 450$ N/mm² ($R_m = 500$ N/mm²) gilt:

Für Lochstempel aus Kaltarbeitsstahl 1.2601,
mit $R_{c0,2} = 2'000$ N/mm², HRC 58 ist: $\frac{s}{d} \leq 1,0$,
d.h., das Verhältnis Blechdicke-Stempeldurchmesser darf den Wert 1,0 nicht überschreiten.

Für Lochstempel aus Schnellarbeitsstahl 1.3343,
mit $R_{c0,2} = 3'000$ N/mm², HRC 63,5 ist: $\frac{s}{d} \leq 1,67$,
d.h., das Verhältnis Blechdicke-Stempeldurchmesser darf den Wert 1,67 nicht überschreiten.

Druckspitzen p_s

Die mittlere Druckbelastung des Stempels ergibt zwar eine grobe Abschätzung, lässt jedoch exakte Rückschlüsse auf die tatsächliche Beanspruchung des Schneidstempels an schwierigen Formelementen nicht zu. Denn der Schneidstempel wird beim Feinschneiden nicht gleichmäßig über den Querschnitt auf den Druck belastet.

Es treten Druckspitzen am Schneidstempel nach folgender Formel auf:

$$p_s > p_m \cdot f \qquad (11)$$

Darin bedeuten:

Schwierigkeitsgrad flacher Feinschnittteile

p_s = Druckspitze in N/mm^2
f = Faktor größer 1, jedoch unbekannt

An zwei unterschiedlichen geometrischen Formen eines Schnitteils "Scheibe" und "Spitzkeil" soll das Auftreten von Druckspitzen beim Feinschneiden erklärt werden (**Bild 5.2**). Beide Formen haben die gleiche Fläche und die Berechnung ergibt die gleiche mittlere Druckbelastung p_m von 180 N/mm^2. Bildet man jedoch Flächenintegrale bei dem Spitzteil von A_1 bis A_5 und ermittelt für diese die Druckbelastung, so ergibt sich für die Teilfläche A_5 ein Druck von 1'765 N/mm^2. An der äußersten scharfen Spitze wird der Druck auf den Schneidstempel so hoch, dass dies zu Ausbrüchen führt. Selbst bei einer Scheibe ist die Verteilung des Schneiddrucks über den Querschnitt nicht gleichmäßig, sondern es treten höhere Drücke in der Randzone auf.

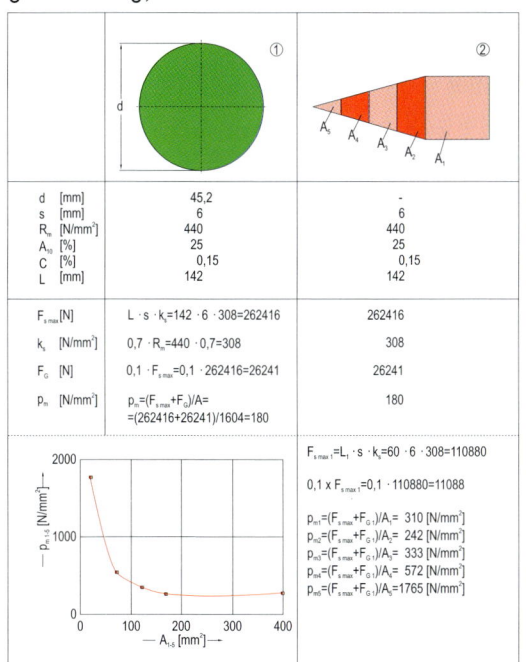

Bild 5.2
Berechnung des mittleren Drucks und der Druckspitze auf den Schneidstempel beim Feinschneiden einer Scheibe und eines Spitzkeils.

1 = Feinschnittteil Scheibe
2 = Feinschnittteil Spitzkeil
d = Scheibendurchmesser
A_1 bis A_5 = Teilflächen des Spitzkeils
s = Blechdicke
R_m = Zugfestigkeit des Blechwerkstoffs
A_{10} = Bruchdehnung des Blechwerkstoffs
C = Kohlenstoffgehalt des Blechwerkstoffs
L = Schnittlinienlänge
Fs_{max} = Schneidkraftmaximum

		1	2
d	[mm]	45,2	-
s	[mm]	6	6
R_m	[N/mm^2]	440	440
A_{10}	[%]	25	25
C	[%]	0,15	0,15
L	[mm]	142	142
$F_{s\,max}$ [N]		L·s·k_s=142·6·308=262416	262416
k_s [N/mm^2]		0,7·R_m=440·0,7=308	308
F_G [N]		0,1·$F_{s\,max}$=0,1·262416=26241	26241
p_m [N/mm^2]		p_m=($F_{s\,max}$+F_G)/A= =(262416+26241)/1604=180	180

$F_{s\,max\,1}$=L_1·s·k_s=60·6·308=110880
0,1 x $F_{s\,max\,1}$=0,1·110880=11088
p_m=($F_{s\,max}$+F_{G1})/A_1= 310 [N/mm^2]
p_m=($F_{s\,max}$+F_{G1})/A_2= 242 [N/mm^2]
p_m=($F_{s\,max}$+F_{G1})/A_3= 333 [N/mm^2]
p_m=($F_{s\,max}$+F_{G1})/A_4= 572 [N/mm^2]
p_m=($F_{s\,max}$+F_{G1})/A_5= 1765 [N/mm^2]

$F_{S\,max1}$ - $F_{S\,max5}$ = Schneidkraftmaximum beim Schneiden der Teilflächen
k_S = Schneidwiderstand des Blechs
F_G = Gegenkraft
F_{G1} - F_{G5} = Gegenkraft, 10 % von 1 - 5
p_m = mittlere Druckbelastung auf den Schneidstempel
A = Stempelfläche
p_m 1 -5 = mittlere Druckbelastung auf den Schneidstempel bezogen auf die Teilflächen 1 bis 5
[Feintool AG Lyss und Hoesch Hohenlimburg]

5.1.3 Bewertung eines Feinschneittteils hinsichtlich des Schwierigkeitsgrades

Für die Bewertung eines Feinschnittteils hinsichtlich des Schwierigkeitsgrads der geometrischen Form und hinsichtlich der Grenzen der Verfahrenstechnologie müssen die vorhandenen Formelemente herangezogen werden. Ein Schnitteil kann verschiedene Formelemente wie Lochdurchmesser, Stegbreiten, Zahnmodule, Innen- und Außenradien sowie Schlitze und Stege enthalten. Eine Bewertung dieser Formelemente nach dem Schwierigkeitsgrad in Abhängigkeit von der Dicke des Schnitteils ist in **Bild 5.3** zusammengefasst. In den **Bildern 5.3A** bis **5.3D** sind die Abmessungen der einzelnen Formelemente zu der Dicke s des Schnitteils in Beziehung gebracht. Das Gesamtfeld wird in vier Bereiche unterteilt:

1. Schwierigkeitsgrad S1 = leicht
2. Schwierigkeitsgrad S2 = mittel
3. Schwierigkeitsgrad S3 = schwierig
4. Schwierigkeitsgrad > S3 = sehr schwierig

Der größte Einzelschwierigkeitsgrad ergibt den Gesamtschwierigkeitsgrad des Teils [1, 2].

Unterhalb der Kurve e befindet sich der Bereich > S3, in dem eine Herstellung des betreffenden Formelelements durch Feinschneiden nur in Ausnahmefällen und unter Einleiten besonderer Maßnahmen prozesssicher möglich ist. Diese Grenze ergibt sich durch den Druck auf den Schneidstempel und die Schneidplatte beim Ausschneiden des Teils einerseits und die 0,2-Stauchgrenze des Werkzeugwerkstoffs andererseits. Bei der Grenzkurve e ist die Verwendung eines Schnellarbeitsstahls für die Aktivelemente mit einer Härte von 63 HRC und einer 0,2-Stauchgrenze von 3'000 N/mm^2 zugrunde gelegt. Außerdem wird angenommen, dass der Schneidwiderstand des Werkstück-Werkstoffs k_s 450 N/mm^2 bzw. die Zugfestigkeit R_m 500 N/mm^2 nicht übersteigt. Die Druckspitzen sind bei dieser Berechnung nicht berücksichtigt. Je komplizierter das Feinschnittteil und der Werkstoff sind, desto höher ist im Allgemeinen der Fertigungsaufwand. Der Konstrukteur muss die Verfahrensgrenzen kennen und beachten, um Störungen in der Fertigung zu vermeiden. Ist ein Teil in seiner Form festgelegt und für die Fertigung freigegeben, so sind nachträgliche Änderungen oft nur mit sehr hohem Kostenaufwand und Terminverzögerungen durchführbar.

Schwierigkeitsgrad flacher Feinschnittteile

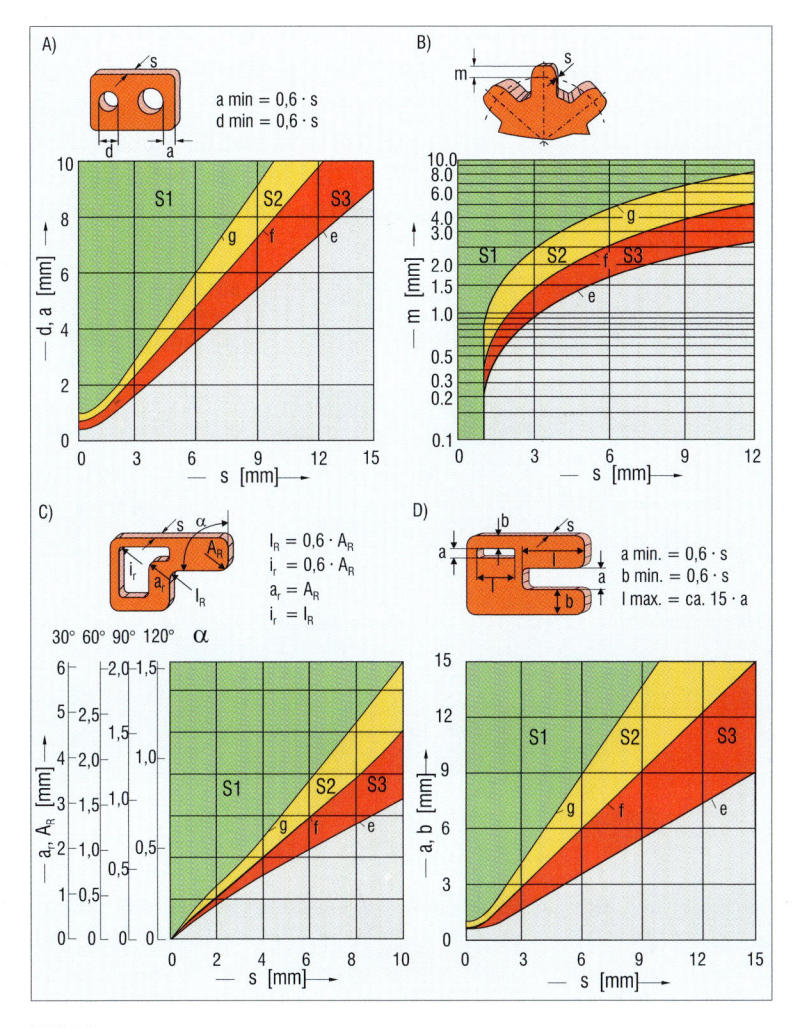

Bild 5.3
Abhängigkeit des Schwierigkeitsgrads eines ebenen Feinschnittteils von dessen Dicke und geometrischer Form.

A	= Formelemente Lochdurchmesser und Stegbreite		m	= Zahnmodul
			α	= Eckenwinkel
B	= Formelement Zahnmodul		a_r	= Außenradius an der Innenform
C	= Formelemente Eckenwinkel und Radien		i_r	= Innenradius an der Innenform
D	= Formelemente Schlitze und Stege		A_R	= Außenradius an der Außenform
d	= Lochdurchmesser		l_R	= Innenradius an der Außenform
a	= Stegbreite		b	= Schlitzbreite
s	= Blechdicke		g, f, e	= Grenzlinien zwischen den Schwierigkeitsgraden
S1	= Schwierigkeitsgrad einfach			
S2	= Schwierigkeitsgrad mittel		[Feintool AG Lyss]	
S3	= Schwierigkeitsgrad schwierig			

Grenzen des Umformens und Feinschneidens

Beispiel:
In **Bild 5.4** ist für das Feinschnittteil "Nabenflansch" die Bewertung nach Schwierigkeitsgraden durchgeführt. Bewertet werden die Lochdurchmesser mit S1, die Stegbreite mit S3, der Zahnmodul mit > S3 und der Außenradius mit S3. Aufgrund des geringen Zahnmoduls ist das Teil nach > S3 als sehr schwierig einzustufen und kann nur mit besonderen Maßnahmen prozesssicher hergestellt werden.

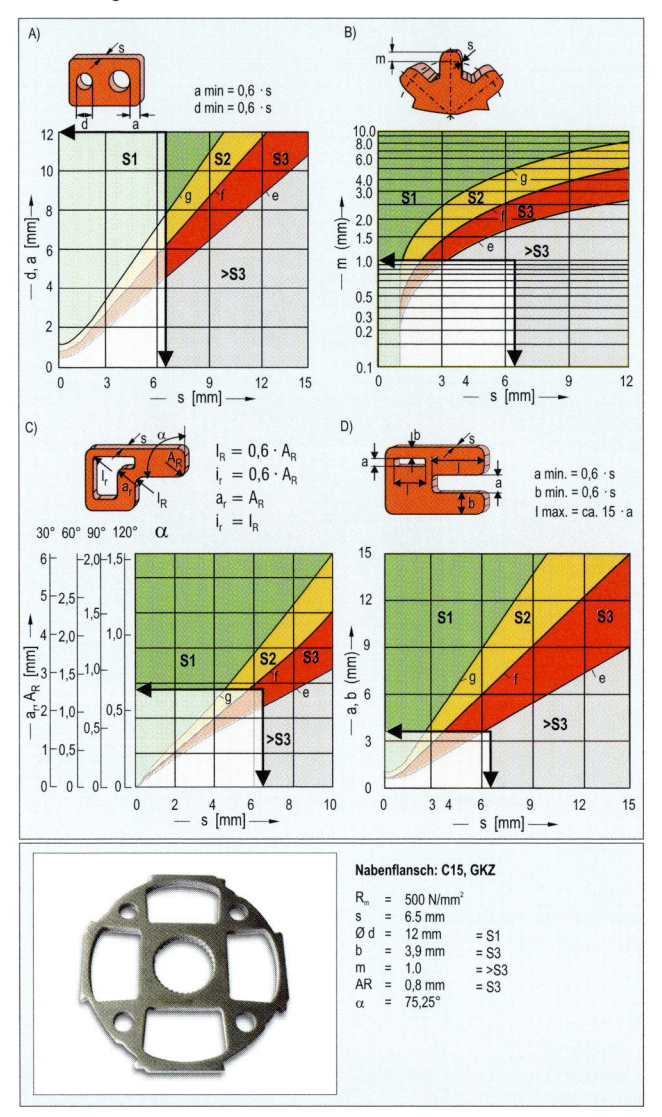

Bild 5.4
Bewertung des Schwierigkeitsgrads für Feinschneidteil "Nabenflansch".

Nabenflansch: C15, GKZ

R_m = 500 N/mm²
s = 6.5 mm
$\varnothing d$ = 12 mm = S1
b = 3,9 mm = S3
m = 1.0 = >S3
A_R = 0,8 mm = S3
α = 75,25°

Literatur zu Abschnitt 5.1
[1] Birzer, F.:
 Stand und Entwicklung der Feinschneidtechnik. wt
 Werkstattechnik. 4/1981, S. 207 / 212.
[2] G. Spur, Stöferle, Th. (Hrsg):
 Handbuch der Fertigungstechnik 2/3,
 Hanser-Verlag, München.

5.2 Verfahrensgrenzen beim Umformen

Nach DIN 8583 bis 8587 gibt es etwa 200 verschiedene, individuell definierte Umformverfahren. Sie werden nach dem vorherrschenden Beanspruchungszustand eingeteilt in:

- Druckumformen DIN 8583
  (Stauchen, Flachprägen, Einprägen, Einsenken)

- Zug-Druck-Umformen DIN 8584
  (Tiefziehen, Kragenziehen)

- Zugumformen DIN 8585

- Biegeumformen DIN 8586
  (Abbiegen, Gesenkbiegen)

- Schubumformen DIN 8587
  (Durchsetzen)

Dieser Beanspruchungszustand entspricht dem gegebenen, verfahrensabhängigen räumlichen Spannungszustand, der sich aus Druck-, Zug und Schubspannungen zusammensetzt. Er beeinflusst die erzielbaren Formänderungen teils deutlich, sodass die Werkstoffkenngrößen R_p, R_m, R_p/R_m, A und Z in ihrer Einwirkung auf einen Vorgang eingeschränkt werden. Weitere Einflussgrößen auf die erzielbaren Formänderungen und damit auf das so genannte Formänderungsvermögen sind die Temperatur T, bei der der Vorgang abläuft, und die Umformgeschwindigkeit $\dot{\varphi}$. Der Spannungszustand lässt sich durch die mittlere Normalspannung beschreiben:

$$\sigma_m = \frac{\sigma_1 + \sigma_2 + \sigma_3}{3} \qquad (1)$$

Zugspannungen verursachen im Allgemeinen eher einen Bruch als Druckspannungen. Wird daher der Spannungszustand so beeinflusst, dass die auftretenden Spannungen im Druckgebiet liegen, so wird das Formänderungsvermögen erhöht. Als Maß dafür, wie weit der Spannungszustand im Druckgebiet liegt, kann die mittlere Normalspannung benutzt werden (**Bild 5.5**).

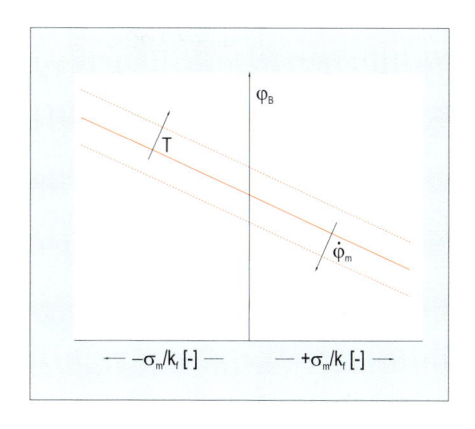

Verfahrensgrenzen beim Umformen

Bild 5.5
Die Abhängigkeit des Formänderungsvermögens von der mittleren Normalspannung, der Umformtemperatur und der Umformgeschwindigkeit.

- $-\sigma_m/k_f$ = bezogene, mittlere Normalspannung, Druckbereich
- $-\sigma_m$ = mittlere Normalspannung, Druckbereich
- k_f = Fließspannung
- $+\sigma_m/k_f$ = bezogene, mittlere Normalspannung, Zugbereich
- $+\sigma_m$ = mittlere Normalspannung, Zugbereich
- φ_B = Formänderungsvermögen
- T = Umformtemperatur
- $\dot{\varphi}_m$ = Umformgeschwindigkeit

Mit zunehmender Temperatur wird das Formänderungsvermögen größer, unter anderem deshalb, weil nun während des Umformvorgangs Kristallerholungsvorgänge ablaufen. Der günstige Einfluss von überlagerten Druckspannungen und erhöhter Temperatur auf das Bruchverhalten der Werkstoffe wird bei zahlreichen Umformverfahren zum Erzielen großer Formänderungen während eines Arbeitsgangs ausgenutzt. Mit wachsender Umformgeschwindigkeit erhöht sich die Neigung der Werkstoffe zu Sprödbruch. Damit fällt in der Regel das Formänderungsvermögen ab.

Eine weitere Verfahrensgrenze ist die Werkzeugbeanspruchbarkeit, die meist durch hohe Normaldruckspannungen und wechselnde Spannungszustände entsteht. Auch beeinflussen werkstoffunabhängige Einflüsse, z.B. das Knicken beim Anstauchen von Köpfen, die in einer Umformstufe erzielbaren Formänderungen. Diese Maße werden als Grenzformänderung σ_G bezeichnet. Im Allgemeinen gilt, dass die Grenzformänderung höchstens gleich dem Formänderungsvermögen sein kann:

$$\sigma_G \leq \sigma_B \qquad (2)$$

Aus dieser Darstellung geht hervor, dass mehrere werkstoff- und geometrieabhängige Parameter die Verfahrensgrenzen bei Umformverfahren festlegen. Ein Schwierigkeitsgrad wie beim Feinschneiden kann daher bei Umformverfahren nicht generell formuliert werden. Nur für einfache, ausgewählte Umformvorgänge, z.B. das Anstauchen von Köpfen an Schäfte oder Ähnliches, lassen sich gültige Verfahrensgrenzen unter Vorgabe bestimmter Daten gemäß **Bild 5.6** angeben. Allgemein sind aber entsprechend den oben genannten Einflussgrößen nur qualitative Aussagen möglich. Das gilt auch für die in Kapitel 3 vorgestellten Umformverfahren, die in Verbindung mit dem Feinschneiden dickerer und hochfester Bleche erweiterte Möglichkeiten zur wirtschaftlichen Fertigung komplexer, genauer Werkstücke anbieten. In den einzelnen Verfahrensblättern sind Angaben über die zu berücksichtigenden Verfahrensgrenzen enthalten.

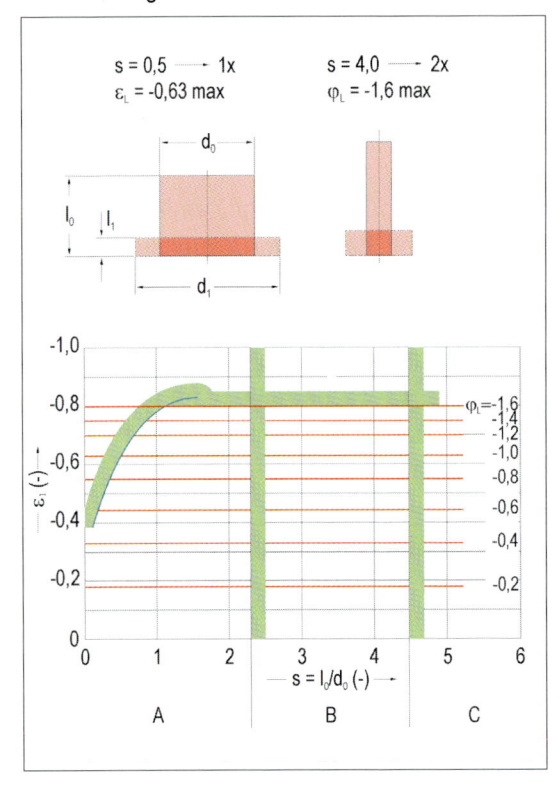

Bild 5.6
Verfahrensgrenzen beim Kaltstauchen von Stahl.

- A = Stauchen in einer Stufe (Einfachdruckverfahren)
- B = Stauchen in zwei Stufen (Doppeldruckverfahren)
- C = Stauchen in mehreren Stufen (Mehrfachdruckverfahren)
- x = Anzahl der Stufen
- φ_l = Umformgrad
- ε_l = bezogene Längenänderung
- l_0/d_0 = bezogene Ausgangslänge
- l_0 = Ausgangslänge
- d_0 = Ausgangsdurchmesser
- d_l = Durchmesser nach dem Stauchen
- l_1 = Länge nach dem Stauchen
- φ = -1,6 = Grenze für das Formänderungsvermögen des Werkstoffs
- ε_l = Grenze erhöhter Werkzeugbeanspruchung
- s = 2,3; Knickgrenze beim Einfachdruckverfahren
- s = 4,5; Knickgrenze beim Doppeldruckverfahren
- s = bezogene Ausgangslänge

Literatur zu Abschnitt 5.2

[1] Lange, K. (Hrsg.):
Umformtechnik - Handbuch für Industrie und Wissenschaft, 2.Auflage Band 1: Grundlagen und Band 2: Massivumformung.
Berlin Springer 1984 und 1988.

Verfahrensgrenzen beim Umformen

Bild: Kaltbandringe abgebunden und gestappelt.

6 Stahlsorten

Die fortwährende Entwicklung in der Schmelz-, Warm- und Kaltwalztechnologie sowie der Wärmebehandlung hat zu einer beachtlichen Erweiterung der kaltumformbaren und feinschneidfähigen Stahlsorten beigetragen. Es ist daher angebracht, die steigende Anzahl der Werkstoffe nach deren Haupteigenschaften einzuteilen. Um die Suche nach den für spezielle Anwendungsfälle geeigneten Werkstoffen zu erleichtern, wurden die Stähle in 14 Gruppen gegliedert.

6.1 Normenvergleich

Der in **Tabelle 6.1** angeführte Vergleich der amerikanischen (ASTM) und japanischen (JIS) mit den europäischen (EN) und deutschen (DIN) Normen soll helfen, sich im Detail über die Eigenschaften des ausgewählten Stahls zu informieren. Als Basis für die einzelnen Stahlgruppen dienten die europäischen Normen, wobei die heute bereits größtenteils zurückgezogenen DIN-Normen ebenfalls noch erwähnt bleiben. Es ist zu beachten, dass die vergleichbaren AISI- und JIS-Standards in Gestalt, Inhalt und Analysenwerten sowie Werkstoff-Kenndaten in der Regel mit den hiesigen Normen nicht völlig übereinstimmen. Zu dem Vergleich mit anderen nationalen Normen müssen die einschlägigen Unterlagen herangezogen werden.

Stahlsorten

	ASTM	JIS	EN	DIN
1. Weiche, unlegierte Stähle (Tabelle 7.1)	A 620 A 621	G 3131 G 3141	10139	1624[1]
2. Allgemeine Baustähle (Tabelle 7.2)	A 570	G 3106 G 3445	10025	17100[1]
3. Mikrolegierte Feinkornstähle (Tabelle 7.3)	A 715	G 3134 G 3135	10149 10268	SEW 092[1] SEW 093[1]
4. Unlegierte und legierte Einsatzstähle (Tabelle 7.4)	A 568 A 752	G 3311 G 4051 G 4104	10084 10132-2	17210[1]
5. Unlegierte und legierte Vergütungsstähle (Tabelle 7.5)	A 682 A 752	G 4051 G 4105 G 4401 G 4801	10083-1 10083-2 10132-3	17200[1]
6. Federstähle (Tabelle 7.6)	A 682 A 752	G 4051 G 4401 G 4801	10083-1 10132-4	17222[1]
7. Nitrierstähle (Tabelle 7.7)	A 355	G 4202	10085	17211[1]
8. Unlegierte und legierte Werkzeugstähle (Tabelle 7.8)	A 485 A 686 J 438b[2]	G 4801 G 4805	4957	17350[1]
9. Wälzlagerstähle (Tabelle 7.9)	-	G 4805	683 - 17	-
10. Borstähle (Tabelle 7.10)	A 304	G 3508 G 4801	10083-3	-
11. Kaltzähe Stähle (Tabelle 7.11)	A 350	G 3127	10028-4	17280[1]
12. Druckbehälterstähle (Tabelle 7.12)	A 182 A 204 A 387	G 3203	10028-2	17155[1]
13. Nichtrostende Stähle (Tabelle 7.13)	A 580 A 666	G 4304 G 4305	10088-1 10088-2 10088-3	17440[1]
14. Sonderstähle (Tabelle 7.14)		G 4804	10277-3 10095	17405

Tabelle 6.1
Internationaler Normenvergleich zwischen DIN, EN, ASTM und JIS für verschiedene Stahlgruppen.

1) zurückgezogen
2) SAE

Normenvergleich

Bild: Warmbreitband-Coils.

6.2 Ausführungsformen und Behandlungszustände

Das Produkt und die Fertigungsbedingungen bestimmen über die daraus resultierenden Anforderungen an z.b. Dickentoleranz, Oberflächentopographie und das Streuband aller mechanischen Kennwerte, die Ausführungsform des zu wählenden Vormateriales. Innerhalb des breiten, analytischen Werkstoffspektrums kann der Anwender grundsätzlich zwischen warm- und kaltgewalzten Bandzuständen sowie deren unterschiedlichen Produktionsformen auswählen.

6.2.1 Warmband

Warmgewalzte und gebeizte Stähle (U = unbehandelt) mit niedrigen Kohlenstoffgehalten (z.b. DD13, S235, C10E und die Gruppe der mikrolegierten Feinkornstähle) sind hinsichtlich ihrer Kaltumform- und Feinschneideigenschaften für viele Anwendungsfälle gut geeignet.

Mit zunehmenden Kohlenstoff- und Legierungsanteilen muss an den Warmbändern eine Weichglühung durchgeführt werden, um über die Absenkung der Zugfestigkeiten und die Gefügeeinformung die notwendige Schnittqualität bei den Schwierigkeitsgraden S1 - S2 zu erzielen (GKZ = wärmebehandelt durch Glühen auf kugeligem Zementit).

6.2.2 Kaltband

Kaltgewalzte Bandstähle basieren auf einer Kombination von Kaltverformung und Wärmebehandlung. Je nach Stahlsorte, den Kennwert- und Gefügeanforderungen, können die Produktionsschritte Walzen und Glühen mehrfach durchlaufen werden. Speziell bei den Kohlenstoffstählen in un- und niedriglegierten Varianten lassen sich dadurch gezielt auf die Verarbeitungsanforderungen hin abgestimmte Gefügezustände und Streckgrenzen-, Festigkeits- und Dehnungsbereiche einstellen.

In Abhängigkeit vom einzusetzenden Werkstoff sind die Behandlungszustände A (weichgeglüht) bzw. +AC (GKZ) für die Schwierigkeitsgrade S1 - S3 und GKZ-EW bei den komplexen Anforderungen S3 und darüber zu empfehlen.

Ausführungsformen und Behandlungszustände 197

Innerhalb der Gruppen der weichen, unlegierten Werkstoffe und den mikrolegierten Feinkornstählen sind, neben den geglühten und dressierten Zuständen (A+LC), auch die kaltverfestigten Ausführungen (C290 - C590 / K700 - K1100) als gut bis bedingt feinschneidbar anzusetzen.

Bild 6.1
Warmwalzen, Vorband am Reversierduogerüst.

Literatur zu Abschnitt 6.2
[1]   Singer, H.:
„Dickes Kaltband", in Contact (1974) Nr. 4, S. 6/15.
[2]   Brockhaus, J.G Pavlidis, Chr., Singer, H.:
„Zementiteinformung und Stahleigenschaften", in Blech Rohre Profile 25 (1978) Nr. 12, S. 595/600
[3] Singer, H.:
„Werkstoffe für fortschrittliches Feinschneiden",
Technische Akademie Wuppertal, (1994).

6.3 Begriffsbestimmungen, Maß- und Formtoleranzen

6.3.1 Flacherzeugnisse, Begriffsbestimmungen

Flacherzeugnisse [1] haben einen etwa rechteckigen Querschnitt, dessen Breite viel größer als seine Dicke ist. Die Oberfläche ist technisch glatt. Die Begriffsbestimmungen und Unterteilungen der für das Umformen und Feinschneiden wichtigsten Produktgruppen der warm- und kaltgewalzten Bandstähle wird folgendermaßen vorgenommen:

Warmband
Unter Warmband versteht man warmgewalzte Flacherzeugnisse, die unmittelbar nach der Fertigwalze bzw. nach dem Beizen oder dem kontinuierlichen Glühen zu einer Rolle aufgewickelt werden. Das Band hat im Walzzustand leicht gewölbte Kanten, es kann aber auch mit beschnittenen Kanten geliefert werden oder durch das Längsteilen eines breiteren Bands entstehen. Es gibt:

- Bandstahl < 600 mm Bandbreite

- Warmbreitband:
  warmgewalztes Band mit Breiten ≥ 600 mm

- Längsgeteiltes Warmbreitband:
  warmgewalztes Band mit einer Walzbreite ≥ 600 mm und einer Lieferbreite unter 600mm. Nach Abwickeln der Rolle und dem Ablängen kann Bandstahl auch als "Bandstahl in Stäben" geliefert werden.

Kaltband
Als kaltgewalzt gelten alle Erzeugnisse, die durch Kaltwalzen eine Querschnittsverminderung um mindestens 25 % bei ihrer Fertigstellung erfahren haben. Jedoch kommen bei kaltgewalzten Flacherzeugnissen in Walzbreiten < 600 mm und bei bestimmten Edelstahlsorten auch kleinere Querschnittsabnahmen als 25 % in Betracht.

- Kaltbreitband:
  kaltgewalztes Band, dessen Walz- und Lieferbreite ≥ 600 mm beträgt

Begriffsbestimmungen, Maß- und Formtoleranzen

- Längsgeteiltes Kaltbreitband:
kaltgewalztes Band mit einer Walzbreite ≥ 600 mm, aber einer Lieferbreite unter 600 mm.

- Kaltband:
kaltgewalztes Band mit einer Walzbreite unter 600 mm.
Nach Abwickeln von der Rolle und Ablängen kann Kaltband auch als "Kaltband in Stäben" geliefert werden.

6.3.2 Grenzabmaße und Formtoleranzen

Je nach Abmessung und Herstellverfahren werden Flacherzeugnisse ohne Oberflächenveredelung in die in den **Tabellen 6.2** bis **6.7** aufgeführten Erzeugnisformen eingeteilt.

Die unterschiedlichen Maß- und Formtoleranzen sind in den Normen
- EN 10048 – Warmgewalzter Bandstahl – Grenzabmaße und Formtoleranzen
und
- EN 10140 – Kaltgewalzter Bandstahl – Grenzabmaße und Formtoleranzen
erfasst.

Grenzabmaße der Dicke für geschnittene Kanten			
Nenndicke [mm]		Nennbreiten [mm]	
		≥10 <100	≥100 <600
≥ 0,80	≤ 1,50	± 0,08	± 0,10
> 1,50	≤ 2,0	± 0,10	± 0,12
> 2,0	≤ 4,0	± 0,11	± 0,13
> 4,0	≤ 5,0	± 0,12	± 0,14
> 5,0	≤ 6,0	± 0,13	± 0,15
> 6,0	≤ 10,0	± 0,14	± 0,16
> 10,0	≤ 15,0	± 0,16	± 0,18

Tabelle 6.2
Grenzmaße der Dicke für Nennbreitenbereiche für warmgewalzten **Bandstahl**.
Anmerkung: Die Werte für Bandstahl gelten bei Erzeugnissen ≤ 30 mm Breite für die Mittellinie, bei Erzeugnissen > 30 mm über die gesamte Bandbreite mit Ausnahme eines Bereichs von 15 mm bei der Walzkante und 10 mm bei geschnittener Kante entlang der beiden Längskanten.
[Quelle: EN 10048]

Stahlsorten

Nenndicke [mm]		Grenzabmaße der Dicke bei Nennbreiten [mm]					
		<125			≥125 <600[1]		
≥	<	A	B	C	A	B	C
-	0.10	± 0,008	± 0,006	± 0,004	± 0,010	± 0,008	± 0,005
0.10	0.15	± 0,010	± 0,008	± 0,005	± 0,015	± 0,012	± 0,010
0.15	0.25	± 0,015	± 0,012	± 0,008	± 0,020	± 0,015	± 0,010
0.25	0.40	± 0,020	± 0,015	± 0,010	± 0,025	± 0,020	± 0,012
0.40	0.60	± 0,025	± 0,020	± 0,012	± 0,030	± 0,025	± 0,015
0.60	1.00	± 0,030	± 0,025	± 0,015	± 0,035	± 0,030	± 0,020
1.00	1.50	± 0,035	± 0,030	± 0,020	± 0,040	± 0,035	± 0,025
1.50	2.50	± 0,045	± 0,035	± 0,025	± 0,050	± 0,040	± 0,030
2.50	4.00	± 0,050	± 0,040	± 0,030	± 0,060	± 0,050	± 0,035
4.00	6.00	± 0,060	± 0,050	± 0,035	± 0,070	± 0,055	± 0,040
6.00	8.00	± 0,075	± 0,060	± 0,040	± 0,085	± 0,065	± 0,045
8.00	10.00	± 0,090	± 0,070	± 0,045	± 0,100	± 0,075	± 0,050
10.00	12.00	± 0,110	± 0,090	± 0,055	weitergehende Werksangaben		
12.00	14.00	± 0,120	± 0,100	± 0,060			

Tabelle 6.3
Grenzabmaße der Dicke für **kaltgewalzten Bandstahl**.

Anmerkung: Nennbreite bei Kaltband bis 650 nn möglich.
A = Normtoleranz; B = eingeschränkte Toleranz; C = Präzisionstoleranz
[Quelle: EN 10140 und C.D. Wälzholz]

Nennbreite [mm]		Grenzabmaße der Breite [1), 2)] bei Nenndicken [mm]				
≥	<	≤ 3,0	>3,0 ≤5,0	>5,0 ≤7,0	>7,0 ≤10,0	>10,0
-	80	0/+0,5	0/+0,7	0/+0,8	0/+1,0	n.V.
80	250	0/+0,5	0/+0,7	0/+0,8	0/+1,2	n.V.
250	400	0/+0,6	0/+0,8	0/+1,0	0/+1,2	n.V.
400	600	0/+0,6	0/+0,8	0/+1,0	0/+1,4	n.V.

Tabelle 6.4
Grenzabmaße der Breite für **warmgewalzten Bandstahl** mit geschnittenen Kanten
1): Bei der Bestellung können symmetrische Plus-Minus Grenzabmaße (z.B. ± 0,4 mm statt -0/+ 0,8 mm) oder nur Grenzabmaße im Minusbereich vereinbart werden. Die Toleranzspanne muss dabei den Angaben in der Tabelle entsprechen.
2): Kleinere Grenzabmaße können bei der Bestellung vereinbart werden.
[Quelle: EN 10048]

Begriffsbestimmungen, Maß- und Formtoleranzen

Nenndicke [mm]		Grenzabmaße der Breite für geschnittene Kanten					
		Nennbreiten [mm]					
		<125		≥125 <250		≥ 250 <600	
>	≤	A	B	A	B	A	B
-	0.6	± 0,15	± 0,10	± 0,20	± 0,13	± 0,25	± 0,18
0.6	1.5	± 0,20	± 0,13	± 0,25	± 0,18	± 0,30	± 0,20
1.5	2.5	± 0,25	± 0,18	± 0,30	± 0,20	± 0,35	± 0,25
2.5	4	± 0,30	± 0,20	± 0,35	± 0,25	± 0,40	± 0,30
4	6	± 0,35	± 0,25	± 0,40	± 0,30	± 0,45	± 0,35
6	8	± 0,45	-	± 0,50	-	± 0,55	-
8	10	± 0,50	-	± 0,55	-	± 0,60	-
10	12	n. V.	n. V.	n. V.	n. V.		
12	14	n. V.	n. V.	n. V.	n. V.		

Tabelle 6.5
Grenzabmaße der Breite für **kaltgewalzten Bandstahl** mit geschnittenen Kanten.
Anmerkung 1:   Bei kaltgewalztem Bandstahl in vergütetem Zustand sind die Grenzabmaße der Breite bei der Bestellung zu vereinbaren.
Anmerkung 2:   Bei Erzeugnisdicken über 6 mm ist das Verfahren zur Messung der Breite bei der Bestellung zu vereinbaren.
Anmerkung 3:   Bandbreiten max. 350 mm bei Banddicken > 10 mm
A = Normtoleranz; B = eingeschränkte Toleranz
[Quelle: EN 10140 und C.D. Wälzholz]

Nennbreite [mm] warmgewalzter Bandstahl		Geradheitstoleranz	
		Messlänge: 2500 [mm]	
≥	<	Nenndicke < 2 mm	Nenndicke ≥2 mm
-	40	nach Vereinbarung	20
40	600	nach Vereinbarung	10

Tabelle 6.6
Grenzabmaße der Seitengeradheit für **warmgewalzten Bandstahl**.
Anmerkung :   Bei anderen Messlängen als 2500 mm ist die Grenzabweichung der Seitengeradheit nach folgender Gleichung zu ermitteln, wobei das Ergebnis auf den nächsthöheren ganzen Millimeter zu runden ist:

Formel: Geradheitoleranz = $\frac{(\text{Nichtstandardlänge})^2}{(\text{Standardlänge})^2}$ x Toleranzwert (aus Tabelle)

[Quelle: EN 10048]

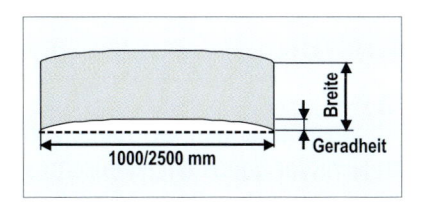

Stahlsorten

Nennbreite [mm] kaltgewalzter Bandstahl		Geradheitstoleranz Messlänge: 1000 [mm]	
≥	<	Klasse A	Klasse B
10	25	5	2
25	40	3.5	1.5
40	125	2.5	1.25
125	600	2	1

Tabelle 6.7
Grenzabmaße der Seitengeradheit für **kaltgewalzten Bandstahl**.
Anmerkung 1: Die Werte gelten nur für kaltgewalzten Bandstahl, dessen Breite mindestens das 10-fache der Dicke beträgt.
Anmerkung 2: Bei vergütetem, kaltgewalzten Bandstahl können die Geradheitstoleranzen auf Vereinbarung bei der Bestellung verringert werden.
A = Normtoleranz; B = eingeschränkte Toleranz

Grenzabmaße [1] der Länge bei [mm]	
Regelabmaße	Feinabmaße
0/+50	0/+0,005 x L [2] + 10
	max. 50

Tabelle 6.8
Grenzabmaße der Länge für **warmgewalzten Bandstahl** in Stäben.
[Quelle: EN 10048]

1): Für warm abgelängte Stäbe kommen nur die Regelabmaße in Betracht.
2): L = bestellte Länge

Nennlänge L [mm]		Grenzabmaße der Länge bei [mm]	
>	≤	Klasse A	Klasse B
-	1000	+ 10	+ 6
1000	2500	+ 0.01 x L	+ 6
2500	-	+ 0.01 x L	+ 0.003 x L
A = Normtoleranz; B = eingeschränkte Toleranz			

Tabelle 6.9
Grenzabmaße der Länge für **kaltgewalzten Bandstahl** in Stäben.
A = Normtoleranz; B = eingeschränkte Toleranz
[Quelle: EN 10140]

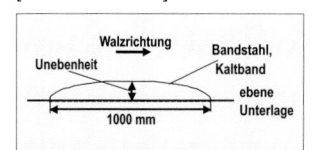

Abweichung der Ebenheit in Walzrichtung für kaltgewalzten Bandstahl in Stäben.

Literatur zu Abschnitt 6.3

[1] EN 10079   Begriffsbestimmungen für Stahlerzeugnisse
[2] EN 10048   Warmgewalzter Bandstahl, Grenzabmaße und Formtoleranzen
[3] EN 10140   Kaltband, Grenzabmaße und Formtoleranzen

Festlegung der Ausführungsform und des Behandlungszustands

6.4 Festlegung der Ausführungsform und des Behandlungszustands des Vormaterials nach dem Schwierigkeitsgrad des Teils

6.4.1 Auswahlkriterien

Als wichtigste Auswahlkriterien zur Festlegung der Ausführungsform und des Behandlungszustands des Vormaterials gelten die Stahlsorte und der Schwierigkeitsgrad des Teils. Wie bereits in Kapitel 6.2 geschildert, kann eine bestimmte Stahlsorte in verschiedenen Zuständen bezogen werden. Diese Ausführungsformen haben, wie bereits gezeigt, einen erheblichen Einfluss auf die mechanisch-technologischen Eigenschaften wie auch auf die Grenzabmaße und Maß- sowie Formtoleranzen. Gleichzeitig besteht auch ein nicht zu vernachlässigender Einfluss der verschiedenen Ausführungsformen auf die Kosten des Produkts.

Die Aufgabe in der Projektierungsphase eines jeden Feinschneidteils ist es, die gegenläufigen Tendenzen Verarbeitbarkeit und genaue Toleranzen einerseits und Kosten des Bandmaterials andererseits zu betrachten, um die Produktionskosten, die sich in erster Linie aus Rohmaterialkosten und Prozesskosten zusammensetzen, zu minimieren. Im folgenden **Bild 6.10** wird der Zusammenhang schematisch dargestellt:

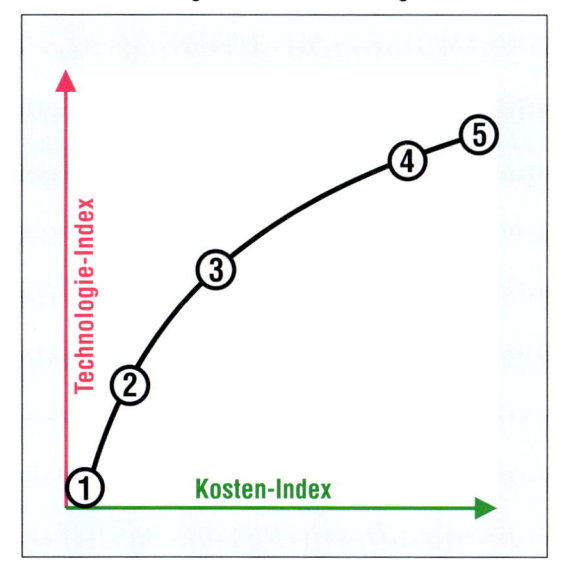

Bild 6.10
Schematische Abhängigkeiten der technologischen und wirtschaftlichen Kenngrößen von den verschiedenen Lieferzuständen des Flachmaterials.
1 Warmband gebeizt, unbehandelt
2 Warmband gebeizt, geglüht
3 Warmband gebeizt, geglüht, egalisiert
4 Kaltband weichgeglüht, GKZ
5 Kaltband weichgeglüht, GKZ-EW

Die Achse "Technologie-Index" umfasst technologische Eigenschaften wie Maßtoleranzen, erreichbare Oberflächengüten und hohe Standmengen der Werkzeuge, die im Allgemeinen vom Design des Endprodukts bestimmt werden, sowie die Umformbarkeit, die wiederum mit sinkender Festigkeit und steigender Dehnung des Materials zunimmt und bei kohlenstoffhaltigen Stählen direkt mit dem Einformungs-grad der Carbide zusammenhängt.

Die Achse "Kosten-Index" zeigt schematisch den Verlauf der Kostenentwicklung. Der Verlauf der Kurve für die verschiedenen Zustände 1 bis 5 zeigt vor allem eine signifikante Steigerung der Kosten beim Wechsel von Warm- auf Kaltband. Eine weitere Steigerung der technologischen Performanz des Materials vor allem bei kohlenstofflegierten Stählen ist dann bei der Herstellung der so genannten EW-Güten zu sehen, die durch mehrfaches Walzen und Glühen hergestellt werden. Dies hat natürlich auf der Kostenseite auch einen Einfluss.

In den **Tabellen 6.11** bis **6.15** sind die bei eigenen Untersuchungen erprobten Stahlsorten, unterteilt nach Ausführungsformen und Behandlungszuständen, mit ihren mechanischen Eigenschaften aufgeführt. Darüber hinaus können noch eine Vielzahl anderer Stahlqualitäten als Feinschneidgüten hergestellt werden. Es ist aufgrund der durch Untersuchungen und Erfahrungen gewonnenen Erkenntnisse vermerkt, welche Behandlungszustände und Ausführungsformen sich bei den verschiedenen Schwierigkeitsgraden S1, S2 und S3 der Teile noch feinschneiden lassen. Der vorgeschriebene Werkstoff und der Schwierigkeitsgrad des Teils bestimmen die Ausführung des Feinschneidmaterials. Diese Festlegung ist notwendig, um optimale Produktionsbedingungen zu schaffen und den kostengünstigsten Werkstoffeinkauf zu tätigen.

Festlegung der Ausführungsform und des Behandlungszustands

6.4.2 Auswahl-Tabellen und Beispiele für Werkstoffausführungen

Legende zu Tabelle 6.11 bis 6.15
S1 = einfacher Schwierigkeitsgrad
S2 = mittlerer Schwierigkeitsgrad
S3 = hoher Schwierigkeitsgrad
WA = Werkstoffausführung
BZ = Behandlungszustand
R_m = Zugfestigkeit des Feinschneidwerkstoffs
$R_{p0,2}$ = Streckgrenze des Feinschneidwerkstoffs
X = Vormaterial wird empfohlen
(X) = Vormaterial wird bedingt empfohlen
- = Vormaterial wird nicht empfohlen
GKZ = weichgeglüht auf kugeligem Zementit
GKZ-EW = extra weich GKZ-geglüht

Werkstoff	DD11/DD13		DC02/DC04
Schwierigkeitsgrad	S1	S2	S3
WA / BZ			
Rm [N/mm²] (max.)	440	410	350
Rp0,2 [N/mm²] (max.)	380	320	210
Warmband gebeizt, unbehandelt	X	X	-
Kaltband geglüht und leicht kalt nachgewalzt	X	X	X
Kaltband geglüht und nachgewalzt auf Festigkeit	X	X	-

Tabelle 6.11
Auswahlkriterien zur Festlegung des Vormaterials nach dem Schwierigkeitsgrad des Teils, für **weiche, unlegierte Stähle**.
[Buderus Edelstahl, Feintool AG Lyss, Hoesch Hohenlimburg, Kaltwalzwerk Brockhaus]

Werkstoff	S355		
Schwierigkeitsgrad	S1	S2	S3
WA / BZ			
Rm [N/mm²] (max.)	680	630	600
Rp0,2 [N/mm²] (max.)	500	450	420
Warmband gebeizt, unbehandelt	X	X	-
Kaltband weichgeglüht, leicht nachgewalzt	X	X	-

Tabelle 6.12
Auswahlkriterien zur Festlegung des Vormaterials nach dem Schwierigkeitsgrad des Teiles für einen **Baustahl**
[Buderus Edelstahl, Feintool AG Lyss, Hoesch Hohenlimburg, Kaltwalzwerk Brockhaus]

Stahlsorten

Werkstoff	16MnCr5			
Schwierigkeitsgrad	S1	S2		S3
WA / BZ				
Rm [N/mm²] (max.)	880	550	500	440
Rp0,2 [N/mm²] (max.)	710	380	330	265
Warmband gebeizt, unbehandelt	(X)	-	-	-
Warmband gebeizt, geglüht	X	X	-	-
Kaltband weichgeglüht, GKZ	X	X	X	-
Kaltband weichgeglüht, GKZ-EW	X	X	X	X

Tabelle 6.13
Auswahlkriterien zur Festlegung des Vormaterials nach dem Schwierigkeitsgrad des Teils für einen **legierten Einsatzstahl**.
[Buderus Edelstahl, Feintool AG Lyss, Hoesch Hohenlimburg, Kaltwalzwerk Brockhaus]

Werkstoff	42CrMo4		
Schwierigkeitsgrad	S1	S2	S3
WA / BZ			
Rm [N/mm²] (max.)	620	550	520
Rp0,2 [N/mm²] (max.)	420	360	315
Warmband gebeizt, geglüht	X	-	-
Kaltband weichgeglüht, GKZ	X	X	-
Kaltband weichgeglüht, GKZ-EW	X	X	X

Tabelle 6.14
Auswahlkriterien zur Festlegung des Vormaterials nach dem Schwierigkeitsgrad des Teils für einen **legierten Vergütungsstahl**.
[Buderus Edelstahl, Feintool AG Lyss, Hoesch Hohenlimburg, Kaltwalzwerk Brockhaus]

Werkstoff	100Cr6		
Schwierigkeitsgrad	S1	S2	S3
WA / BZ			
Rm [N/mm²] (max.)	720	620	580
Rp0,2 [N/mm²] (max.)	490	400	350
Warmband gebeizt, geglüht	X	-	-
Kaltband weichgeglüht, GKZ	X	X	-
Kaltband weichgeglüht, GKZ-EW	X	X	X

Tabelle 6.15
Auswahlkriterien zur Festlegung des Vormaterials nach dem Schwierigkeitsgrad des Teils für einen **legierten Werkzeugstahl**.
[Buderus Edelstahl, Feintool AG Lyss, Hoesch Hohenlimburg, Kaltwalzwerk Brockhaus]

Festlegung der Ausführungsform und des Behandlungszustands 207

Beispiele

Beispiel 1 (Bild 6.16):
Ein Feinschnittteil, eine Gabelbrücke, ist mit folgenden Vorgaben zu fertigen z.B.:

Stahlsorte: C45
Dicke: 4,00 mm
Toleranz: ± 0,1 mm
R_m: max. 600 N/mm²

Für die Beurteilung des Feinschnitteils und die Festlegung des Schwierigkeitsgrads wird die Form in folgende Einzelelemente zerlegt:

I: der Radius I_R 2,0 mm
II: der Lochdurchmesser 8,00 mm
III: die Stegbreite 4,00 mm
IV: die Ringbreite 8,00 mm

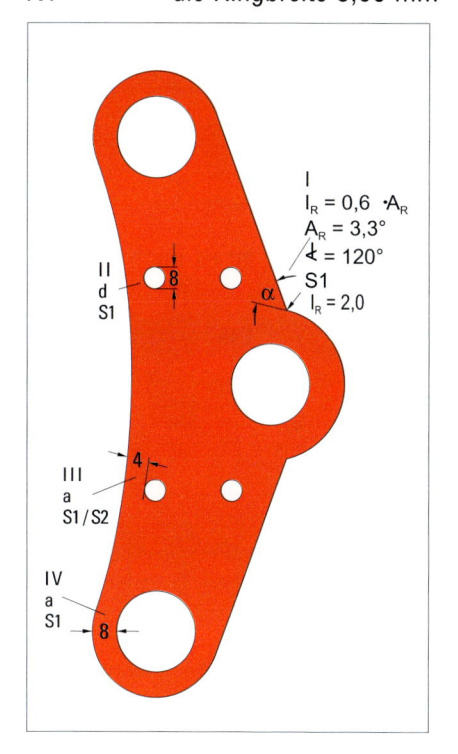

Bild 6.16
Flaches Feinschnittteil "Gabelbrücke", Stahlsorte C45, 4 mm dick, Dickentoleranz ± 0,10 mm, Teileschwierigkeitsgrad S2.
I = Formelement, Radius
II = Formelement, Lochdurchmesser
III = Formelement, Stegbreite
IV = Formelement, Ringbreite
a = Ring- bzw. Stegbreite
d = Lochdurchmesser
I_R = Innenradius an der Außenform
[Feintool AG Lyss, Hoesch Hohenlimburg]

Für den Radius I_R, der als Innenradius anzusehen ist, gilt der Faktor $I_R = 0,6 \cdot A_R$. Der Winkel beträgt laut Zeichnung 120°. Daraus ergibt sich bei einer Materialdicke von 4,00 mm laut **Bild 5.3** ein Schwierigkeitsgrad S1 = einfach. Der Lochdurchmesser ist ebenfalls mit 8 mm und 4,0 mm Materialdicke in dem Bereich S1 = einfach einzuordnen (**Bild 5.3**). Die Stegbreite ist aus dem gleichen Schaubild zu entnehmen. Hier ist allerdings festzustellen, dass für 4,0 mm Dicke und 4,0 mm Stegbreite der Schnittpunkt der Kurve von S1 zu S2 getroffen ist. In diesem Grenzfall könnte noch der Schwierigkeitsgrad S2 = mittel angenommen werden, da es sich um einen Lochabstand handelt. Für die Ringbreite ergibt sich nach **Bild 5.3** für 4,0 mm Dicke und 8,0 mm Ringbreite der Schwierigkeitsgrad S1. Insgesamt liegt bei diesem Teil also der Schwierigkeitsgrad S2 vor.

Aus Versuchen und den in praktischen Anwendungen gewonnenen Erfahrungen ist zunächst festzustellen, dass für die Güte C45 eine Ausführung mit einer Wärmebehandlung des Materials gewählt werden sollte. Für das vorliegende Beispiel kann, da der Schwierigkeitsgrad S2 vorliegt, sowohl Warmband als auch Kaltband Verwendung finden. Es kommen nach **Tabelle 6.17** die Ausführungen

- Warmband gebeizt, geglüht,
- Warmband gebeizt, egalisiert, geglüht und
- Kaltband, geglüht

in Frage. Da die Toleranz mit ± 0,1 mm angegeben ist, ist es noch möglich, ein geglühtes Warmband einzusetzen.

Werkstoff	C45			
Schwierigkeitsgrad	S1	S2	S3	
WA / BZ				
Rm [N/mm^2] (max.)	560	550	510	480
Rp0,2 [N/mm^2] (max.)	385	385	335	290
Warmband gebeizt, unbehandelt	(X)	-	-	-
Warmband gebeizt, geglüht	X	X	-	-
Kaltband weichgeglüht, GKZ	X	X	X	-
Kaltband weichgeglüht, GKZ-EW	X	X	X	X

Tabelle 6.17
Auswahlkriterien zur Festlegung des Vormaterials nach dem Schwierigkeitsgrad des Teils für einen **unlegierten Vergütungsstahl**.
[Buderus Edelstahl, Feintool AG Lyss, Hoesch Hohenlimburg, Kaltwalzwerk Brockhaus]

Festlegung der Ausführungsform und des Behandlungszustands

Beispiel 2 (Bild 6.18)
Zahnsegment mit folgenden Vorgaben:

Stahlsorte: C53
Dicke: 5,00 mm
Toleranz: DIN 1544
R_m: max. 550 N/mm²

Aus den Toleranzangaben ergibt sich bereits zwingend der Einsatz von Kaltband. Ungeachtet dessen soll das Teil bezüglich seiner Außenform und des Schwierigkeitsgrades beurteilt werden:

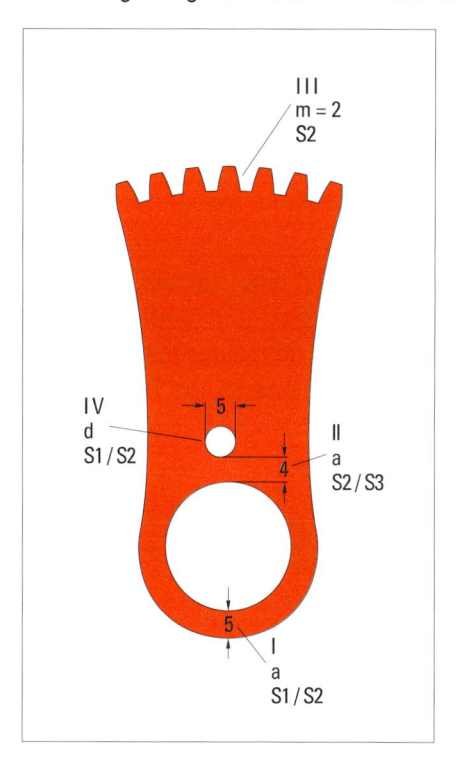

Bild 6.18
Flaches Feinschnittteil "Zahnsegment"
Stahlsorte C53, 5 mm dick, Dickentoleranz nach DIN 1544.
I = Formelement Ringbreite
II = Formelement Stegbreite
III = Formelement Zahnmodul
IV = Formelement Lochdurchmesser
a = Ring- bzw. Stegbreite
m = Zahnmodul
d = Lochdurchmesser
[Feintool AG Lyss und Hoesch Hohenlimburg]

Für die Ringbreite I ergibt sich nach **Bild 5.3** ein Schwierigkeitsgrad, der auf der Grenze zwischen S1 und S2 liegt. Die Stegbreite II ergibt sich nach **Bild 5.3** zu S2/S3. Der Lochdurchmesser liegt nach **Bild 5.3** zwischen S1 und S2. Bezüglich der Modulverzahnung ergibt sich nach **Bild 5.3** der Schwierigkeitsgrad S2. Der Schwierigkeitsgrad des Zahnsegmentes ist demnach als S3 =

hoch anzusprechen. Es könnte daher – legt man die weiter vorne beschriebenen Versuchsergebnisse zugrunde – ein Kaltband geglüht GKZ oder GKZ-EW (**Tabelle 6.19**) Verwendung finden, da wegen der vorgeschriebenen Dickentoleranz nach DIN 1544 Warmband eventuell ausscheidet.

Werkstoff	C53			
Schwierigkeitsgrad	**S1**	**S2**	**S3**	
WA / BZ				
Rm [N/mm^2] (max.)	570	570	540	510
Rp0,2 [N/mm^2] (max.)	390	390	350	310
Warmband gebeizt, unbehandelt	(X)	-	-	-
Warmband gebeizt, geglüht	X	X	-	-
Semi-Kaltband mit Glühe	X	X	-	-
Kaltband weichgeglüht, GKZ	X	X	X	-
Kaltband weichgeglüht, GKZ-EW	X	X	X	X

Tabelle 6.19
Auswahlkriterien zur Festlegung des Vormaterials nach dem Schwierigkeitsgrad des Teils für einen **unlegierten Vergütungsstahl**.
[Buderus Edelstahl, Feintool AG Lyss, Hoesch Hohenlimburg, Kaltwalzwerk Brockhaus]

Ob bei einem Feinschnittteil mit S3 Kaltband GKZ oder Kaltband GKZ-EW bezogen werden soll, hängt von den geforderten Stanz- und Leistungsergebnissen und der benötigten Stückzahl ab. Damit ist der Feinschneidwerkstoff definiert. Es können weitere Angaben über die Abmessung, die Toleranz und die Kantenausführung hinzugefügt werden.

Literatur zu Abschnitt 6.4
[1]   Feintool AG Lyss und Hoesch Hohenlimburg:
      Unveröffentlichtes Handbuch: Feinschneiden und Feinschneidwerkstoffe. Ein Handbuch für Konstruktion und Fertigung.

Festlegung der Ausführungsform und des Behandlungszustands

Bild: Kaltbandlager.
[C.D. Wälzholz]

Bild: Warmband gebeizt.
[Buderus Edelstahl Band GmbH]

7 Mechanische Kennwerte der Stahlsorten

Die mechanischen Kennwerte Streckgrenze, Zugfestigkeit und Brinellhärte der Werkstoffe gemäß der in Abschnitt 6.1 vorgenommenen Gliederung nach Haupteigenschaftsmerkmalen gehen aus den **Tabellen 7.1** bis **7.14** hervor. Es gilt auch hier, wie in Abschnitt 6.1, dass die Kurznamen nationaler Normen als Orientierungshilfe dienen; als Basis für die Analysen der Stähle gilt die europäische Norm (EN).

Es wurde bereits in Abschnitt 6.2 darauf hingewiesen, dass die Auswahl der Werkstoffe und deren Lieferzustände abgestimmt auf die Materialbeanspruchung im Schneid- und/oder Umformprozess getroffen werden soll. Die in den Tabellen aufgeführten Abkürzungen und Zeichen für Kennwerte, Ausführungsmerkmale und Lieferzustände für die jeweiligen Werkstoffgruppen sind im Folgenden erklärt:

Legende Kapitel 7.1- 7.14

S	=	vergleichbare Standards
W	=	Warmband
K	=	Kaltband
W.-Nr.	=	Werkstoffnummer nach DIN
U	=	gebeizt, unbehandelt
G	=	geglüht
GKZ	=	weichgeglüht auf kugeligem Zementit
A+LC	=	geglüht + leicht kalt nachgewalzt
GKZ-EW	=	extra weich GKZ-geglüht
G+K	=	geglüht + kaltgewalzt
TM	=	thermomechanisch behandelt
QT	=	ZW-vergütet
A	=	ferritsche und martensitische nichtrostende Stähle
B	=	austenitische nichtrostende Stähle
La	=	lösungsgeglüht und abgeschreckt
$R_{p0,2}$	=	Streckgrenze
R_m	=	Zugfestigkeit
HBW	=	Brinellhärte
[1]	=	nicht genormt
[2]	=	Zustand G

Weiche, unlegierte Stähle/allgemeine Baustähle

7.1 Weiche, unlegierte Stähle – EN 10111, EN 10139

W.-Nr.	AISI	JIS	S EN	DIN	W U $R_{p0,2}$ [N/mm²] (max.)	R_m [N/mm²] (max.)	HBW (max.)	K A+LC $R_{p0,2}$ [N/mm²] (max.)	R_m [N/mm²] (max.)	HBW (max.)
1.0332	1008	SPHD	DD 11	StW 22	-	440	136	-	-	-
1.0335	1008	SPHE	DD 13	StW 24	320	410	127	-	-	-
1.0338	1008	SPCE	DC 04	St 4	-	-	-	210	350	105
1.0312	-	-	DC 05	-	-	-	-	180	330	100

7.2 Allgemeine Baustähle – EN 10025

W.-Nr.	ASTM	JIS	S EN	DIN	W U $R_{p0,2}$ [N/mm²] (max.)	R_m [N/mm²] (max.)	HBW (max.)	K A+LC $R_{p0,2}$ [N/mm²] (max.)	R_m [N/mm²] (max.)	HBW (max.)
1.0037	A 570 Gr. 33	STKM 12B	S235 JR	St 37-2	235	470	143	215	450	140
1.0116	A 570 Gr. 33	STKM 12B	S235J2G3	St 37-3	235	470	143	215	450	140
1.0144	A 570 Gr. 40	SM 520 B / SM 520 C	S275J2G3	St 44-3	275	590	170	245	530	164
1.0570	A 570 Gr. 50	SM 400 A / SM 400 B	S355J2G3	St 52-3	355	630	190	325	600	186

Mechanische Kennwerte der Stahlsorten

7.3 Mikrolegierte Feinkornstähle – EN 10149 /EN 10268

W.-Nr.	AISI	JIS	EN	SEW	W TM $R_{p0,2}$ [N/mm²] (min.)	W TM R_m [N/mm²] (max.)	A+LC (Querwerte) K $R_{p0,2}$ [N/mm²] (min.)	A+LC (Querwerte) K R_m [N/mm²] (max.)
1.0480	-	SPFC 490	H280LA	ZStE 300	-	-	300	480
1.0545	A 715 Gr. 50	SPFC 590	H320LA	ZStE 340	-	-	340	530
1.0550	-	-	H360LA	ZStE 380	-	-	380	600
1.0556	A 1715 Gr. 60	-	H400LA	ZStE 420	-	-	420	620
-	-	-	-	ZStE 460	-	-	460	650
-	A 715 Gr. 70	-	-	ZStE 500	-	-	500	680
-	A 715 Gr. 80	SPFC 980 Y	-	ZStE 550	-	-	550	710
1.0974	A 715 Gr. 50	SPFH 540	-	QStE 340 TM	340	540	-	-
1.0978	-	-	-	QStE 380 TM	380	590	-	-
1.0980	A 715 Gr. 60	SPFH 590	S420MC	QStE 420 TM	420	620	-	-
1.0982	-	-	S460MC	QStE 460 TM	460	670	-	-
1.0984	A 715 Gr. 70	-	S500MC	QStE 500 TM	500	700	-	-
1.0986	A 715 Gr. 80	-	S550MC	QStE 550 TM	550	760	-	-
1.8969	-	-	S600MC	QStE 600 TM	600	820	-	-
1.8974	-	-	S650MC	QStE 650 TM	650	880	-	-
1.8976	-	-	S700MC	QStE 700 TM	700	950	-	-

Mikrolegierte Feinkornstähle/Einsatzstähle

7.4 Einsatzstähle – EN 10084, EN 10132-2

W.-Nr.	S			U			W			GKZ			K			GKZ-EW	
	AISI	JIS	EN	DIN	$R_{p0,2}$ [N/mm²] (max.)	R_m [N/mm²] (max.)	HBW (max.)	$R_{p0,2}$ [N/mm²] (max.)	R_m [N/mm²] (max.)	HBW (max.)	$R_{p0,2}$ [N/mm²] (max.)	R_m [N/mm²] (max.)	HBW (max.)	$R_{p0,2}$ [N/mm²] (max.)	R_m [N/mm²] (max.)	HBW (max.)
1.1121	1010	S 10 C	C10E	Ck 10	380	480	149	300	420	130	260	390	121	225	370	115
1.1141	1015	S 15 C	C15E	Ck 15	420	520	161	300	440	136	270	410	127	235	390	121
1.5752	3310	SNC 22 / SNC 815	15NiCr13	15NiCr13	670	860	260	420	690	210	355	580	181	320	520	168
1.5919	4320	-	15CrNi6	15CrNi6	700	880	270	380	610	190	330	540	167	295	480	149
1.7016	5015	-	17Cr3	17 Cr 3	600	750	233	320	470	146	290	440	137	250	410	127
1.7131	5115	S Cr 415	16MnCr5	16 MnCr 5	710	880	273	380	550	171	325	500	155	265	440	136
1.7262	-	SCM 21 / SCM 415	15CrMo5	15CrMo5	720	900	275	330	540	167	315	510	158	275	450	142
1.7321	-	-	20MoCr4	20MoCr4	760	950	288	335	550	171	320	520	162	280	460	143

7.5 Vergütungsstähle – EN 10083-1, EN 10132-3

W.-Nr.	AISI	JIS	S EN	DIN	W $R_{p0,2}$ [N/mm²] (max.)	U R_m [N/mm²] (max.)	HBW (max.)	GKZ $R_{p0,2}$ [N/mm²] (max.)	GKZ R_m [N/mm²] (max.)	HBW (max.)	K GKZ $R_{p0,2}$ [N/mm²] (max.)	GKZ R_m [N/mm²] (max.)	HBW (max.)	GKZ-EW $R_{p0,2}$ [N/mm²] (max.)	GKZ-EW R_m [N/mm²] (max.)	HBW (max.)
1.1151	1020 / 1023	S 22 C	C22E	Ck 22	430	550	171	315	460	143	290	440	136	250	410	127
1.1158	1025	S 25 C	C25E	Ck 25	500	620	192	330	480	149	300	460	143	255	420	130
1.1178	1030	S 30 C	C30E	Ck 30	540	680	211	340	500	146	315	480	149	265	440	136
1.1181	1035	S 35 C	C35E	Ck 35	600	750	233	360	520	161	320	490	152	280	460	143
1.1186	1040	S 40 C	C40E	Ck 40	655	820	254	370	540	167	325	500	155	285	470	146
1.1191	1045	S 45 C	C45E	Ck 45	705	880	273	385	560	174	335	510	158	290	480	149
1.1203	1055	S 55 C	C55E	Ck 55	760	950	288	395	580	180	350	540	167	310	510	158
1.1206	1050	S 50 C	C50E	Ck 50	720	900	275	390	570	177	340	520	161	300	500	155
1.1221	1060	S 60 C	C60E	Ck 60	784	980	298	420	620	192	365	560	174	320	530	164
1.1177	-	-	25Mn4	25 Mn 4	700	870	265	340	500	146	310	480	149	280	460	143
1.7003	5045 / 5046	-	-	38 Cr 2	750	940	291	400	580	180	335	510	158	290	480	149
1.7218	4130	S CM	25CrMo4	25 CrMo 4	720	900	275	380	560	174	335	510	158	295	490	152
1.7220	4135	S CM	34CrMo4	34 CrMo 4	760	950	288	400	580	180	355	540	167	310	510	158
1.7225	4140	S CM	42CrMo4	42 CrMo 4	880	1100	333	420	620	192	360	550	171	315	520	161
1.7228	4150	S CM	50CrMo4	50 CrMo 4	1000	1250	370	450	660	204	380	580	180	330	550	171
1.8159	6150	SUP 10	51CrV4	50 CrV 4	960	1200	363	450	660	204	380	580	180	330	550	171

Vergütungsstähle/Federstähle

7.6 Federstähle – EN 10132-4

W.-Nr.	AISI	JIS	EN	DIN	W GKZ $R_{p0,2}$ [N/mm²] (max.)	W GKZ R_m [N/mm²] (max.)	W HBW (max.)	K GKZ $R_{p0,2}$ [N/mm²] (max.)	K GKZ R_m [N/mm²] (max.)	K GKZ HBW (max.)	K GKZ-EW $R_{p0,2}$ [N/mm²] (max.)	K GKZ-EW R_m [N/mm²] (max.)	K GKZ-EW HBW (max.)
1.1231	1070	SK 7	C67S	Ck 67	445	640	198	380	580	180	330	550	171
1.1248	1075	SK 6	C75S	Ck 75	460	660	204	400	610	189	345	570	177
1.1269	1086	SK 5	C85S	Ck 85	475	680	211	405	620	192	355	580	180
1.1217	-	-	C90S	-	480	690	215	420	630	195	365	590	183
1.1274	1095	SK4 SK3	C100S	Ck 101	490	700	217	430	640	198	380	600	186
1.1224	-	-	C125S	-	510	730	226	440	650	202	400	620	192
1.2002	-	SK2	125Cr2	125Cr1	510	730	226	450	660	205	385	640	198
1.2235	-	-	80CrV2	80 CrV 2	475	680	211	390	600	186	345	570	177
1.5026	9255	-	56Si7	-	540	770	239	420	620	192	360	580	180
1.5634	-	-	75Ni8	-	530	760	236	450	660	205	400	630	195
1.8159	6150	SUP 10	51CrV4	50 CrV 4	460	660	204	380	580	180	330	550	171
1.8161	-	-	58CrV4	58 CrV 4	470	670	209	390	590	183	350	560	174

7.7 Nitrierstähle – EN 10085

W.-Nr.	S			W						K					
	AISI	JIS	EN	DIN	GKZ					GKZ			GKZ-EW		
					$R_{p0,2}$ [N/mm²] (max.)	R_m [N/mm²] (max.)	HBW (max.)	$R_{p0,2}$ [N/mm²] (max.)	R_m [N/mm²] (max.)	HBW (max.)	$R_{p0,2}$ [N/mm²] (max.)	R_m [N/mm²] (max.)	HBW (max.)
1.8504	-	-	-	34 CrAl 6	440	650	202	380	590	183	330	550	171
1.8507	A 3545 Cl.D	-	-	34 CrAlMo 5	450	660	205	390	600	186	340	560	174
1.8515	-	-	-	31 CrMo 12	500	700	217	420	640	198	380	600	186

Nitrierstähle/Werkzeugstähle

7.8 Werkzeugstähle – EN ISO 4957

				W GKZ			K GKZ			K GKZ-EW		
WNr.	AISI	JIS	EN	DIN	$R_{p0,2}$ [N/mm²] (max.)	R_m [N/mm²] (max.)	HBW (max.)	$R_{p0,2}$ [N/mm²] (max.)	R_m [N/mm²] (max.)	HBW (max.)	$R_{p0,2}$ [N/mm²] (max.)	R_m [N/mm²] (max.)	HBW (max.)
1.1520	-	SK 6 / SK 7	C 70 W 1	C 70 W 1	445	640	198	370	570	177	325	540	167
1.1525	W 108	SK 5 / SK 6	C80U	C 80 W 1	460	660	204	405	620	192	340	570	177
1.1545	W 110	SK 3	C105U	C 105 W 1	490	700	217	420	650	202	355	590	183
1.1563	W 112	SK 2	C125U	C 125 W 1	510	730	226	460	680	211	350	620	192
1.2003	-	SK 6 / SK 7	-	75 Cr 1	465	680	211	405	620	192	350	580	180
1.2067 (1.3505)	52100	SUJ 2	102Cr6	100 Cr 6	500	720	223	400	620	192	350	580	180
1.2002	-	SK 2	125 Cr 2	125 Cr 1	510	730	226	430	660	205	385	640	198
1.2210	-	-	-	115 CrV 3	500	720	223	430	650	202	375	610	189
1.2235	-	-	-	80 CrV 2	475	680	211	390	600	186	345	570	177

7.9 Wälzlagerstähle

W.-Nr.	AISI	JIS	S EN	S DIN	W GKZ $R_{p0,2}$ [N/mm^2] (max.)	W GKZ R_m [N/mm^2] (max.)	W GKZ HBW (max.)	K GKZ $R_{p0,2}$ [N/mm^2] (max.)	K GKZ R_m [N/mm^2] (max.)	K GKZ HBW (max.)	K GKZ-EW R_m [N/mm^2] (max.)	K GKZ-EW HBW (max.)
(1.1248)	-	-	C75 mod	C75 mod	470	670	209	370	570	177	540	171
(1.2003)	-	-	C80 mod	C80 mod	475	680	211	380	580	180	550	174
1.3005	-	-	100Cr6	100Cr6	500	720	223	400	620	192	580	180

7.10 Borstähle – DIN EN 10083-3

W.-Nr.	AISI	JIS	S EN	S DIN	W $R_{p0,2}$ [N/mm^2] (max.)	U R_m [N/mm^2] (max.)	HBW (max.)	K GKZ $R_{p0,2}$ [N/mm^2] (max.)	K GKZ R_m [N/mm^2] (max.)	K GKZ HBW (max.)
1.7135	-	-	-	8 MnCrB 3 [1]	370	500	155	300	430	135
1.5528 / 1.5530	15 B 21	SWRCAB 620 H	20 MnB 5	22 MnB 5 [1]	500	600	186	320	480	150
1.7182	-	-	27 MnCrB 5-2	-	530	650	202	340	500	155
1.5531	15 B 30	SWCHB 634	30 MnB 5	-	550	700	217	350	500	160
1.5524	15 B 37	SWRCHB 423	-	37 MnB 4 [1]	650	800	248	370	520	165
-	15 B 41	SWRCHB 437	-	40 MnB 4 [1]	700	850	263	390	540	170
1.7116	-	-	-	42 MnNiCrB 4.2 [1]	750	900	279	420	570	180

Wälzlagerstähle/Bohrstähle/Kaltzähe Stähle/Druckbehälterstähle

7.11 Kaltzähe Stähle – EN 10028-4

	S				W / U			K / GKZ			K / GKZ-EW	
W.-Nr.	ASTM	JIS	DIN	EN	$R_{p0,2}$ [N/mm²] (max.)	R_m [N/mm²] (max.)	HBW (max.)	$R_{p0,2}$ [N/mm²] (max.)	R_m [N/mm²] (max.)	HBW (max.)	R_m [N/mm²] (max.)	HBW (max.)
1.5622	A 350-LF5	–	–	–	380	560	174	360	520	165	480	149
1.5637	A 350-LF3	SL3N26 SL3N45	10 Ni 14	12 Ni 14	540	740	230	460	660	205	600	186

7.12 Druckbehälterstähle – EN 10028-2

	S				W / GKZ			K / GKZ		
W.-Nr.	ASTM	JIS	EN	DIN	$R_{p0,2}$ [N/mm²] (max.)	R_m [N/mm²] (max.)	HBW (max.)	$R_{p0,2}$ [N/mm²] (max.)	R_m [N/mm²] (max.)	HBW (max.)
1.5415	A 204 Gr.A 4017	–	16 Mo 3	15 Mo 3	320	470	146	250	410	127
1.7335	A 182-F12 Cl.2	SFVA F 12	13 CrMo 4-5	13 Cr Mo 4-4	380	550	171	265	440	136

7.13 Nichtrostende Stähle – EN 10088 T1-T3

A

W.-Nr.	AISI	JIS	S EN	DIN	W GKZ $R_{p0,2}$ [N/mm²] (max.)	W GKZ R_m [N/mm²] (max.)	W GKZ HBW (max.)	K GKZ $R_{p0,2}$ [N/mm²] (max.)	K GKZ R_m [N/mm²] (max.)	K GKZ HBW (max.)	K GKZ-EW $R_{p0,2}$ [N/mm²] (max.)	K GKZ-EW R_m [N/mm²] (max.)	K GKZ-EW HBW (max.)
1.4000	410	SUS403	X 6 Cr 13	X 6 Cr 13	min 224 [2]	600 [2]	186 [2]	240 [2]	555 [2]	171 [2]	-	-	-
1.4003	-	-	X 2 Cr 11	X 2 CrNi 11	395	580	180	340	520	161	330	550	171
1.4021	420	SUS 420J1	X 20 Cr 13	X 20 Cr 13	425	620	192	380	580	180	340	560	174
1.4028	420 F	SUS 420 J2	X 30 Cr 13	X 30 Cr 13	445	650	202	390	600	186	355	590	183
1.4031	-	SUS 420J2	X 39 Cr 13	X 39 Cr 13	465	680	211	410	630	195	380	630	195
1.4034	-	-	X 46 Cr 13	X 46 Cr 13	490	720	223	440	670	208			
1.4116	-	-	X 50 CrMoV 15	-	465	750	228	435	700	217	Für GKZ-EW keine Angaben		
1.4122	-	-	X 39 CrMo 17-1	-	465	750	228	435	700	217			
1.4419	-	-	X 38 CrMo 14	-	465	750	228	435	700	217			

B

W.-Nr.	AISI	JIS	S EN	DIN	W La $R_{p0,2}$ [N/mm²] (max.)	W La R_m [N/mm²] (max.)	K La $R_{p0,2}$ [N/mm²] (max.)	K R_m [N/mm²] (max.)
1.4301	304	SUS304	X 5 CrNi 18-10	X 5 CrNi 1810	195	700	220	750
1.4306	304L	SUS304L	X 5 CrNi 19-11	X 5 CrNi 1911	180	680	220	670

Nichtrostende Stähle/Sonderstähle

7.14 Sonderstähle – EN 10277-3, EN 10095

WB	W.-Nr.	AISI	JIS	EN	DIN	W GKZ Rp0,2 [N/mm²] (max.)	W GKZ Rm [N/mm²] (max.)	W GKZ HBW (max.)	K GKZ Rp0,2 [N/mm²]	K GKZ Rm [N/mm²]	K GKZ HBW (max.)	K Ausführung Rp0,2 [N/mm²]	K Ausführung Rm [N/mm²]	K Ausführung HBW
	1.4724	-	-	X10CrSiAl13	X10 CrAl 13	425	680	211	-	-	-	<345	<550 (GKZ-EW)	<171
	1.0721	1108/1109	-	10S20	10 S 20	400	500	156	<375	<600	186	<500	<550 (G+K)	<175
	1.0718	12L13	SUM 22 L - 24 L	11SMnPb30	9 SMnPb 28	400	500	156	<260	<400	124	<550	<600	<190
	1.0715	1213	SUM 22	11SMn30	9 SMn 28	400	500	156	<280	<440	135	<550	<600	<190
Rawael 80	-	-	-	-	-	-	-	-	>750	800 - 920	-	-	-	-
PT 120	-	-	-	-	-	-	-	-	-	-	-	860 - 1070	1100 - 1300 (QT)	-

8 Besonderheiten der Prozessführung und der Werkzeugbeschaffenheit

Für eine erfolgreiche Anwendung der Fertigungsverfahren Feinschneiden/ Umformen ist eine sorgfältige Auslegung des Werkzeugs wie auch des Prozesses unerlässlich. Im folgenden Kapitel sollen einige wichtige Themen im Grundsatz kurz erläutert werden.

8.1 Werkzeugherstellung

Die Herstellung der Werkzeuge und insbesondere der Aktivelemente wie Schneidstempel, Innenformstempel, Schneidplatte, Prägestempel usw. legt einen sehr wichtigen Grundstein für die spätere Performanz dieser Produktionsmittel. Wärmebehandlung, Hartbearbeitung, Finish und Beschichtung hinterlassen insbesondere in der beanspruchten Randzone der Elemente im Kollektiv eine Historie, die die Eigenschaften der Elemente im Einsatz beeinflusst.

8.1.1 Werkstoffe für Aktivelemente

Die Auswahl von Werkstoff und Härte der Elemente wird vom Konstrukteur anhand des zu erwartenden Lastkollektivs und mit Hilfe von Normvorschriften erstellt. In erster Linie ist die Auslegung der Härte abhängig von der zu erwartenden Druckbelastung der Elemente. Bei stark abrasiv beanspruchten Elementen ist zudem der Gehalt an Sondercarbiden entscheidend, der wiederum durch Kohlenstoff und die Carbidbildner Chrom, Molybdän, Wolfram und Vanadium gesteuert wird. Gleichzeitig bilden dicht und homogen verteilte Carbide im Zusammenspiel mit der angelassenen martensitischen Matrix die notwendige Unterstützung für PVD-Beschichtungen.

Die folgende **Tabelle 8.1** bietet einen Überblick über häufig verwendete und bewährte Werkstoffe für Aktivelemente in Feinschneidwerkzeugen.

Grundsätzlich sind pulvermetallurgisch hergestellte (PM) Stähle den konventionell erzeugten Güten in punkto Homogenität und Reinheit überlegen, auch kann die Größe und die Verteilung der Carbide genauer gesteuert werden. Daraus resultieren zum einen eine erhöhte Bruchzähigkeit und zum anderen eine vorteilhaftere Schichthaftung.

Werkzeugherstellung

Werkzeugelement	Belastungsart	Werkstoffbezeichnung	Werkstoff-Nr.	Härte HRC
Schneidplatte	Druck	X155 CrVMo 12-1	1.2379	61
	Biegung	S 6-5-2	1.3343	61-63
	Verschleiss	S 6-5-4 (PM)	-	61-63
		S 11-2-5-8 (PM)	-	64-66
		S-14-3-5-11 (PM)	-	66-68
Schneidstempel	Zug, Druck	X155 CrVMo 12-1	1.2379	59
	Biegung	X80 CrVMo 8-3-1 (PM)	-	59-61
	Verschleiss	S 6-5-2	1.3343	59-61
		S 6-5-4 (PM)	-	60-62
		S 11-2-5-8 (PM)	-	63-65
Führungsplatte	Druck Biegung	X155 CrVMo 12-1	1.2379	57-59
Auswerfer	Druck Biegung	X155 CrVMo 12-1	1.2379	57-59
Druckbolzen	Druck	X155 CrVMo 12-1	1.2379	58-64

Tabelle 8.1
Typische Werkstoffe für Aktivelemente in Feinschneidwerkzeugen (Auswahl).

8.1.2 Wärmebehandlung von Werkzeugstählen

Werkzeugstähle werden in weichgeglühtem Zustand spanabhebend bearbeitet und anschließend gehärtet. Das Gefüge besteht im weichgeglühten Zustand aus einer ferritischen Grundmatrix und Carbiden. Bei den hier behandelten Werkzeugstählen liegen Chrom-, Wolfram-, Molybdän- oder Vanadiumcarbide – je nach der chemischen Zusammensetzung des Stahls – vor. Darüber hinaus können je nach Legierung auch andere Elemente wie Kobalt und Nickel enthalten sein; diese bilden allerdings keine Carbide. Kobalt verbessert die Warmhärte, Nickel und Mangan erhöhen die Härtbarkeit.

Beim Härten eines Werkzeugstahls werden die Carbide in der Grundmatrix ausreichend aufgelöst, sodass der Legierungsgehalt der Matrix soweit gesteigert wird, dass der Härtevorgang eingeleitet werden kann. Wenn der Stahl auf Härtetemperatur (Austenitisierungstemperatur) gebracht wird, werden die Carbide zum Teil gelöst und gleichzeitig verändert sich die Matrix. Es findet eine Umwandlung von Ferrit mit kubisch-raumzentriertem Gitter in Austenit mit kubisch-flächenzentriertem Gitter statt. Die Eisenatome im Atomgitter sind anders konfiguriert, in den Zwischenräumen entsteht Platz für Kohlenstoffatome und Atome der Legierungselemente, die in der Eisenmatrix in Lösung gehen. Es bildet sich also ein Einlagerungs- und Substitutions-Mischkristall, nämlich der gesättigte Austenit.

Bei schneller Abkühlung können die Kohlenstoffatome und die Elemente der Legierung sich aus kinetischen Gründen nicht an Stellen ablagern, die eine Rückumwandlung von Austenit in Ferrit ermöglichen würden. Daraus resultiert eine tetragonale Gitterverzerrung, die zu erheblichen Verspannungen führt. Diese sind die Ursache für die Härte des entstandenen Gefüges, des Martensits. Die Umwandlung des Austenits in Martensit geschieht nicht vollständig. Ein Teil des Austenits wird nicht umgewandelt, dieser wird als Restaustenit bezeichnet. Die Menge des Restaustenits nimmt mit steigendem Legierungsgehalt, erhöhter Härtetemperatur und verlängerter Haltedauer zu. Nach dem Abkühlen besteht der Stahl aus Martensit, Restaustenit und Karbiden.

Die hohen inneren Spannungen in diesem Gefüge führen zu einer hohen Rissanfälligkeit. Diese wird durch mehrmaliges Anlassen herabgesetzt. Die Spannungen werden dann abgebaut, und das Gefüge wird umgewandelt. Wie viel Austenit umgewandelt wird, hängt von der Höhe der Anlasstemperatur ab. Das Anlassen muss immer unmittelbar nach dem Abkühlvorgang erfolgen.

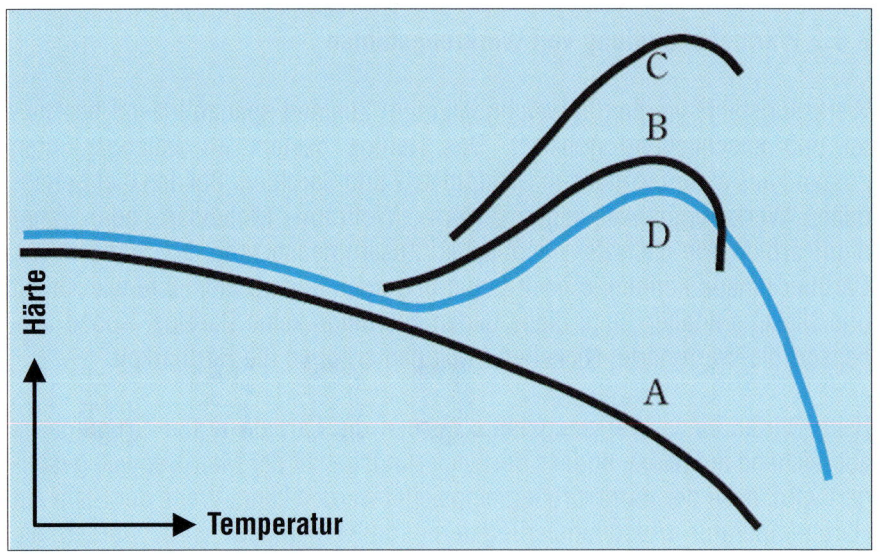

Bild 8.1
Anlassdiagramm für Schnellarbeitsstahl und hochlegierten Werkzeugstahl, hierin:
Kurve A = Anlassen von Martensit
Kurve B = Carbidausscheidungen
Kurve C = Umwandlung von Restaustenit in Martensit
Kurve D = resultierende Härteverlaufskurve (A + B + C = D)

Nach einem Anlassen bei hoher Temperatur besteht das Gefüge aus angelassenem Martensit, neugebildetem Martensit, etwas Restaustenit und Carbiden.

Werkzeugherstellung

Die ausgeschiedenen Sekundärkarbide und der neugebildete Martensit führen zu einer Härtesteigerung beim Anlassen bei hohen Temperaturen. Diese Härtesteigerung erscheint als Sekundärmaximum in der Anlasskurve von Schnellarbeitsstählen und hochlegierten Werkzeugstählen.

Bild 8.1 zeigt den Einfluss der verschiedenen Vorgänge beim Anlassen auf die Form der Anlasskurve. Während das Anlassen des Martensitanteils mit steigender Temperatur einen Härteabfall erzeugt (A), steigt die Härte beim Umwandeln des Restaustenits (C) und bei der Ausscheidung der Sondercarbide (B). Die resultierende Kurve (D) zeigt dann das typische Sekundärhärtemaximum. Für Schnellarbeitsstähle ist ein dreifaches Anlassen bei Temperaturen jenseits des Sekundärhärtemaximums nötig.

Bild 8.2 zeigt die typischen Verhältnisse der Gefügemengen und die klassischen Prozesstemperaturen für Schnellarbeitsstahl mittlerer Härte.

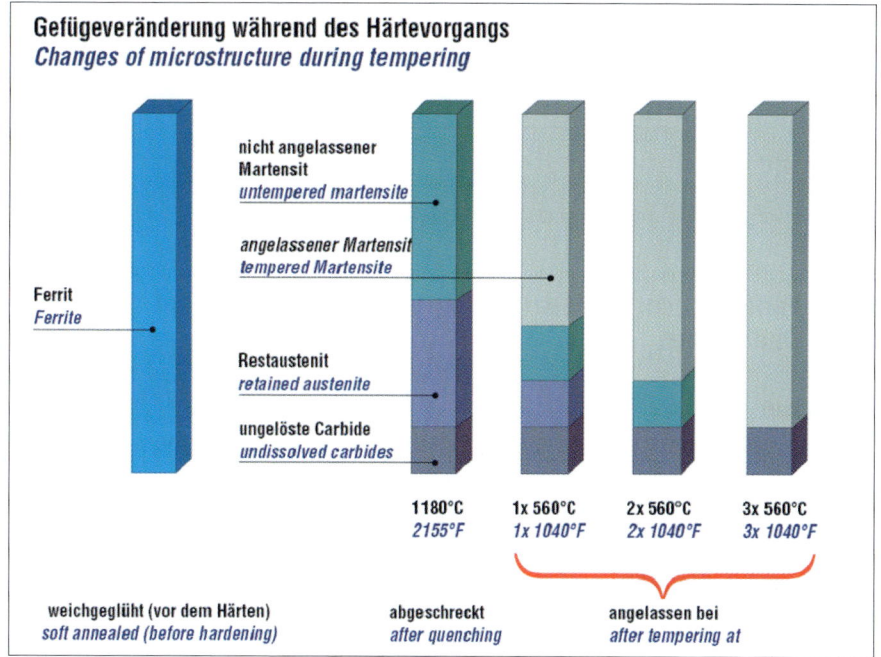

Bild 8.2
Gefügemengen bei den Anlassvorgängen.

Üblicherweise werden die erwähnten Werkzeugstähle im Vakuum erwärmt und mit Stickstoff unter einem Überdruck von mindestens 5 bar abgeschreckt. Das Anlassen erfolgt ebenfalls unter Schutzgas. Der genaue Ablauf für einen Schnellarbeitsstahl 1.3344 ist in **Bild 8.3** gegeben. Hier ist insbesondere die stufenweise Erwärmung beim Aufheizen zu erwähnen, die zur Vermeidung von Spannungsrissen unerlässlich ist.

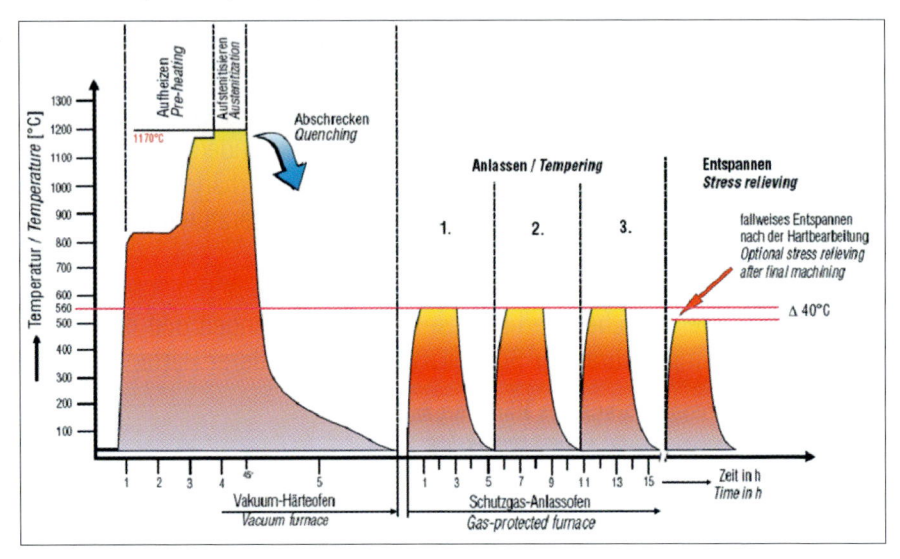

Bild 8.3
Temperaturverlauf für die Wärmebehandlung des Schnellarbeitsstahls 1.3344.

8.1.3 Verfahren der Hartbearbeitung und ihre Einflüsse auf die technischen Oberflächen

Erodieren
Das Drahterodieren zählt heute im Schneidwerkzeugbau mit hohen Anteilen an zylindrischen Flächen mit höchsten Genauigkeitsanforderungen zu den weitest verbreiteten Verfahren der Hartbearbeitung. Bei der Verwendung hinreichend schonender Parameter (Regel: Hauptschnitt und mindestens vier Nachschnitte) ist in Verbindung mit modernen Verfahren der Pulsmodulation eine Schnittqualität erreichbar, die in vielen Fällen den Anforderungen genügt.

Gleichwohl soll in diesem Zusammenhang ein Einfluss diskutiert werden, der prinzipbedingt (Erodieren ist ein abschmelzendes Verfahren) nicht vollständig unterdrückt werden kann: die Bildung der so genannten "weißen Schicht". **Bild 8.4** zeigt eine durch Drahterodieren erzeugte Feinverzahnung an einem Schneidstempel.

Werkzeugherstellung

Bild 8.4
Schneidstempel mit Feinverzahnung, Detail Zahnkopf mit asymmetrischer Weißzone, erodiert mit Agiecut HSS 250, vier Nachschnitte.

Im rechten Bildteil ist deutlich die Wärmeeinflusszone zu erkennen, die asymmetrisch ausgeprägt ist. Die Asymmetrie entsteht durch die Wärmefront, die der Draht vor sich herschiebt und die dafür sorgt, dass solch filigrane Strukturen von beiden Seiten mit Wärme beaufschlagt werden und entsprechend ausglühen. Um solche weißen Zonen im Detail analysieren zu können, sind aufwändige Untersuchungen nötig. In den **Bildern 8.5** und **8.6** sind die Ergebnisse von Härteuntersuchungen an einer erodierten Werkzeugstahlprobe dargestellt. Es handelt sich um ein Verzahnungsteil aus dem pulvermetallurgisch hergestellten Schnellarbeitsstahl CPM 15V, gehärtet auf 62 HRC und erodiert mit fünf Nachschnitten.

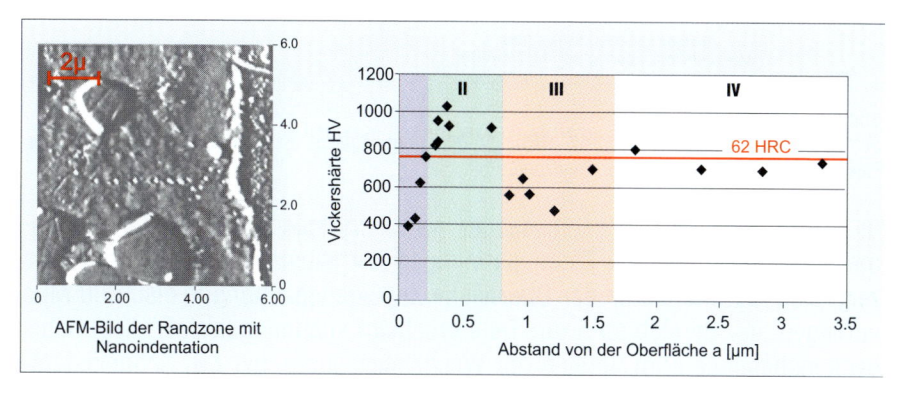

Bild 8.5
Schneidstempel HSS CPM 15V; 62 HRC; erodiert mit Agiecut Excellence, fünf Nachschnitte; Bestimmung der Härteverläufe in der Randzone mittels Nanoindentation.

Im **Bild 8.5** ist die Randzone der Probe mit den Härteeindrücken dargestellt, der Bildausschnitt beträgt 6 x 6 µm². In der danebenliegenden Grafik ist die Matrixhärte als Tiefenverlauf bis 3,5 µm unter der Oberfläche dargestellt. Die Härteprüfung erfolgte mittels Nanoindentation, um die gewünschte hohe Auflösung im Randzonenbereich realisieren zu können. Die Auswertung erfolgte an einem Rasterkraftmikroskop. Es sind deutlich vier Zonen zu erkennen, die wie folgt charakterisiert sind: Auf den ersten ca. 200 nm findet sich die eigentliche weiße Schicht, die in weiteren Untersuchungen zu Struktur und Zusammensetzung als übersättigter Austenit identifiziert werden konnte. Es finden sich hohe Konzentrationen von Chrom, Wolfram und Vanadium. Im Bereich 200-800 nm von der Oberfläche findet sich eine Zone hoher Härte, die beim Erodierprozess auf Grund der hohen Temperatur und der großen Abschreckgeschwindigkeit gebildet wurde. Daran schließt sich zwischen 800 und 1000 nm eine Anlasszone mit abgesenkter Härte an. Ab einer Tiefe von ca. 1.5 µm befindet sich dann das ungestörte Härtegefüge.

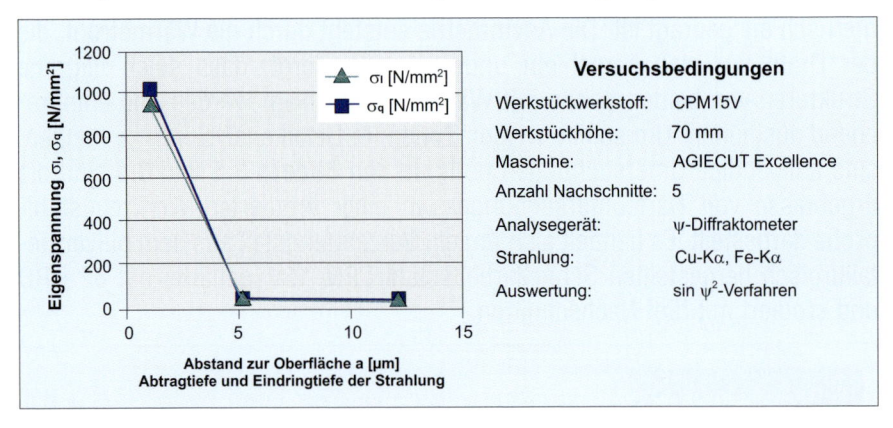

Bild 8.6
Schneidstempel HSS CPM15V, 62 HRC, erodiert mit Agiecut Excellence, fünf Nachschnitte, Eigenspannungsmessungen in der Randzone.

In **Bild 8.6** sind die Ergebnisse der röntgenografischen Eigenspannungsmessungen gezeigt, die Eigenspannungen verhalten sich wie erwartet. Es zeigt sich, dass direkt an der Oberfläche Zugeigenspannungen bis 1000 MPa vorliegen, der Bereich ab 5 µm Tiefe erscheint spannungsfrei. Es liegt nahe, dass insbesondere im Bereich der Wechselbelastung, die z.B. Schneidstempel erfahren (hohe Druckspitzen in der Randzone beim Schneideprozess, erhebliche Zugspannungen beim Abstreifvorgang vom Stanzgitter), solche stark gradierten Spannungszustände kontraproduktiv sind und eine verfrühte Schädigung durch Ermüdungsrissbildung verursachen können.

Werkzeugherstellung

Um die beschriebenen Auswirkungen des Erodierprozesses auf die Werkzeuge zu vermeiden, sind folgende Maßnahmen erfolgreich eingeführt worden. Neben der Investition in modernste Erodiertechnologie hinsichtlich Steuerung und Pulsmodulation wird generell nach jeder Hartbearbeitung ein Entspannungsglühen der Bauteile bei 40°C unter Anlaßtemperatur empfohlen. Im Falle der Applikation einer PVD-Beschichtung hat sich zusätzlich das Verfahren des Mikrostrahlens der kritischen Oberflächen bewährt. Dieser Prozeß wird später näher erläutert. Im Falle von Feinstverzahnungen zeigen die Erfahrungen, daß das Profilschleifen ungeachtet der hohen Herstellkosten eine optimale Performance der Werkzeugelemente bewirkt. Sinngemäss gilt natürlich auch hier nachgängig die Notwendigkeit einer thermischen Entspannung.

Schleifen

Schleifen ist eines der ältesten Verfahren zur Hartbearbeitung von Werkzeugstahl. Es wird eine Vielzahl von Schleifverfahren am Markt angeboten, die sich in Hinsicht auf Genauigkeit, Produktivität, erzielbare Geometrien etc. stark unterscheiden. Gemeinsam ist allen Verfahren, dass ein gebundenes Schleifkorn mit geometrisch unbestimmter Schneide am Werkstück in Eingriff kommt und den Werkstoff über die Mechanismen des Mikrospanens und Mikropflügens abträgt. Das Schleifen kann je nach den herrschenden Verhältnissen trocken oder unter Zuhilfenahme von Kühlschmierstoffen erfolgen. Die gebräuchlichsten Verfahren im Werkzeugbau sind Pendelschleifen, Außenrundschleifen, Koordinatenschleifen und Profilschleifen. Während das Pendelschleifen und das Außenrundschleifen eher auf einfache Geometrien ausgelegt sind, geben die zwei letztgenannten Verfahren umfangreiche Möglichkeiten der Herstellung von komplizierteren Geometrien; insbesondere das Koordinatenschleifen hat seine Stärken im Bearbeiten von Kavitäten.

Pendelschleifen

Ein wesentlicher Punkt in der Schleiftechnologie ist die richtige Auswahl des Schleifmittels in Abstimmung mit den zu schleifenden Werkzeugstählen sowie die Ermittlung der optimalen Schleifparameter. Am Beispiel des Kaltarbeitsstahls X210Cr12 sind einige Untersuchungsergebnisse dargestellt. Im ersten Fall wurde der Kaltarbeitsstahl mit Sinterkorund geschliffen und das Verschleißverhalten als Funktion einiger Verfahrensparameter ermittelt. **Bild 8.7** zeigt den Schleifscheiben-Radialverschleiß in Abhängigkeit vom bezogenen Zeitspanvolumen Q^*_w und der Schnittgeschwindigkeit v_c in einem Flachschleifprozess.

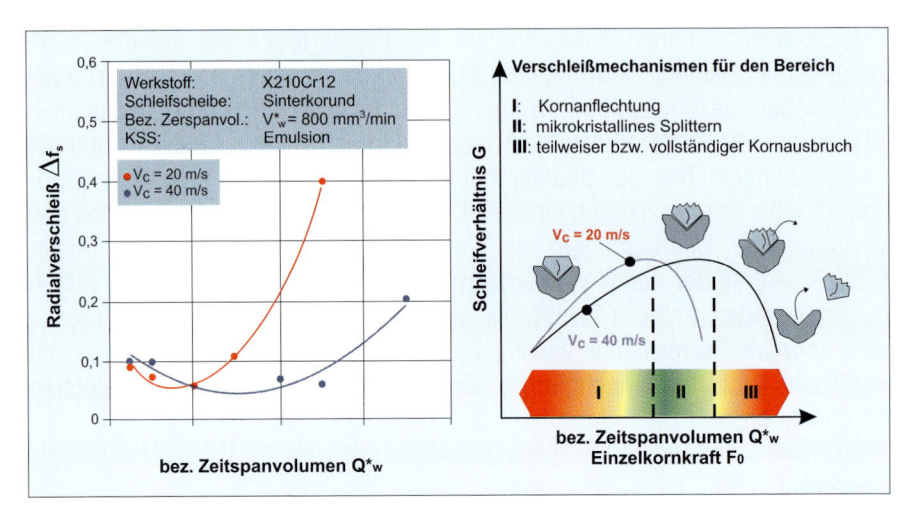

Bild 8.7
Verschleißmechanismen von Sinterkorund-Schleifscheiben [nach Weinert 2004 und Uhlmann 1997].

Neben dem gemessenen Radialverschleiß der Scheibe sind die bei Uhlmann qualitativ beschriebenen Verschleißmechanismen beim Schleifen in der Einzelkornbetrachtung dargestellt. Die Minima der Verschleißkurve links entsprechen demzufolge dem Bereich II in der rechten Darstellung. Dieser Bereich ist durch so genanntes "Kornsplittern" gekennzeichnet, d.h., die Scheibe erfährt im Prozess eine kontinuierliche Selbstschärfung bei minimalem Verschleiß und erlaubt so größte Schnittleistungen bei einer minimalen Randzonenschädigung. Unterschreitet man das optimale bezogene Zeitspanvolumen, so werden an der Kornoberfläche Anflächungen erzeugt (Bereich I), die Schnitthaltigkeit des Einzelkorns sinkt ab und die Wärmeentwicklung steigt an. In der Folge verschlechtern sich die Randzoneneigenschaften. Zum einen sinken tendenziell die eingebrachten Druckeigenspannungen, zum anderen steigt die Gefahr von Rissinitiierungen in der Randzone. Wird der Bereich III angesteuert, so besteht die Gefahr des übermäßigen Verschleißes der Scheibe durch Ausbrechen ganzer Körner und größerer Kornfragmente. Das Schleifen in diesem Bereich ist aufgrund der tendenziell schlechteren Qualität der Randzone zu vermeiden.

Ein wesentlicher Einfluss auf die Qualität der geschliffenen Randzone besteht in der Auslegung des Kühlprozesses. Hier hat sich in den letzten Jahren die Erkenntnis durchgesetzt, dass rotierende Scheiben von einem Luftpolster

Werkzeugherstellung

umgeben sind, das sich in erster Näherung mit der Umfangsgeschwindigkeit der Scheibe bewegt und geeignet ist, den Kühlmittelstrom von der Scheibe abzuschirmen. Um dieses Polster zu durchdringen, sind genaue Anpassungen bei Anstellwinkel, Geschwindigkeit und Volumenstrom des Kühlmittels vorzunehmen; hierzu werden in der Literatur speziell geformte Nadeldüsen beschrieben.

Koordinatenschleifen
Das mehrachsige Koordinatenschleifen ermöglicht aufgrund seiner Kinematik in Verbindung mit einer materialbezogenen Prozessgestaltung die hochflexible Bearbeitung nahezu beliebig geformter Oberflächen. Hierbei können sowohl Vorbearbeitungsschritte mit großen Zeit- und Zerspanungsvolumina als auch Endbearbeitungsschritte mit dem Ziel hoher Oberflächengüten und Formgenauigkeiten realisiert werden. Die Besonderheit beim Koordinatenschleifen komplexer Freiformflächen liegt in der Verwendung kleiner Schleifwerkzeuge mit Durchmessern zwischen 0,2 und 30 mm. Diese Werkzeuge erfordern nicht nur einen präzisen Rundlauf, sondern auch eine entsprechend hohe Drehzahl (bis 200'000 min^{-1}). Nur so lässt sich eine für die erforderliche Spanbildung geeignete Relativgeschwindigkeit zwischen Werkzeug und Werkstück erzielen. Auch mit Schnittgeschwindigkeiten unter 5 m/s können in vielen Fällen günstige Spanbildungsbedingungen erzeugt werden. Insbesondere die Auswahl der Werkzeugeigenschaften sowie die Einsatzvorbereitung der Werkzeuge sind für das Bearbeitungsergebnis von entscheidender Bedeutung.

Verfahrenscharakteristika:
- Einsatz von kleinen Stift-, Kugel- oder Formwerkzeugen (Durchmesser 0,2 mm bis 30 mm) mit Diamant oder kubischem Bornitrid als Kornwerkstoff
- Einsatz von Kühlschmierstoff zur Reduzierung von thermischen Materialschädigungen und Werkzeugverschleiß
- Komplexe, oft fünfachsige Werkzeugbewegung

Vorteile
- Hohe Formflexibilität durch den Einsatz kleiner Werkzeugdurchmesser (0,2 mm bis 30 mm) und/oder spezieller Geometrien
- Herstellung von Freiformflächen

- Hohe Form- und Maßgenauigkeit beim Einsatz galvanisch belegter Diamantwerkzeuge aufgrund des langen Erhalts der Werkzeugmakrogeometrie
- Geringer Aufwand bei der Werkzeugvorbereitung beim Einsatz galvanisch belegter Diamantwerkzeuge
- Hohes Zeitspanungsvolumen im Vergleich zu alternativen Bearbeitungsverfahren
- Zerspanbarkeit von nahezu allen harten Werkstoffen

Nachteile:
- Kleine Schnittgeschwindigkeiten aufgrund kleiner Werkzeugdurchmesser
- Ungleichmäßige Schnittgeschwindigkeitsverteilung beim Einsatz kugelförmiger Schleifwerkzeuge
- Dünnwandige Strukturen nur bis minimal 0,4 mm herstellbar
- Einsatz hochdrehender Werkzeugspindeln (bis zu 200'000 min^{-1})
- Notwendigkeit von hochdynamischen, steifen und präzisen Maschinensystemen zur Gewährleistung gleichmäßiger Bewegungen zwischen Werkzeug und Werkstück
- Aufwändige Kühlschmierstoffversorgung bei der Bohrungsbearbeitung
- Aufwändige fünfachs-Programmierung zur Vermeidung des Eingriffs von Werkzeugbereichen mit "niedrigen" Schnittgeschwindigkeiten und/oder zum Erzielen komplexer Geometrieelemente

Hartfräsen

Das Hartfräsen wird im Allgemeinen mit hohen Schnittgeschwindigkeiten im Bereich von 400-600 m/min mit CBN-, Hartmetall- oder Keramikwerkzeugen durchgeführt. Das Verfahren ist so gestaltet, dass die aufzubringende Trennenergie bei trockener Bearbeitung größtenteils über die Späne abgeführt wird. Es handelt sich hier um ein vor allem aus wirtschaftlicher Sicht interessantes Fertigungsverfahren, das insbesondere anspruchsvolle Freiformflächen wie die Oberseiten der Schnittplatten inkl. Gratfreistellungen, Ringzacken mit optimiertem Flankenwinkel und Schnittkantenverrundungen definiert und reproduzierbar herstellen kann.

Werkzeugherstellung

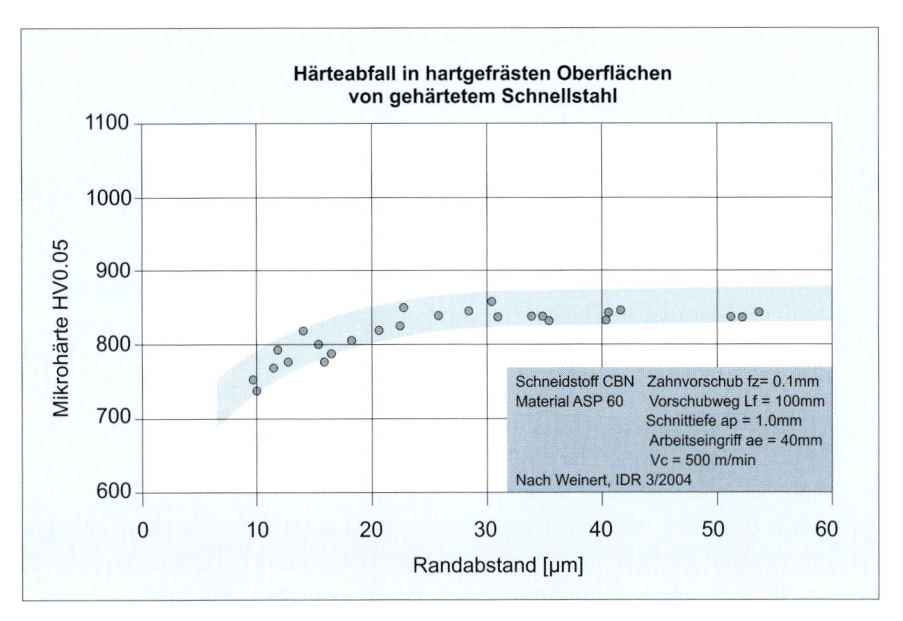

Bild 8.8
Härteabfall in der Randzone eines hartgefrästen Schnellstahlbauteils nach Weinert, 2004.

Am Beispiel des Werkstoffs ASP 60, eines pulvermetallurgischen Schnellarbeitsstahls, sind in **Bild 8.8** die Auswirkungen des Fräsprozesses auf die Werkstückrandzone dargestellt. Offensichtlich wurden durch die beim Fräsprozess induzierten Temperaturen lokal Anlassvorgänge induziert, die den beschriebenen Härteabfall bewirken. Ebenso konnte eine erste Mikrorissbildung an Carbiden und auch an der Matrix beobachten werden. Es bleibt festzuhalten, dass zum einen für die Bearbeitung von gehärteten Werkzeugstählen geeignete Parameter sorgfältig zu ermitteln sind. Anderseits ist hier ein Augenmerk auf den Werkzeugverschleiß zu richten, da bei fortschreitendem Verschleiß der Schnittdruck und damit auch die thermische Belastung der Werkstückrandzonen ansteigt. Diese Belastungen äußern sich insbesondere in der Ausbildung von Risssystemen, Anlasszonen und Randzonen mit Zugeigenspannungen.

Strahlen

Als effiziente Verfahren zum Vorbereiten von Werkzeugoberflächen für die anschließende Beschichtung haben sich Strahlprozesse weitgehend etabliert. Generell muss man zwischen Abrasiv- und Verfestigungsstrahlen unterscheiden.

Beim Abrasiv- oder Reinigungsstrahlen wird die Oberfläche des Werkstücks im Allgemeinen mit splittrigem Korn, z.B. Korund, gereinigt und aufgeraut. Es sind Maßänderungen bis zu ca. 0,5 µm zu beobachten.

Beim Verfestigungsstrahlen wird kugeliges Gut, z.B. Glasperlen oder verrundeter Stahlschrot, eingesetzt und auf die Oberfläche gestrahlt. Bei diesem Verfahren werden keine Maßänderungen beobachtet, es findet kein Abtrag von Material statt. Messbar sind allerdings Druckeigenspannungen, die in der Randzone induziert werden. Diese Druckeigenspannungen können nachgewiesenermaßen Wechselfestigkeiten von Bauteilen stark erhöhen. Im Bereich der Hochleistungsverzahnungen ist dies ein bewährtes Verfahren.

Da das Strahlen im Allgemeinen ein handgeführtes Verfahren ist, das in einer Handschuhbox abläuft, gestalten sich hier die Prozesskontrolle und die Reproduzierbarkeit schwierig. Daher ist es von höchster Wichtigkeit, diesen Prozessschritt als Werkzeugbau selbst durchzuführen und unter Kontrolle zu behalten.

8.1.4 Beschichtungen für Aktivelemente

Die Beschichtungstechnologie hat in den vergangenen Jahren auch im Stanz- und Feinschneidwerkzeugbau eine überragende Bedeutung erhalten, da durch den Einsatz von PVD-Beschichtungen die Leistungsfähigkeit und Standzeit von Werkzeugen deutlich verbessert werden konnten.

Auf eine detaillierte Beschreibung der gängigen PVD- und CVD-Beschichtungsverfahren soll hier verzichtet werden.

Beschichtungstypen

Es wird eine große Anzahl unterschiedlicher Beschichtungstypen angeboten. Grundsätzlich sind die chemische Zusammensetzung und der Aufbau der Schichten in weiten Bereichen variierbar. Aus Anwendersicht haben sich für

Werkzeugherstellung

das Feinschneiden von Stahlwerkstoffen einige Schichtsysteme durchgesetzt, deren wesentliche Eigenschaften in **Tabelle 8.2** beispielhaft aufgelistet sind.

Schichtmaterial	Mikrohärte HV	Reibwert gegen Stahl (trocken)	Schichteigenspannung (GPa)	Max. Anwendungstemperatur (°C)
TiCN	3000	0,4	-4,0	400
TiAlN	3300	0,30-0,35	-1,3 / -1,5	900
AlCrN	3200	0,35	-3	1100

Tabelle 8.2
Eigenschaften ausgewählter Schichtsysteme (Beispielwerte).

Das Vorhandensein einer Beschichtung ist jedoch keine Garantie für den erfolgreichen Einsatz eines Feinschneidewerkzeugs. Wie bereits vorher ausgeführt, hinterlässt die gesamte Prozesskette der Werkzeugherstellung einen Einfluss, der die Schichthaftung und -unterstützung und somit die Leistungsfähigkeit des Werkzeugs in der Randzone wesentlich bestimmt.

Ein Beispiel für unzureichende Verfahrensparameter zeigt das **Bild 8.9**. Hier wurde bei der Stempelherstellung die entstandene Weißhaut nicht restlos entfernt. Zusätzlich wurde vor dem Beschichten auf ein Entspannungsglühen bei ca. 40° C unter der Anlasstemperatur verzichtet.

Bild 8.9
Beschichtung auf Weißhaut (links) und daraus resultierender Schadensfall (rechts).

Die Weißhaut ist auf dem linken Bild gut zu erkennen; es handelt sich um einen erodierten Schneidstempel aus dem PM-HS-Stahl Böhler S390 (63 HRC), beschichtet mit TiCN. Das resultierende Schadensbild (rechts) ergab ein frühzeitiges Schichtversagen durch die vorherrschenden Scherspannungen und eine nachfolgende Zerstörung des Werkzeugelements durch Kaltverschweißungen und massive Ausbrüche.

8.2 Schmierung

Die Reibungsverhältnisse in der Umformzone bestimmen maßgeblich die Wirtschaftlichkeit und Prozesssicherheit beim Schneiden und Feinschneiden. Steigende Werkstoffdicken, der Einsatz von mittellegierten Stählen, der zunehmende Schwierigkeitsgrad der Teile und die Kombination von Umformen und Feinschneiden erhöhen die Herausforderungen an den Fertigungsprozess. Die Untersuchungen der Vorgänge in der Umformzone und deren Verständnis sowie die Maßnahmen zur Verringerung des Verschleißes sind daher nicht nur für die Lebensdauer des Werkzeugs, sondern für den gesamten Prozess von großer Bedeutung. Die Einsatzdauer eines Stanz- oder Feinschneidwerkzeugs wird in der Mehrzahl der Fälle durch den Verschleiß oder Bruch seiner Aktivelemente bestimmt.

Verschleißarten und -formen
Als Verschleiß wird der Verlust an Werkstoffpartikeln am Werkzeug definiert, der durch Reibung entsteht. Vorausgesetzt werden hierbei ein Druck und eine Relativbewegung zwischen dem Werkzeug und dem Werkstück. An den Aktivelementen von Werkzeugen wie Schneidstempel, Schneidplatte und Innenformstempel werden im Allgemeinen sowohl ein Adhäsionsverschleiß als auch ein Oxidationsverschleiß festgestellt. Beide Verschleißarten haben unterschiedliche Entstehungsursachen. Der Adhäsionsverschleiß oder das Kaltverschweißen tritt vor allem beim Schneiden dicker, weicher und weichgeglühter Werkstoffe auf. Beim Auftreten dieser Verschleißart verschweißen der Werkstoff des aktiven Werkzeugelements und der des Werkstücks miteinander. Die Schweißtemperatur entsteht durch hohen Druck und Relativbewegung. Durch die Bewegung werden die verschweißten Brücken wieder auseinandergerissen. Die Folge ist, dass oftmals schalenförmige Abplatzungen oder größere Werkzeug-Werkstoffstücke herausbrechen. Nicht selten führt der Adhäsionsverschleiß auch zum Bruch des Werkzeugs. Ein Adhäsionsverschleiß tritt vor allem auf, wenn Werkzeug- und Werkstück-Werkstoff in der chemischen Zusammensetzung ähnlich sind. Diese Art von Reibschweißung kann nur dann auftreten, wenn die verschweißten Brücken vorher weitgehend metallisch blank waren. Jede Zwischenschicht in Form von Oxidhäuten, Schmierfilmen oder Deckschichten verringert die Neigung zum Verschweißen.

In **Bild 8.10** sind der Adhäsionsverschleiß sowie die Auswirkungen auf das Schnittteil dargestellt. Die auf der Gratseite herausgerissenen Werkstoffpartikel des Werkstücks verschweißen mit dem Aktivelement des Werkzeugs.

Schmierung

Dies hat zur Folge ist, dass der Mittenrauwert R_a und die maximale Rautiefe R_t gratseitig stark ansteigen.

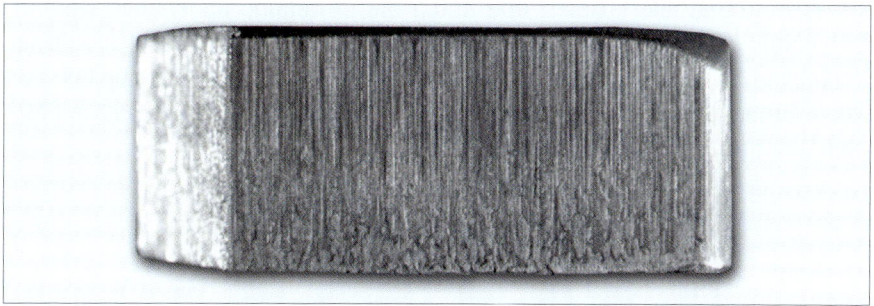

Bild 8.10
Schlechte Schnittflächenqualität durch adhäsiven Verschleiß an der Schnittplatte.

Wird der Schneidprozess fortgeführt, so wird die Aktivierungsenergie an den Oberflächen so groß, dass es zum totalen Verschweißen vom Werkzeug mit dem Werkstück kommt (**Bild 8.11**). Die Folge ist Werkzeugbruch.

Bild 8.11
Werkzeugzerstörung durch Adhäsion.

Zunehmende Werkstoffdicken und der Einsatz von legierten Stählen mit optimalem Weichglühgefüge fördern die Neigung zum Kaltverschweißen. Beim normalen Stanzen wird diese Verschleißart wegen des geringeren Fließschervorgangs, der weniger duktilen Werkstoffe nicht in dem Maße beobachtet.

Ein Oxidationsverschleiß oder eine Abstumpfung, die am häufigsten beobachtete Verschleißart an Schneidwerkzeugen, wird vor allem beim Schneiden dünner, harter Blechwerkstoffe festgestellt. Durch Druck und Relativbewegung entstehen insbesondere an den exponierten Kanten der Schneidelemente hohe Reibkräfte und Reibtemperaturen. Diese führen dazu, dass kleinste Werkstoffpartikel oxidiert und durch die Bewegung abgerieben werden. Die Folge ist ein allmähliches Abstumpfen des Werkzeuges. Bei dieser Verschleißart besteht keine Bruchgefahr und damit kein Totalausfall des Werkzeugs. Der Oxidationsverschleiß führt zu verschiedenen Verschleißformen, die prinzipiell in **Bild 8.12** dargestellt sind.

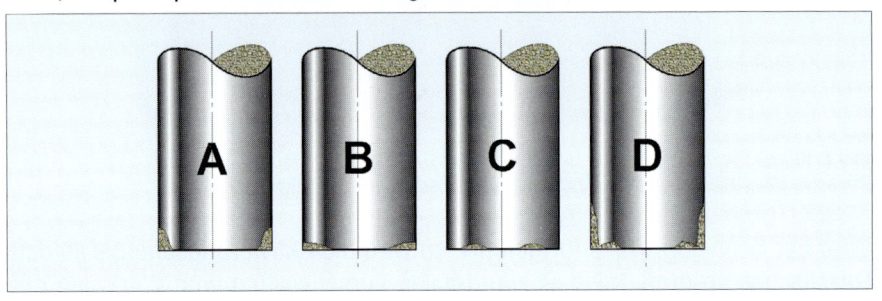

Bild 8.12
Verschleißformen an Schnittstempeln.

Im Einzelnen handelt es sich dabei um Mantelflächenverschleiß und Druckflächenverschleiß. Der Mantelflächenverschleiß (A) tritt an der senkrechten Freifläche des Stempels auf. Er entsteht durch die Reibungskräfte, die beim Eintauchen des Schneidstempels in den Werkstoff und beim Rückziehen aus dem Stanzgitter auftreten. Diese Verschleißform ist insofern von großem Nachteil, als beim Schärfen des Schneidstempels viel an Nutzhöhe verloren geht.

Der Druckflächenverschleiß lässt sich in Stirnflächen- (B) und Kolkverschleiß (C) unterteilen. Der Stirnflächenverschleiß wird durch die horizontale Bewegung des Werkstoffs unter Druck während des Schneidens verursacht. Ein ausgeprägter Kolkverschleiß wird nur selten beobachtet. Nach einer gewissen Schnittzahl führen diese Verschleißformen in Kombination zur Abnutzung des Schneidstempels (D).

Die Höhe und die Breite des Grats am Schnittteil nehmen als Folge der Werkzeugabnutzung zu, sodass der Schneidvorgang unterbrochen und das Werkzeug nachgeschärft werden muss. Die Anzahl der bis zu diesem Zeitpunkt geschnittenen Teile wird als Standmenge des Werkzeugs bezeichnet. Die Standmenge ist also auch von der zulässigen Grathöhe abhängig.

In Bezug auf den Verschleiß sind die Probleme beim Feinschneiden größer als

Schmierung

beim konventionellen Scherschneiden. Ein Feinschneiden ohne Schmiermittel ist daher nicht möglich. Fehlt das geeignete Schmiermittel, so führt dies bei dicken Teilen nach wenigen Hüben zum Verschweißen der Aktivelemente mit dem Teil und bei dünnen Werkstücken zur raschen Werkzeugabstumpfung. Es müssen daher Maßnahmen getroffen werden, die es ermöglichen, dass an jeder Stelle im Werkzeug ein geeignetes Schmiermittel in ausreichender Menge vorhanden ist.

Die Voraussetzung für eine gute Werkzeugschmierung ist eine ausreichende Schmierfilmstärke auf der Ober- und Unterseite des Bandes. Die Stärke des Schmierfilms hängt von der Art des Auftrages, der Benetzbarkeit des Bandes und der Viskosität des Öls ab. Feinschneidöle können durch Walzen oder Sprühen auf das Band aufgebracht werden. Bevorzugt wird heute das Walzen. Das Sprühen besitzt den Nachteil der Aerosolbildung. In der Praxis ist mangelhafte Werkzeugschmierung oftmals darauf zurückzuführen, dass zu wenig Öl auf dem Band vorhanden ist. Damit sich das Feinschneidöl gleichmäßig auf der Oberfläche verteilt, werden Netzmittel zugegeben. Die Verarbeitung dicker Werkstoffe macht den Einsatz hochviskoser Feinschneidöle erforderlich.

Schmierverbesserung im Werkzeug

Das **Bild 8.13** zeigt den prinzipiellen Aufbau eines Feinschneidwerkzeugs.

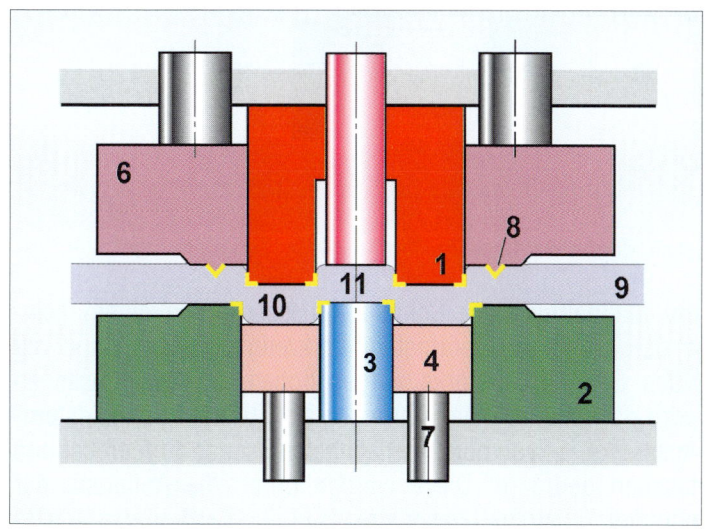

Bild 8.13
Stellen intensiven Verschleißes im Feinschneidwerkzeug.

In diesem Werkzeugsystem unterliegen der Schneidstempel (1), die Schneidplatte (2), die Ringzacke (8) und der Innenformstempel (3) der größten Verschleißbeanspruchung. Ohne eine Schmierverbesserung im Werkzeug würde kein Feinschneidöl an die Reibstellen gelangen. Die Folge wäre, dass zwischen Schneidstempel und Blechwerkstoff einerseits und Schneidplatte und Feinschneidwerkstoff andererseits Kaltverschweißungen auftreten würden. Die Neigung zur Kaltverschweißung steigt im Allgemeinen mit ansteigender Werkstoffdicke und zunehmendem Schwierigkeitsgrad der Teilegeometrie an. Das an die Reibstellen gelangende Feinschneidöl ist nun außerordentlich hohen Drücken und demzufolge auch erhöhten Temperaturen ausgesetzt. Die wirksamen Additive im Feinschneidöl (Chlor, Phosphate, Sulfonate) reagieren mit den aktiven Oberflächen unter Bildung einer dünnen Passivierungsschicht. Diese Schicht vermindert die Neigung zum Kaltverschweißen.

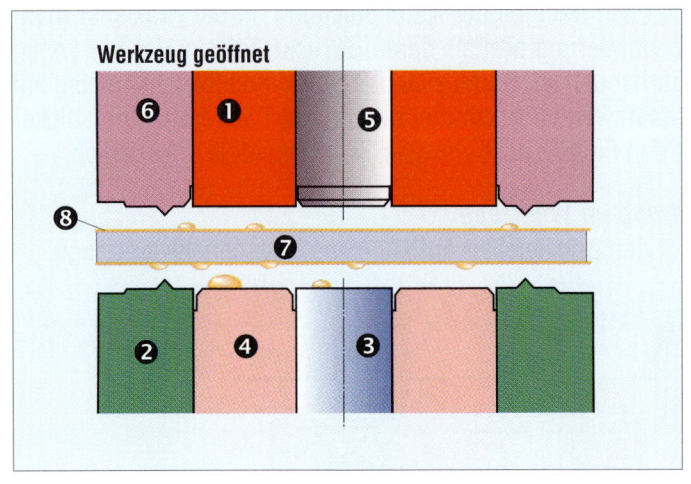

Bild 8.14
Schmierverbesserungen im Feinschneidwerkzeug.

In **Bild 8.14** sind Maßnahmen zur Schmierverbesserung in einem Feinschneidwerkzeug dargestellt. Im geöffneten Werkzeug wird das Band mit einer ausreichenden Schmierfilmstärke vorgeschoben. Im geschlossenen Werkzeugstand wird das Öl durch die Führungsplatte (6), den Schneidstempel (1) und den Ausstoßer (5) von der Oberfläche des Bandes abgepresst und in die Schmiertaschen gedrängt. Diese werden durch die Anfasung der Führungsplatte und des Ausstoßers geschaffen. Auf der Bandunterseite wird dieser Vorgang durch die Schneidplatte (2), den Auswerfer (4) und den Innenformstempel (3) bewirkt.

Schmierung 243

Hier ist der Auswerfer angefast. Die Größe der Anfasung richtet sich nach der Teiledicke. Während des Schneidvorgangs dienen nun die Schmiertäschchen als Ölspeicher für die Schmierung von Stempel und Matrize. Bei Folgeverbund-Werkzeugen und Werkzeugen mit Teiletransfer wird zusätzlich Feinschneidöl in die Bearbeitungsstufen eingebracht.

Bild 8.15 zeigt modellhaft die Vorgänge in der Schnittfuge. Es ist davon auszugehen, dass die immer vorliegenden Rauigkeiten an technischen Oberflächen, je nach Orientierung mehr oder weniger Möglichkeiten zur Bildung von Schmierstoffreservoirs im µm Maßstab bereitstellen.

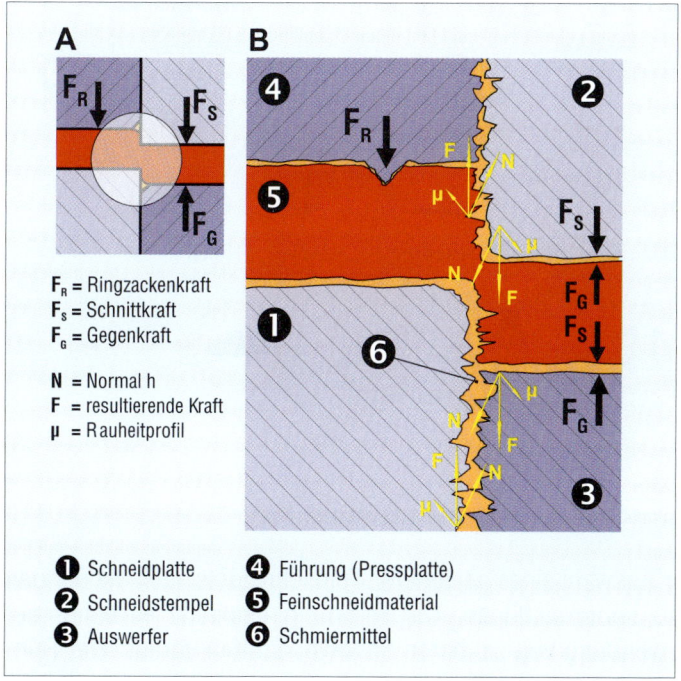

F_R = Ringzackenkraft
F_S = Schnittkraft
F_G = Gegenkraft

N = Normal h
F = resultierende Kraft
µ = Rauheitprofil

❶ Schneidplatte
❷ Schneidstempel
❸ Auswerfer
❹ Führung (Pressplatte)
❺ Feinschneidmaterial
❻ Schmiermittel

Bild 8.15
Vorgänge in der Wirkfuge eines Feinschneidwerkzeugs.

Prozessstörungen oder sogar Werkzeugbrüche infolge fehlender oder ungenügender Schmierung müssen durch Öl- und Schichtdickenkontrolle verhindert werden. Im Gegensatz zur Blechumformung, z.B. durch Tiefziehen, besteht das Schmierproblem beim Feinschneiden darin, genügend Schmierstoff in die Umformzone zu bringen. Denn dort werden beim Schneiden sehr aktive Oberflächen geschaffen.

Kompatibilität des Feinschneidöls mit der Prozesskette

Das Feinschneidöl ist nur ein Bestandteil in der umfassenden Prozesskette zur Herstellung eines Teils (**Bild 8.16**).

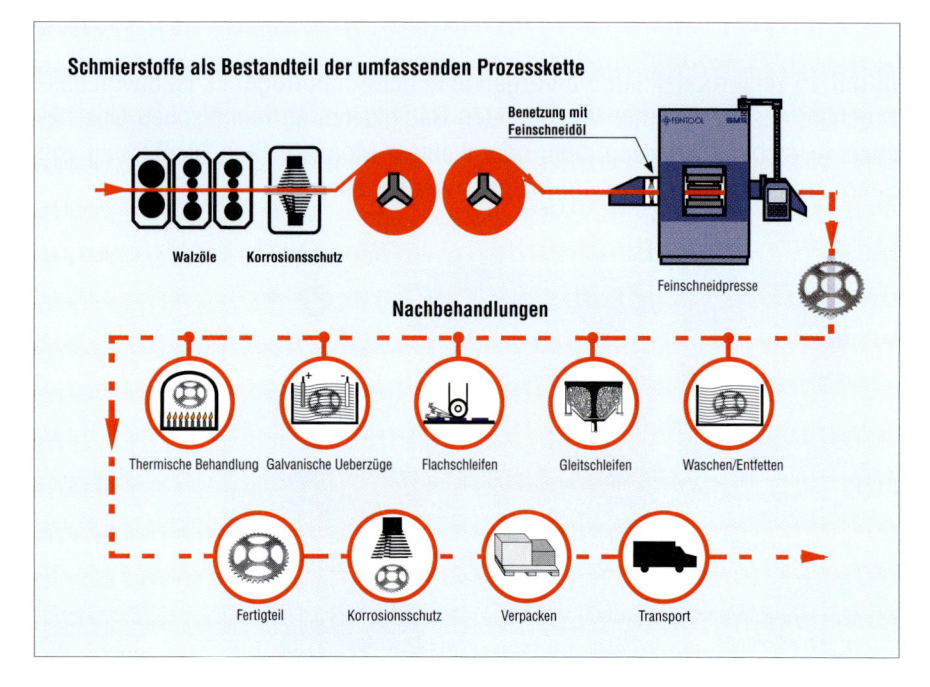

Bild 8.16
Prozesskette von der Bandstahlerzeugung bis hin zum einbaufertigen Teil.

Daher sind bei der Auswahl eines geeigneten Feinschneidöls auch die übrigen Prozessschritte zu berücksichtigen. Die Fertigung qualitativ einwandfreier Teile setzt die Verwendung von sauberen Bandwerkstoffen voraus. Der Feinschneid- und Umformschmierstoff wird beidseitig entweder mittels Walzen oder mittels Sprühen aufgetragen.

Die gelieferten Warm- oder Kaltbänder haben bereits in ihrem Herstellungsweg Kontakt mit verschiedenen Kühlschmierstoffen und werden abschließend mit einem Korrosionsschutzöl versehen. Ergänzende chemische und physikalische Eigenschaften zwischen Korrosionsschutzöl einerseits und Feinschneidöl andererseits sind aber unbedingt notwendig.

Schmierung

Doch umgeformte bzw. feingeschnittene Teile werden noch durch weitere nachfolgende Arbeitsschritte wie:

- Entfetten und Befetten,
- Flach- oder Gleitschleifen,
- Galvanische oder Beschichtungsverfahren bzw.
- Schweißen oder Wärmebehandlung

bearbeitet, bevor sie zu Bauteilgruppen zusammengestellt werden. Alle aufgezählten Nachfolgeoperationen können mehr oder weniger durch den Kontakt mit dem Bearbeitungsschmierstoff beeinflusst werden. Bei ungeeigneten Kombinationen zwischen den verschiedenen Chemikalien, meist noch von verschiedenen Herstellern, kann es dann zu Korrosionen am Teil, Schaumbildungen in den Aufbereitungsanlagen, Problemen mit Skim- und Abpumpanlagen, Nichthaften von galvanischen Schichten oder zu Weichfleckigkeit, z. B. nach dem Induktionshärten, kommen.

Der Trend führt eindeutig zu *prozesskompatiblen* Schmierstoffen, die sich aufgrund der verschiedenen Anforderungen sinnvoll ergänzen. Nur so ist es möglich, prozesssichere und kostengünstige Teile herzustellen. Die Prozesskompatibilität von Schmierstoffen beim Feinschneiden und Umformen stellt zukünftig eine wesentliche, noch zu lösende Aufgabe dar. Vom Band als Vormaterial bis zum einbaufertigen Teil müssen alle am gesamten Herstellungsprozess beteiligten Stoffe aufeinander abgestimmt sein.

Ein Gesamtüberblick über die am Markt angebotenen Produkte ist selbst für die Experten der Schmierstoffbranche nicht einfach. Die Zusammenarbeit mit einem kompetenten Partner, der eine große Zahl anwendungsspezifischer Komponenten im Bereich Schmierstoffe anbietet, ist zu empfehlen und hat sich in der Praxis bewährt.

Schmiermittelauswahl
In Zusammenarbeit von Feintool mit führenden Herstellern von Feinschneidölen wurde in der Vergangenheit eine Auswahlliste erarbeitet, die eine sichere Vorauswahl des geeigneten Schmierstoffs ermöglicht. Bis auf wenige Ausnahmen ist der Einsatz chlorierter Öle heute nicht mehr notwendig.

Literatur zu Abschnitt 8:

[1] W. König, F. Klocke:
Fertigungsverfahren, Band 5: Blechbearbeitung
4. Auflage, Springer Verlag, Berlin (2005)

[2] W. König, F. Klocke:
Fertigungsverfahren,
Band 2: Schleifen, Honen, Läppen und Polieren
4. Auflage, Springer Verlag, Berlin (2005)

[3] H.-W. Raedt:
"Grundlagen für das schmiermittelreduzierte Tribosystem bei der Kaltumformung des Einsatzstahles 16MnCr5"
Dissertation, RWTH Aachen, (2002)

[4] R.-A. Schmidt, F. Birzer, M. Op de Hipt:
Tribologie beim Scherschneiden und Feinschneiden
Tribologie und Schmierungstechnik 52, 4/2005, S.42-54

[5] K. Weinert; S. Hesterberg; M. Schulte; M. Buschka:
Hochharte Schneidstoffe für die spanende Bearbeitung pulvermetallurgischer Hartlegierungen - Teil 2: Fräsen und Schleifen.
Industrie Diamanten Rundschau, 38 (2004) III

[6] A. Weber, B. Bresseler:
Persönliche Mitteilung, unveröfffentlicht, IPT Aachen, 2006

[7] E. Uhlmann, C. Stark:
"Potentiale von Schleifwerkzeugen mit mikrokristalliner Aluminiumoxidkörnung"
In: Jahrbuch Schleifen, Honen, Läppen und Polieren
Vulkan-Verlag, Essen, 58 (1997), S. 281-309

[8] K. Arntz:
Hartfräsen im Werkzeugbau – Das Ende aller Probleme?
Form+Werkzeug, 2005, Heft 5, Carl Hanser Verlag, München

Schmierung

Bild 8.17
Werkzeugelemente.

9. Virtuelle Methoden in der Prozessgestaltung

Bei der Auslegung moderner Produktionsprozesse sind heute virtuelle Methoden nicht mehr wegzudenken. In der eigentlichen Umformsimulation geht es darum, den Werkstofffluss im Umformprozess darzustellen, Dehnungen und Vergleichsspannungen zu analysieren und die generelle Machbarkeit einer Formänderung durch den Vergleich mit Werkstoffkenndaten zu beurteilen. Gleichzeitig können die Belastungen auf die Werkzeugelemente errechnet werden, damit die Auslegung dieser Elemente abgesichert werden kann.

Im Übersichtsartikel von Hörmann et al. (**Bild 9.1**) ist ein Beispiel für die Leistungsfähigkeit der Schneidsimulation gegeben. Es wird die Berechnung des Schnittvorgangs von 4 mm starkem kaltgewalztem Feinkornstahl (H280 LA) den tatsächlich beobachteten Phänomenen gegenübergestellt. Die berechneten Dehnungen können lokal aufgelöst in den Scherfiguren des Gefüges nachvollzogen werden. Ebenso zeigen berechnete und gemessene Schneidkraft eine sehr gute Übereinstimmung.

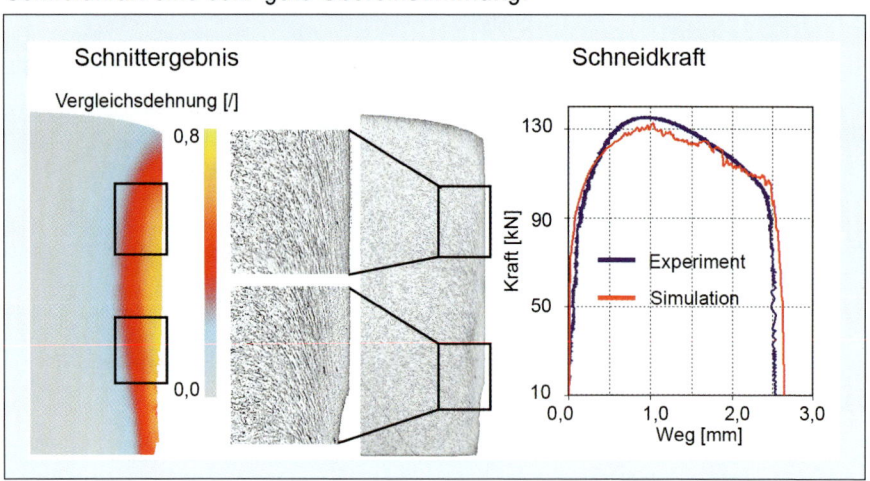

Bild 9.1
Vergleich Simulation - Realität (nach Hörmann 2006).

Besondere Wirksamkeit entfalten die virtuellen Methoden im Umfeld des Prototypings. Anhand des folgenden Beispiels können grundlegende Strategien des Vorgehens aufgezeigt werden. Das Hauptziel liegt hier in der Reduktion der Entwicklungszeiten. Ausgangspunkt ist in diesem Fall ein Flansch-

Simulation 249

bauteil, dessen Machbarkeit aufgrund komplizierter Querschnitte fraglich war. **Bild 9.2** zeigt zwei verschiedene Möglichkeiten der Herstellung.

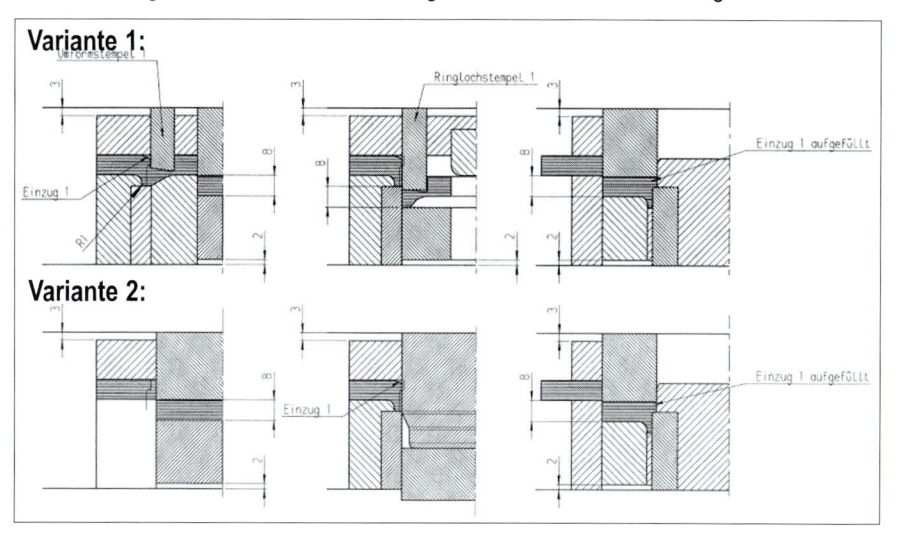

Bild 9.2
Herstellungsmöglichkeiten für Flansch mit abgesetztem Kragen.

In Variante 1 (oben) wird die Kragenvorform zunächst in einem Umformschritt hergestellt und nachfolgend mittels eines Ringlochstempels innen ausgeschnitten. In einem dritten Prozessschritt wird sie dann sowohl außen beschnitten als auch der abgesetzte Kragen ausgeformt. Variante 2 hingegen sieht zunächst eine Lochung gefolgt von einem kombinierten Umform- Ziehprozess vor, bevor sie in einer dritten Stufe wiederum außen beschnitten und die Kragenvorform fertig ausgeformt wird.

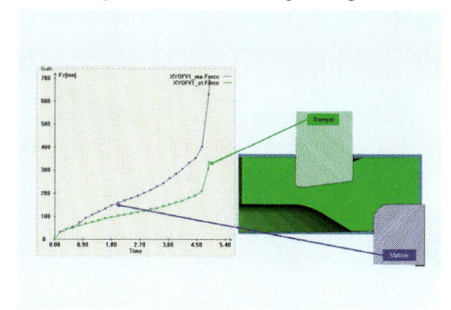

Bild 9.3
Variante 1, Kräfte auf Matrize und Stempel.

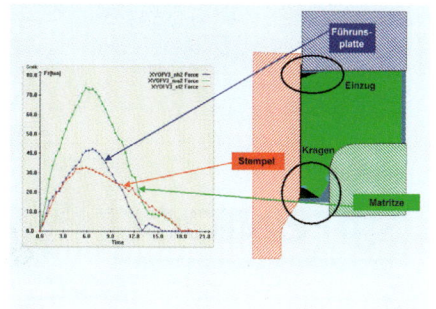

Bild 9.4
Variante 2, Kräfte auf Matrize, Führungsplatte und Ziehstempel.

Variante 1 wies in der Simulation vor allem im ersten Prozessschritt übermäßig hohe Kräfte auf die Werkzeuge auf (**Bild 9.3**). Eine Analyse des zweiten Layouts zeigte in der Vorformherstellung weitaus geringere Kräfte (**Bild 9.4**).

Das Beispiel zeigt, daß durch sinnvollen Einsatz von FE- Belastungsanalysen den richtigen Weg bei der Erstellung des optimalen Prozessablaufs in komplexen Anwendungsfällen weisen können. Angesichts der vorherrschenden Forderung nach Verkürzung von Entwicklungszeiten wird klar, daß hier Optimierungsschleifen in der Prototypenfertigung gespart werden können, die sich in der Grössenordnung von drei bis sechs Wochen bewegen. Das gezeigte Beispiel entstammt der engen und intensiven Zusammenarbeit zwischen der Feintool Technologie AG und dem Institut für virtuelle Produktion an der ETH Zürich. Des Weiteren können mittels virtueller Verfahren auch Prozeßschritte dahingehend simuliert werden, daß zum Beispiel die Schachtelung der Teile im Materialstreifen optimiert und damit der Werkstoffeinsatz reduziert werden kann. Diese Software basiert auf dem CAD-System Solid Works und ist sowohl für Komplettschnitt- als auch für Folgeschnittwerkzeuge zugeschnitten.

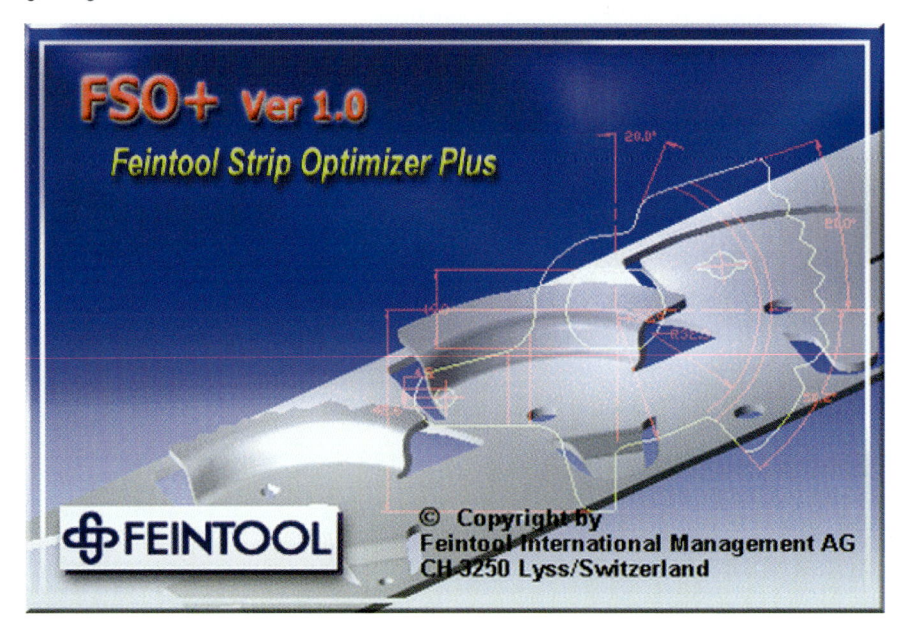

Bild 9.5
CAE/CAD-Software Tools helfen dem Konstrukteur bei der Optimierung des Materialeinsatzes.

Simulation

Generell bietet sie zudem die Möglichkeit, ausgehend von Materialdatenbanken und Daten aus der Feinschneidpraxis, die in den bereits erwähnten Klassifizierungen des Schwierigkeitsgrads konsolidiert sind, Prozessdaten abzuschätzen. So werden automatisch Prozesskräfte berechnet, die zeit- und ortsaufgelöst analysiert werden und so eine Festlegung der Werkzeugmitte, des notwendigen Nutzkreises und damit der Pressengrösse ermöglichen.

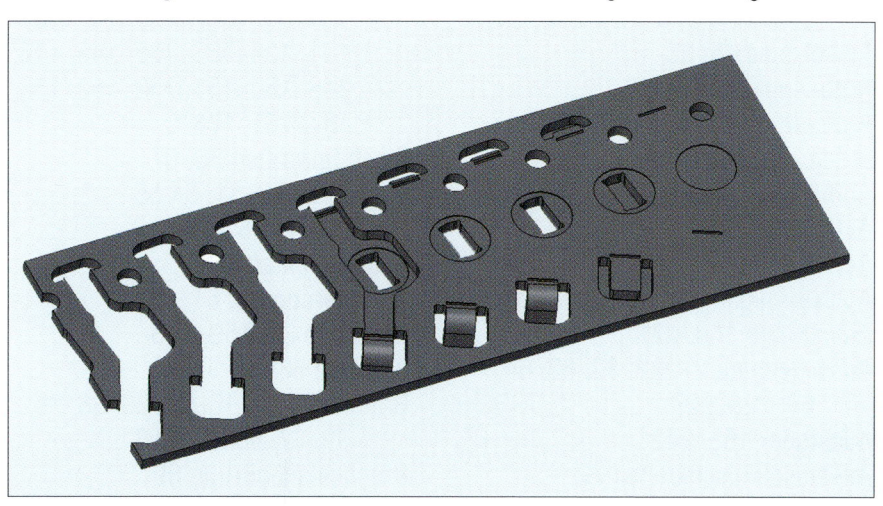

Bild 9.7
Aus dem Strip Optimizer generiertes Streifenbild.

Literatur zu Abschnitt 9:

[1] M. Kasparbauer:
Optimierte Bestimmung der Prozesskräfte beim Feinschneiden, Dissertation TU München,
ISBN 3-89791-059-4, (1999).

[2] U. Schlatter, B. Knuchel:
Mit Simulation und Prototyping schneller ans Ziel,
Feintool Information, No. 36, (2004).

[3] F. Hörmann, P. Maier-Komor, H. Hoffmann:
Möglichkeiten und Grenzen der Schneidsimulation,
Blech in Form Heft 5/2006

Sachverzeichnis

Abiegen 116, 188
Abprägen 124
Adhäsionsverschleiß 159, 238
Aktivelemente 144, 161, 165, 179, 184, 224, 225, 236, 238, 241
Anisotropie 15, 33
Argonspülung 52
Atomgitter 26, 28, 225
Aufdickung 126
Aufhärtung 16, 17, 18, 21
Aufhaspeln 64
Aufwölbung 131
Auslaufrollgang 64
Ausräumen 169, 171
Ausscheidung 27, 32, 33, 62, 64, 68, 226, 227
Ausstoßer 163, 242
Austauschmischkristall 32
Austenit 20, 21, 31, 32, 40, 45, 63, 64, 75, 159, 212, 226, 230
Austenitlgitter 21
Auswerfer 163, 166, 169, 170, 173, 242, 243
Auswerferkraft 164, 166, 167, 170

Bandstahl 47, 68, 196, 198, 199, 200, 210, 202, 244
Baustähle 33, 44, 64, 66, 213
Beanspruchungszustand 188
Behandlungszustand 27, 32, 43, 75, 77, 78, 84, 196, 203, 204
Beschichtung 224, 236, 245
Biegebogen 119, 120, 122
Biegen 86, 94, 113, 116, 188
Biegeradius 118, 119, 123
Biegeteil 116, 119, 122, 123

Biegeumformen 117, 188
Biegewinkel 75, 117, 118, 119, 120, 123
BK-Oberfläche
Blaszyklus 169
Blechdicke 30, 82, 83, 84, 86, 98, 99, 100, 108, 110, 114, 118, 121, 122, 123, 138, 145, 146, 148, 150, 151, 152, 153, 155, 157, 161, 173
Blechumformen 86, 87
Blockguss 49, 51, 54 55
Bodenreißer 98
Bodenreißkraft 100
Bombierung 60, 61, 62
Borstähle 34, 159, 220
Bramme 58
Bruchdehnung 15, 27, 30, 36, 38, 39, 72, 88, 89, 183
Brucheinschnürung 89
Butzen 145, 147, 157

Carbidausscheidung 32
Carbide 31, 34, 35, 72, 75, 204, 224, 235
Coil 71, 72, 144
Complexphasenstahl 36, 37
CVC-Verfahren 61

Dehngrenze 30
Dehnung 26, 28, 29, 30, 32, 36, 37, 88, 89, 95, 117, 118, 122, 147, 183, 196, 204, 248
Dehnungsanteil elastisch 88
Dehnungsanteil, plastisch 88
Dickentoleranz 68, 72, 196, 207, 209, 210
Druckbehälterstahl 221

Sachverzeichnis

Druckbelastung 224
Druck, mittlerer 179
Druckspannungsüberlagerung 93
Druckspitze 182, 184, 230
Dualphasenstahl 36, 37, 160
Duktilität 15, 32
Duplexstähle 45
Durchbruch 145
Durchsetzen 86, 87, 136, 188
Durchsetztiefe 138, 139

Eindrücken 80, 131, 173
Einlagerungsmischkristall 28, 32
Einriss 79, 175
Einsatzstähle 35, 215
Einschluss 53, 55, 56, 75
Einsenken 86, 87, 130, 140, 141, 142, 188
Einsenkkraft 141
Einsenktiefe 141
Einsenkung 131, 133, 141
Einzug 16, 77, 78, 82, 83, 84, 147, 248
Einzugseite 16, 17, 19
Elastizitätsgrenze 26
Elastizitätsmodul 26, 29
Entlastungsbohrung 141
Entphosphorung 51
Entschwefelung 49, 50, 52, 54
Erichsentiefung 76
Erodieren 228

Faser 117, 118, 121, 122, 123
Faserverlauf 16
Feinkornstähle 32, 33, 34, 196, 197, 214
Feinschneiden 14, 15, 30, 32, 40, 47, 52, 54, 61, 77, 79, 86, 87, 93, 96, 113, 116, 125, 130, 131, 136, 137, 139, 141, 163, 178
Ferrit 15, 18, 21, 23, 30, 32, 36, 40, 51, 64, 75, 79, 80, 212, 225, 226
Fertigstraße 58, 59
Flacherzeugnisse 198, 199
Fließbedingung 91
Fließkurven 14, 21, 41, 42, 44, 45, 125
Fließspannung 26, 39, 40, 41, 43, 45, 90, 91, 92, 125, 126, 128, 141, 189
Formänderung 15, 17, 40, 45, 86, 87, 88, 89, 90, 91, 92, 146, 147, 155, 188, 189, 248
Formänderungsvermögen 39, 93, 94, 114, 121, 125, 147, 156, 188, 189
Formelemente 178, 182, 184
Freiwinkel 145
Fremdatome 26, 28

Gefüge 15, 16, 17, 18, 21, 22, 23, 24, 29, 31, 32, 34, 35, 36, 45, 47, 59, 63, 65, 66, 68, 69, 70, 72, 75, 76, 79, 81, 196, 225, 226
Gegendruckkolben 169
Gegenhalter 114, 137
Genauschneiden 163
Gesamtkraft 113, 133, 134, 164, 167
Gesamtschneidwerkzeug 163
Gesenkbiegen 117, 188
Gesenkweite 121
Gießtemperatur 51, 55

Gitterstruktur 40, 43, 45
GKZ-Glühung 196, 205, 210, 212
Gleichmaßdehnung 30, 38, 41, 42, 43, 44, 88, 90, 100
Grat 110, 122, 148, 149, 161, 172, 175, 234, 240
Gratseite 16, 17, 19, 172, 238
Grenzformänderung 93, 94, 189
Grenzziehverhältnis 100

Halbwarmumformen 87
Hall-Petch-Beziehung 26
Hartfräsen 234
Haspeltemperatur 61, 64, 65, 66, 67
Herdwagendurchstoßofen 58
Hooke'sches Gesetz
Horizontalkraft 149, 150

Inhomogenität 47
Innenradius 118, 120, 121, 184, 207, 208

Kaltarbeitsstahl 158, 160, 182, 231
Kaltaufhärtung 21, 22
Kaltband 14, 18, 24, 33, 68, 69, 71, 78, 196, 198, 199, 203, 204, 208, 210, 212, 244
Kaltbreitband 198, 199
Kaltstauchen 126, 190
Kaltumformen 15, 32, 33, 52, 61, 66, 77, 87, 130
Kaltwalzgrad 70
Kalzium 52
Kalziumbehandlung 49, 53
Kanteneinzug 83, 139, 147, 148, 149, 173
Keimdichte 64

Kerbschlagzähigkeit 64
Konterschneiden 139, 161
Konventionelles Walzen 63
Korndurchmesser 27, 40, 41
Körner 14, 17, 18, 24
Korngrenzen 27, 34, 48
Kragen 23, 24, 109, 188, 249, 250
Kragenhöhe 109, 110, 112
Kragenziehen 22, 86, 87, 108, 110, 111, 112, 113, 114, 115, 188

Legierung 26, 27, 29, 33, 34, 47, 52, 55, 63, 196, 225, 226
Ludwik-Gleichung 41, 42

Mantelfläche 147, 149
Martensit 21, 27, 29, 34, 35, 36, 45, 159, 212, 224, 226, 227
Martensitphasenstahl 36, 37
Massivumformen 86, 87
Matrix 75, 79, 80, 122, 224, 225, 226, 235
Maximalkraft 121, 137
Mehrphasenstahl 36
Metallurgie 14, 47, 49, 52, 53, 54, 56
Mischkristallbildung 26, 28, 51
Mittelbandstraße 58

Nachdrücken 117, 120
Nachlochen 132, 133, 134
Niederhalter 97, 99, 100, 109, 113, 114, 120, 137, 144, 145, 146
Niederhalterdruck 100, 113
Niederhalterkraft 99, 100, 110, 113, 146
Normaldruckspannung 189
Normalisierendes Walzen 63

Normalspannung 93, 188, 189

Obere Streckgrenze 29, 88
Ofentemperatur 59

Peierls-Spannung 26, 27
Perlit 15, 29, 30, 31, 32, 33, 64, 66, 70, 72, 79, 80, 82
Pfannenofen 49, 51
Phasengrenzen 27
Plastizitätstheorie 39
Prägen 14, 86, 87, 124, 188
Präzisionstoleranz 200
Proportionalitätsgrenze 88, 118
Prozesstechnologie 224

Querprofil 60, 61

Randfaser 122
Randverformung 122
Rauheitsprofil 174
Reaktionskraft 146, 149, 150
Reibkraft 149, 150, 154, 240
Reibung 26, 41, 92, 99, 126, 142, 149, 154, 159, 167, 238, 240
Reibverhältnisse 39
Reibungszahl 92, 93
Reinheitsgrad 47, 51, 52, 53, 54, 55, 56, 75, 76
Rekristallisation 62, 69
Restflansch 113
Richt-Fließkurve 44
Ringzacke 20, 137, 163, 164, 165, 169, 173, 234, 242
Ringzackenkolben 169, 171
Ringzackenkraft 163, 164, 165, 167, 169, 170, 171
Roheisen 48, 49, 50

Rückfederung 147
Rückfederung elastisch 94, 117, 121
Rückfederungsverhältnis 118, 119
Rückzugskraft 151

Salzsäure 69
Scherkraft 127, 128, 129
Scherschneiden 15, 102, 137, 138, 139, 144, 163, 168, 171, 172, 174
Scherzone 15, 16, 17, 18, 19, 20, 21
Schleifen 158, 161, 231, 250
Schmalband 58, 61
Schmelze 48, 50, 51, 51, 54
Schmierung 126, 142, 151, 154, 238
Schneidkanten 144, 145, 152, 157, 159
Schneidkantenradius 149, 151
Schneidkraft 149, 150, 151, 152, 155, 156, 157, 163, 164, 165, 167, 168, 169, 179, 183
Schneidphase 155, 156, 168
Schneidplatte 144, 145, 149, 150, 156, 157, 159, 163, 164, 165, 166, 169, 171, 173, 184, 224, 238, 242
Schneidspalt 137, 138, 145, 146, 147, 149, 151, 152, 155, 158, 159, 161, 163, 171, 172
Schneidspiel 145
Schneidstempel 144, 145, 146, 147, 149, 155, 157, 159, 163, 164, 165, 166, 169, 171, 173, 179, 182, 183, 184, 224, 230, 238, 240, 242

Schneidwiderstand 138, 150, 151, 152, 153, 180, 183, 184
Schnellstahl 181, 235
Schnitteil 163, 164, 165, 166, 167, 171, 173, 173, 174, 179, 182, 184
Schnittfläche 16, 17, 18, 19, 21, 52, 77, 78, 79, 82, 139, 147, 148, 155, 158, 160, 161, 172, 174
Schnittgrat 122, 148, 149, 175
Schnittlinienlänge 157, 165, 179, 183
Schnittzahl 240
Schubspannung 92, 144, 147, 188
Schutzgas 69
Schwierigkeitsgrad 72, 178, 189, 196, 203, 204, 207, 208, 209, 238, 242, 251
Schwingphase 155, 156, 168
Seigerung 17, 20, 24, 51, 55
Sekundärmetallurgie 49, 56
Simulation 115, 248
Spannung 26, 27, 28, 29, 30, 36, 39, 41, 61, 144, 146, 147, 152, 188, 189, 226, 230, 232, 235, 236, 237, 248
Spannungszustand 41, 86, 88, 89, 90, 91, 188, 230
Spurenelemente 48, 51
Stahlsorte 15, 30, 32, 36, 38, 43, 44, 51, 58, 75, 76, 79, 152, 159, 193, 203, 212
Stanzen 15, 144, 239, 240
Stauchen 86, 87, 93 115, 121, 124, 188, 189, 190
Stauchkraft 126, 127, 128, 129
Stauchwerkzeug 126

Stirnfläche 98, 100, 146, 147, 150, 157, 240
Stößelgeschwindigkeit 168
Stößelhub 168, 171
Strahlen 236
Strangguss 48, 49, 51, 54
Streckgrenze 14, 26, 27, 28, 29, 30, 33, 38, 41, 43, 71, 72, 88, 89, 93, 94, 118, 165, 196, 205, 212
Streckgrenzenverhältnis 38, 40, 93
Streifen 120, 121, 122, 123, 131, 144, 157, 170, 171, 250

Tandemstrasse 68
Tauchlanze 50
Thermomechanisches Walzen 63
Tiefziehen 86, 87, 93, 94, 96, 113, 188, 243
Torsionsversuch 41
Trennen 147, 163
Trip-Stahl 36, 37

Überbiegen 117, 118, 120
Überbiegewinkel 119, 120
Umformgeschwindigkeit 27, 30, 40, 188, 189
Umformgrad 36, 39, 40, 42, 43, 45, 89, 90, 91, 94, 99, 101, 112, 124, 190
Umformmaschinen 39
Umformrichtung 14
Umformen 14, 30, 40, 86, 87, 90, 97, 109, 113, 117, 125, 130, 137, 178, 188, 198, 224, 238, 245
Umformzone 14, 39, 86, 92, 114, 238, 243

Umkehrpunkt 145, 168, 169, 171
Untere Streckgrenze 29, 41, 88

Verfahrensgrenze 86, 100, 121, 125, 131, 132, 133, 138, 139, 141, 142, 174, 184, 188
Verfahrenskombination 86, 102, 137, 141, 142
Verfestigung 14, 15, 16, 26, 27, 40, 62, 87, 91, 94, 122, 133, 155, 236
Verfestigungsexponent 38, 41, 42, 43, 44
Verfestigungsmechanismus 21, 26, 27, 32, 34, 35, 38
Verformung 86, 115, 121, 122, 126, 146, 155, 157, 159, 196
Verformungsmartensit 21, 45
Vergüten 17, 34, 35
Vergütungsgefüge 34
Vergütungsstähle 18, 23, 34, 216, 217
Verhalten, elastisch 87, 88
Verhalten, plastisch 87, 88
Verschleißverhalten 159
Vertikalkraft 149, 150
Verunreinigung 17, 26
Volumenkonstanz 90, 109, 125
Vorband 59
Vorloch 59, 109, 110, 114, 131, 132, 133, 134
Vorwärts-Fließpressen 141

Walzendtemperatur 59, 63, 64, 66
Walzendurchbiegung 60
Walzkräfte 59
Walzrichtung 33, 60, 75, 76, 202
Warmband 15, 20, 28, 32, 33, 38, 44, 61, 64, 65, 66, 68, 78, 79, 82, 196, 198, 203, 208, 210, 212
Warmbreitband 61, 198
Warmumformen 87
Warmwalzen 33, 59, 61, 62, 93
Warmwalztextur 64
Wärmebehandlung 17, 34, 47, 48, 68, 69, 72, 193, 196, 208, 224, 225, 228, 245
Wasserbeaufschlagung 64
Weiche, unlegierte Stähle 28, 30, 32, 73, 205, 213
Weichglühung 32, 196
Werkzeugbeanspruchbarkeit 189
Werkzeugstähle 34, 219, 225, 227, 231, 235
Wirkfuge 39, 243

Zapfenlänge 140, 141, 142
Zapfenpressen 86, 140
Zerteilen 144, 163
Zerteilfläche 163
Ziehkraft 97, 99, 100, 101, 102, 106, 109
Ziehspalt 99, 109, 111
Ziehverhältnis 98, 99, 100, 101, 106
Zugfestigkeit 14, 15, 24, 27, 28, 30, 38, 40, 41, 42, 43, 44, 65, 72, 75, 88, 89, 90, 100, 105, 111, 132, 138, 151, 152, 154, 160, 165, 166, 174, 179, 183, 196, 205, 212
Zugversuch 26, 28, 29, 30, 38, 41, 42, 72, 88, 90, 91
Zwischenstraße 58, 59
Zwischenstufe 34

Partner dieses Buches

Feintool bietet Ihnen **Technologie und Systeme** für eine technisch und wirtschaftlich optimale Produktion von Teilen und Komponenten mittels **Feinschneiden/Umformen** sowie flexible Lösungen zur automatischer Montage zu Baugruppen oder Endprodukten.
Als einziger globaler Zulieferer ist Feintool Ihr kompetenter und zuverlässiger Partner für hochpräzise **Teile und Komponenten aus Metall und Kunststoff.**

Mit Feintool an die Spitze

4 Kernkompetenzen unter einem Dach

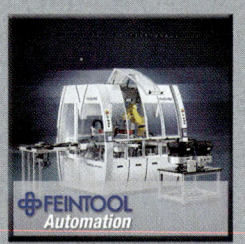

FEINTOOL Fineblanking Technology

FEINTOOL Automation

FEINTOOL System Parts

FEINTOOL Plastic/Metal Components

Feintool *Technology* und **Feintool** *Automation* bieten ihren Kunden Wettbewerbsvorteile:
Engineering, Anlagen und Dienstleistungen für eine technisch und wirtschaftlich optimale Fertigung von Komponenten sowie automatisierte Montage von Baugruppen und Endprodukten.

Feintool *Systen Parts* und **Feintool** *Plastic/Metal Components*
bieten ihren Kunden weltweit Qualität und Sicherheit:
Hochpräzise, einbaufertige Multifunktionsteile aus Metall und Verbundkomponenten aus Kunststoff-/Metall für sichere Funktionen in ihren Produkten.

FEINTOOL

Feintool-Technologie für sichere Funktionen im Alltag

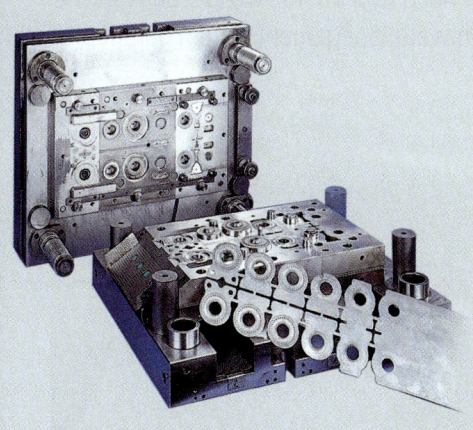

Wenn Sie ins **Auto** steigen, sich anschnallen, den **Sitz** verstellen, wenn das **Getriebe** automatisch schaltet oder wenn Sie auf **ABS** oder **Airbag** angewiesen sind, dann können Sie sich auf die Technologie von Feintool verlassen.

Entsprechende umgeformte Feinschnittteile und Komponenten von Feintool finden Sie auch in Ihrem Computer, in Haushalt-, Sport-, Freizeit-, und Elektrogeräten, und der Medizinaltechnik und sogar im berühmten Schweizer Militärmesser.

Feintool sorgt dafür, dass Sie die Annehmlichkeiten des täglichen Lebens sicher geniessen können.

Feintool Technologie AG Lyss
Industriering 3
CH-3250 Lyss

Telefon +41 32 / 387 51 11
Fax +41 32 / 387 57 78
feintool-ftl@feintool.com
www.feintool.com

FEINTOOL
Fineblanking Technology

Partner dieses Buches

Buderus | Edelstahl Band

BUDERUS EDELSTAHL Band GmbH
Buderusstrasse 25, D-35576 Wetzlar
Tel +49 6441 374 0, Fax +49 6441 374 3368

Die BUDERUS EDELSTAHL Band GmbH gehört zur Böhler-Uddeholm Gruppe und produziert Warm - und Kaltband. Von der Erschmelzung bis zum Endprodukt bleibt die Fertigung bei Buderus durch alle Produktionsstufen in einer Hand. Unsere Produkte werden in einer Vielzahl von Stahlqualitäten angeboten, wie z.B.: unlegierte und legierte Einsatz - und Vergütungsstähle, Nitrierstähle, Wälzlagerstähle, Werkzeugstähle, rostfreie martensitische Stähle und Sonderstähle mit besonderen physikalischen Eigenschaften. Seit Einführung der Feinschneidtechnologie arbeitet Buderus eng mit den führenden Herstellern von Feinschneid- und Kaltumformteilen zusammen.

Das hohe Qualitätsniveau wird durch ein nach ISO/TS 16949, ISO 9001 sowie ISO 14001 zertifiziertes Qualitäts- und Umweltmanagementsystem garantiert.

1

BUDERUS-Bandstähle zeichnen sich insbesondere durch folgende Eigenschaften aus:
- enge Bereiche der chemischen Zusammensetzung
- geringe Seigerungen
- niedrige Gasgehalte
- gute Homogenität
- exzellenter Reinheitsgrad
- hervorragende Feinschneid- u. Kaltumformbarkeit (konkurrenzloses GKZ- Gefüge)
- geringes Streckgrenzen - u. Festigkeitsniveau
- gute Duktilität
- enge Abmessungstoleranzen

BUDERUS EDELSTAHL Band verfügt über ein weltweites Vertriebsnetz und liefert erstklassigen Service.

1. Buderus Edelstahl Band fertigt den Dickenbereich 1,75–13 mm Warmband bzw 0,5–9,0 mm Kaltband sowie den Breitenbereich 20–415 mm Warmband bzw. 20–400 mm Kaltband.

2. Im sekundärmetallurgischen Prozess werden chemische Analyse, Gasgehalt und Reinheitsgrad eingestellt.

3. GKZ-Glühung der Coils im Schutzgasrollenherdofen.

Partner dieses Buches Unternehmensgruppe C.D. Wälzholz

AUS KONTROLLIERTEM ANBAU

Die Umwelt-Zertifizierung ist für uns eine Selbstverständlichkeit. Und auch den „Anbau" kontrollieren wir sorgfältig – von der Prozess-Steuerung bis zur Endkontrolle. So erhalten Sie genau die Stahl-Qualität, die Sie für Ihre Produkte benötigen. Sprechen Sie mit uns.

C.D. Wälzholz GmbH & Co.KG   Bandstahl   Bandstahl vergütet   Elektroband   Kaltband   Schmalband   Profile

Feldmühlenstr. 55
D-58093 Hagen

Telefon: +49 (0) 23 31- 9 64 - 0
Telefax: +49 (0) 23 31- 9 64 -2100

Internet: www.cdw.de
E-Mail: info@cdw.de

Unternehmensgruppe C.D. Wälzholz

Bandstahl

Bandstahl vergütet

Elektroband

Kaltband

Schmalband

Profile

Bandstahl und Kaltband

- » Innovative Prozesstechnik in der Breitband- und Schmalbandfertigung in den Walz- und Wärmebehandlungsstufen
- » oszillierend gehaspelt, auf Spulen oder Kernen, in Breiten von 7-60 mm, Jumbo-Coils bis zu 3,5 t Coil-Gewicht
- » RAWAEL-Güten: Hochfester Bandstahl – biegbar - schweißbar
- » C-Stähle in zum Tiefziehen und Feinschneiden geeigneter Ausführung (EW-Band, FS-Band)
- » vergütet: martensitisch, bainitisch, sorbitisch (PS-Band)
- » Texturgewalzt: Sorbitex
- » Zipfelfrei oder zipfelarm: NZ-Band

Elektroband

- » mit verbesserter Wärmeleitfähigkeit
- » in verlustarmer Ausführung
- » mit verbesserter Polarisation und Permeabilität
- » mit optimaler Isolationsabstimmung

Schmalband und Profile

- » verschleißfeste Sondergüten für die Federn- und Kettenindustrie
- » Skikanten in Ringen, gestanzt und ungestanzt, geprimert, gestrahlt und geprimert
- » Sonderprofile aus Stahl, rostbeständigen Güten und NE-Metallen

C.D. Wälzholz GmbH & Co. KG
Feldmühlenstr. 55
D-58093 Hagen

Telefon: +49 (0) 23 31 - 9 64 - 0
Telefax: +49 (0) 23 31 - 9 64 -2100
Internet: www.cdw.de
E-Mail: info@cdw.de

Standorte:
Hagen, Hohenlimburg, Iserlohn, Plettenberg/Deutschland
Götzis/Österreich · Mailand/Italien · Thiers/Frankreich
Cleveland, Ohio/USA · São Paulo/Brasilien · Taicang/China

Partner dieses Buches

Hoesch Hohenlimburg

Die Hoesch Hohenlimburg GmbH ist ein Unternehmen der ThyssenKrupp Steel AG und hat ihren Sitz in Hagen/Westfalen. Hoesch Hohenlimburg steht für mehr als 150-jährige Kompetenz in der Stahlverarbeitung eines warmgewalzten Spezialbandes: **Hohenlimburger Mittelband**.

Hierbei handelt es sich um ein Erzeugnis, das mit großem, in vielen Jahrzehnten erworbenem Know-how produziert wird und das in der Erfüllung individueller Kundenwünsche jeweils anwendungsspezifische Problemlösungen darstellt.

Aufgrund besonderer Werkstoffeigenschaften und der anspruchsvollen geometrischen Gestaltung/Toleranzgenauigkeiten ermöglicht es den Kunden Kostenvorteile in der Weiterverarbeitung.

Durch variable und wirtschaftliche Fertigung auch kleiner Losgrößen bietet Hoesch Hohenlimburg ein hohes Maß an Flexibilität zur Erfüllung vielfältiger Kundenwünsche.

Die kontinuierlich modernisierte Mittelbandstraße ist durchgehend prozessautomatisiert.

Sie bietet somit die besten Voraussetzungen für das optimale Einstellen engster Toleranzen und technologischer Eigenschaften.

Im Geschäftsjahr 2004/2005 erwirtschaftete Hoesch Hohenlimburg mit einer Belegschaft von 929 Mitarbeitern einen Außenumsatz von 553,5 Mio. €.

Die Hauptabnehmerbranchen bilden die Kaltwalzindustrie, die Automobil- und deren Zulieferindustrie.

Hoesch Hohenlimburg GmbH

Hauptverwaltung:
Langenkampstraße 14 · 58119 Hagen
Tel. 0 23 34/91-0

Oeger Straße 120 · D-58119 Hagen
Technische Kundenberatung:
Tel. 0 23 34/91-21 67
            -22 71
            -22 95
www.hoesch-hohenlimburg.de

Hohenlimburger Mittelband
Das warmgewalzte Spezialband für Feinschneidzwecke und höchste Umformansprüche

Impulsrad,
2,0 mm dick

Hohenlimburger Mittelband aus unlegierten Spezialstählen, mikrolegierten Feinkornstählen, GKZ-geglühten Kohlenstoffstählen, legierten Edelbaustählen, Einsatz- und Vergütungsstählen sowie borlegierten Stählen ist hervorragend geeignet zum Feinschneiden und Umformen in nahezu allen Verarbeitungsbereichen, wie beispielsweise in der Automobil- und deren Zulieferindustrie.

Hohenlimburger Mittelband wird in Breiten von 25 bis 685 mm und in Dicken von 1,5 bis 16 mm erzeugt und ist lieferbar in Coils bis 20,5 kg/mm Bandbreite, in Stäben von 1.000 bis 18.000 mm, mit Naturkanten/ geschnittenen Kanten.

Die Vorzüge des **Hohenlimburger Mittelband** sind hierbei in erster Linie die kaltbandähnlichen Dickentoleranzen, die auf den individuellen Verwendungszweck abgestimmten mechanisch-technologischen Werte und Gefügeeigenschaften sowie ein guter Reinheitsgrad.

Achszapfenaufnahme
12,0 mm dick

Ein Unternehmen
von ThyssenKrupp
Steel

Hoesch Hohenlimburg

ThyssenKrupp

hard material matters

Hartmetall für Feinschneidanwendungen

CERATIZIT Austria Gesellschaft m.b.H. ● A-6600 Reutte Tirol
Tel.: + 43 (5672) 200-0 ● E-Mail: info.austria@ceratizit.com

Selbst in so kritischen Anwendungen wie Feinschneiden finden Sie in **CERATIZIT** Ihren Partner für die Auswahl der richtigen Hartmetallsorte.
Ihre Problemstellungen sind unsere Herausforderungen.
Wir freuen uns auf die gemeinsamen Lösungen.

Schuler – Forming the Future

Mit rund 3.600 Mitarbeitern und Produktionsstandorten in Europa, Amerika und Asien ist der Schuler Konzern führend in der Umformtechnik. Als Systempartner der gesamten metallverarbeitenden Industrie bieten wir marktorientierte Lösungen aus einer Hand.

Unser Angebotsspektrum umfasst:

- Mechanische und hydraulische Pressenlinien, Transfer- und ProgDie-Pressen, Tryout-Pressen
- Hydraulische Feinschneidpressen für Feintool Feinblanking Technology
- Pressenautomation mit Robotern und Feedern
- Platinenlader, Waschmaschinen für Bänder und Platinen, Werkzeugwechselsysteme
- Haspeln, Richtmaschinen, Walzenvorschübe
- High-Speed-Pressen
- Systeme für die Massivumformung
- Pressen und Werkzeuge für die Innenhochdruck-Umformung
- Service und Gebrauchtmaschinen

Schuler AG
Postfach 12 22 | 73012 Göppingen
Telefon 0 71 61 66-0 | Fax 0 71 61 66-233
info@schulergroup.com
www.schulergroup.com

HOLIFA
metal forming lubricants

Der Spezialist für Feinschneidöle

Seit über 30 Jahre Premium-Partner der Firma ⊕ FEINTOOL für Feinschneidöle

HOLIFA Fröhling GmbH & Co. KG
Elseyer Str. 8 · D-58119 Hagen
Tel. +49 (0) 2334 9559-0
Fax +49 (0) 2334 56327
www.holifa.de · info@holifa.de

NEBEN DER TECHNIK ENTSCHEIDET DAS RICHTIGE MATERIAL.

Im Werkzeugbau läuft es wie im Sport – nur die Besten sind vorne dabei, die beste Technik verlangt perfektes Material.

BÖHLER bietet für alle Anwendungen des Werkzeubaus optimale, auf den jeweiligen Einsatzzweck, entwickelte Werkstoffe. Ob konventionell erschmolzen und umgeschmolzen (ESU-Qualitäten) oder pulvermetallurgische Hochleistungswerkstoffe mit höchster Druckbeständigkeit sowie Verschleißwiderstand.

Daduch ist es unseren Kunden möglich, die Werkzeuglebensdauer um ein Vielfaches zu steigern und damit die Stückkosten zu reduzieren.

Immer eine wirtschaftliche Lösung – BÖHLER Kaltarbeitsstähle.

BÖHLER Edelstahl GmbH, A-8605 Kapfenberg, Mariazeller Straße 23, Telefon +43-3862-20-37181
Fax +43-3862-20-37576, e-mail: info@bohler-edelstahl.com, www.bohler-edelstahl.com

Gebrüder BÖHLER & Co. AG, CH-8304 Wallisellen, Güterstraße 4, Telefon +41-44 832 88 11
Fax +41-44 832 88 00, e-mail: info@edelstahl-schweiz.ch, www.edelstahl-schweiz.ch

BÖHLER

Der Spezialist für Schmierstoffe in der Metallbearbeitung

WISURA GS B — seit 1911

LIEFERPROGRAMM

- Produkte für Feinschneiden und Umformung
- Kühlschmierstoffe (wassermischbar / nicht wassermischbar)
- Korrosionsschutzmittel

Wir entwickeln, produzieren und vertreiben Produkte für die moderne Industrie, primär für die Metallbearbeitung und stellen uns deren Forderungen nach Leistungsfähigkeit und Wirtschaftlichkeit ebenso wie den veränderten Ansprüchen der Arbeitswelt und dem gestiegenen Umweltbewusstsein.

WISURA-Hochleistungsschmierstoffe erfüllen höchste Ansprüche. Für unsere qualifizierten Mitarbeiter in Entwicklung, Anwendungstechnik, Produktion und Verkauf ist es Ansporn und Verpflichtung zugleich, praxisorientierte Lösungen nach den Wünschen und Erfordernissen unserer Kunden zu erarbeiten.

WISURA MINERALÖLWERK GOLDGRABE & SCHEFT GMBH & CO. BREMEN

Postfach 100207
28002 Bremen

Telefon (0421) 54903-0
Telefax (0421) 54903-25

Internet: www.wisura.de
E-mail: info@wisura.de

CASTROL SICHERT IHNEN EINEN KLAREN VORSPRUNG

Mit Castrol Schmierstoffen und Metallbearbeitungsflüssigkeiten und den dazugehörigen Serviceleistungen können Sie Ihre Produktivität erhöhen und Kosten senken.

Gerade in der Technologie des Feinschneidens ist neben der Prozesstechnik auch die Auswahl des Umformmediums von entscheidender Bedeutung.

Das Castrol Iloform FST Produktprogramm bietet Ihnen eine Auswahl innovativer, leistungsstarker Feinschneidprodukte.

Insbesondere unsere führende chlorfreie Produkttechnologie wurde speziell entwickelt um bestmögliche Werkzeugstandzeiten bei höchster Fertigungsgenauigkeit und Oberflächengüte zu erzielen.

www.castrol.com/industrial

YOUR ADVANTAGE IN AN INDUSTRIAL WORLD

Castrol

Schneller Coil einführen – wirtschaftlicher produzieren

CompactFeed®. Einfach aufklappen und blitzschnell reinigen. CompactFeed® ist die bewährte Vorschubrichtmaschine auf kleinstem Raum. Durch kurze Coilwechselzeiten und hohe Verfügbarkeit wird die Presse optimal ausgenutzt. Sie können die Produktivität Ihrer Coilverarbeitung um bis zu 15% steigern. Mehr Infos unter www.arku.de

ARKU Maschinenbau GmbH
Siemensstraße 11
76532 Baden-Baden
Germany
Telefon +49 (0) 72 21 / 50 09-0
info@arku.de, www.arku.de

ARKU
Richttechnik – und mehr